从逻辑思路到实战应用

轻松做
EXCEL
数据分析

韩小良
于　峰 ◎编著

中国铁道出版社有限公司
CHINA RAILWAY PUBLISHING HOUSE CO., LTD.

U0336406

图书在版编目（CIP）数据

从逻辑思路到实战应用，轻松做Excel数据分析/韩小良，于峰编著.—北京：中国铁道出版社，2019.5
ISBN 978-7-113-25403-2

Ⅰ.①从… Ⅱ.①韩… ②于… Ⅲ.①表处理软件 Ⅳ.①TP391.13

中国版本图书馆CIP数据核字（2019）第005337号

书　　名：从逻辑思路到实战应用，轻松做Excel数据分析
作　　者：韩小良　于　峰

责任编辑：王　佩	读者热线电话：010-63560056
责任印制：赵星辰	封面设计：MXK DESIGN STUDIO

出版发行：中国铁道出版社有限公司（100054，北京市西城区右安门西街8号）
印　　刷：北京铭成印刷有限公司
版　　次：2019年5月第1版　　2019年5月第1次印刷
开　　本：787 mm×1092 mm　1/16　印张：17.25　字数：434千
书　　号：ISBN 978-7-113-25403-2
定　　价：59.80元

记得一次在"Excel人力资源数据量化分析模型"课程上，跟学员聊天，说起了招聘的事情，其中一个学员恰好是企业的招聘面试官，我问，你们招聘面试时，是不是要问应聘者加班的问题？她说，会的，应聘者的回答各种各样，但不外乎是听公司的安排（里面有糊弄的成分，为了能够得到Offer）。

加班，已经是很多企业对员工尤其是管理层的要求之一（尽管不是明文规定），似乎在企业里不加班就有点另类了。但是，我接触了很多欧美企业，他们的理念就是不提倡加班，该做的事情在班上高效地做完，下班就赶紧回家，不要再浪费公司的水、电等办公资源。

企业是个讲究效率和结果的地方，高效率地利用工作时间，有良好的计划性，这是作为一名职场人士应该具备的最基本的素养，因此我认为加班并不是一个非常值得夸耀的事情。如果公司出现临时、突发、紧急的工作，需要在一定期限内完成，那么作为一名员工的责任意识，必须根据公司的需要，按照上级和工作任务的要求，按时按量完成工作。

然而，现实情况是，绝大多数企业，加班加点已经成为常态，五加二和白加黑，让多少正值壮年的员工猝然倒下。细细想来，其实很多情况下是不需要加班加点来做的，之所以加班加点没命地干，除了公司突发紧急事情外，大多数情况是自己的工作效率太低，低到令人无法忍受。话又说回来，即使遇到突发紧急情况，还是照旧磕磕绊绊低效率地处理工作！

不论是公司高级领导，还是中层管理人员，或者普通的办事人员，每天上班的第一件事就是打开电脑，打开一个一个的数据表格，开始了日复一日、年复一年的数据处理，其中时不时夹杂着焦虑的电话沟通，脾气也变得越来越差。在分析数据时，使用最频繁的就是Excel工具。可以这么说，Excel已经成为职场人士必须掌握的一项基本技能，不懂得怎么用Excel，后果就是不断低效率地重复劳动，因为很多人对Excel的认识和使用，仅仅是把Excel当成一个高级计算器，只会高级的加减乘除，把自己当成一个在表格之间辛勤劳作的数据搬运工，对于制作高效自动化、有说服力的数据分析报告所必须掌握的Excel正确理念和核心技能，并没有真正去用心理解、掌握和应用，只热衷于一些快捷键和小技巧的使用，或者只会生搬硬套。

我近二十年的Excel培训实践，举办了数千场大型公开课，给上千家企业举办了个性化内训，也开展过网络直播授课，我强烈地感觉到，Excel已经发展到了高智能化的2016版，数据处理分析功能越来越强大，但是绝对多数人仍旧是手工加班加点处理数据，实在让人匪夷所思，也感到极度的悲哀。

那么，如何快速掌握Excel工具，从此脱离数据苦海，走出数据泥潭呢？仅仅通过一两次公开课的学习是远远不够的，需要系统的、进阶的来学习和应用。基于此目的，经过几年的沉淀，有了编写一本全面介绍 Excel 的想法，在几个学生的帮助下，在出版社的鼓励下，终于成稿了。

本书从 Excel 的基本理念开始，让每位读者都有一个对 Excel 的正确认识，然后是 Excel 常用工具的高效灵活使用、三大核心工具（函数、透视表、图表）深入浅出的详解、创建公式的逻辑思路，以及对数据分析的逻辑思考，如何建立高效数据分析仪表盘模板，让数据分析真正实现自动化和高效化，让分析报告更有说服力。

本书自始至终贯彻一个坚定的理念：逻辑思路是 Excel 的核心！

本书介绍的大量实际案例，都是来自作者的培训第一线，具有非常大的实用价值，大部分案例实际上就是现成的模板，拿来即可应用于您的实际工作中，让您的工作效率迅速成倍提高。

在本书的编写过程中，还得到了很多学员的帮助，参与了部分章节中案例素材的提供和文字编写，这些同学包括杨传强、李盛龙、于峰、董国灵、李满太、石正红、毕从牛、高美玲、程显峰、陈兴、李青、隋迎新、汤德军、谭舒心、张群强等同学，在此表示衷心的感谢！中国铁道出版社有限公司苏茜老师和王佩老师也给予了很多帮助和支持，使得本书能够顺利出版，在此表示衷心的感谢。本书的编写还得到了很多培训班学员朋友和企业管理人员的帮助，并参考了一些文献资料，在此一并表示感谢。

由于认识有限，作者虽尽职尽力，以期本书能够满足更多人的需求，但书中难免有疏漏之处，恳请读者批评指正，我们会在适当的时间进行修订和补充，作者联系方式：hxlhst@163.com。也欢迎加入 QQ 群一起交流，QQ 群号：580115086。

作　者
2019 年 3 月

扫描左侧二维码或输入地址：
http://www.m.crphdm.com/2019/0305/14014.shtml
即可获得本书配套案例文件。

目录

第 2 部分　数据查询与提取

01

第 1 部分
数据采集与汇总

数据分析的第一步，是采集数据。一般情况下，我们直接从系统导出数据就可以了，但在很多情况下，我们面临着要从某个或者几个工作表中查询满足条件的数据，或者把几个工作表数据汇总在一起。这样的工作，没什么技术含量，但是，如果没有有效的方法，那么是很累人的。问题在于，累点没关系，汇总错了怎么办？

每次培训课程上，都会碰到有学生向我寻求合并汇总大量工作表的方法。我会说，汇总方法有很多，具体用什么方法，要看具体的表格结构，以及要得到什么样的汇总效果。

有一个例子，在深圳上课，课间休息时，一个学生抱着电脑来到讲台，问道，老师，有没有好办法把这些个工作表快速汇总到指定格式的汇总表中？有 400 多个工作表（Sheet），每个工作表结构完全一样。我简单看了下表格结构，说，用 INDIRECT 函数和 INDEX 函数以及 MATCH 函数吧，不难，花了 5 分钟，帮她做好了汇总公式。

还有一个例子，是在上海上课，中午休息时，一个学生拿着 U 盘找我，问有没有好办法把这 1000 多家门店的数据汇总分析，做一个经营业绩分析模板，每个月手工做太累了。帮这位同学仔细沟通了下要做什么分析报告后，我说，可以用 INDIRECT 函数做汇总。

也有这样一个例子，是 60 多张结构完全相同的预算执行分析表格，要汇总到一张表格上，做出各个维度的分析，但是这些表格是简单的部门－费用的二维结构表，这样的问题就更容易解决了，使用多重合并计算数据区域数据透视表，即可建立一个管理费用动态分析模板。

还有这样一个例子：在上海上课时，一个学生打开他电脑里的文件夹，有 23 个工作簿文件（Book），是 23 个分公司发来的全年工资表，每个文件里有 12 个工作表（Sheet），是一年 12 个月的工作表，现在要把这 23×12=276 个工作表汇总到一张工作表上。打开几个工作表简单看了下，这些工作表的列结构是完全一样的，但行数有多有少，最少的近 100 行，最多的达 2000 多行。问他，想要得到什么结果，他说，把这 200 多个表格数据堆到一起就可以了。我说：如果你安装的是 Excel 2016 版，可以使用 Power Query 工具；如果不是 Excel 2016，那就用 VBA 吧，编点代码，运行下就 OK 了。

类似这样的例子数不胜数，这样的话也听得耳朵磨出茧了：如何快速合并这么多表格啊？复制粘贴累死我了，都干了两天了还没干完，经常出错，没办法经常是从头再来做。韩老师，有没有什么好办法啊？

大量工作表汇总问题，是职场人士经常遇到的比较烦琐的问题，也是令人头疼的问题，而合并汇总工作表的障碍，一是这些工作表结构和数据很乱，二是平时只会复制粘贴，却没有掌握更实用简洁高效的 Excel 工具。

好吧，下面我们一起学习几个很实用的大量工作表汇总的实用技能吧。但切记，这些技能的运用，离不开表格的标准化和规范化，这些知识，在《从逻辑思路到实战应用，轻松掌握 Excel》中的第 1 章已经做了详细的介绍，如果你忘记了，那么就先回去再把该章的内容通读一下，然后再返回来接着读本章的内容。

第 1 章　快速汇总大量的一维表单

在本章中，除非特别说明，我们约定所有要汇总的工作表都是一维表单，并且列数和列次序是完全一样的，但行数不同。

这种情况下，要汇总大量的工作表，有以下三种方法可供选择：
- "现有连接" 命令 +SQL 语句
- VBA
- Power Query

1.1　"现有连接" 命令 +SQL 语句

这个方法是很简单的，就是利用 "现有连接" 命令，按照向导操作，编写一段 SQL 语句就可以了。要使用这种方法，需要先了解 SQL 语句的基本知识。

1.1.1　SQL 语句的基本知识

SQL 的语法属于一种非程序性的语法描述，是专门针对关系型数据库处理时所使用的语法。SQL 由若干的 SQL 语句组成。利用 SQL 语句，可以很容易地对数据库进行编辑、查询等操作。

在众多的 SQL 语句中，SELECT 语句使用最频繁。SELECT 语句主要用来对数据库进行查询并返回符合用户查询标准的结果数据。

SELECT 语句有 5 个主要的子句，而 FROM 是唯一必需的子句。每一个子句有大量的选择项和参数。

SELECT 语句的语法格式如下：

```
SELECT 字段列表
    FROM 子句
        [WHERE 子句]
        [GROUP BY 子句]
        [HAVING 子句]
        [ORDER BY 子句]
```

下面是 SELECT 语句的各项组成说明。

1. 字段列表

字段列表指定多个字段名称，各个字段之间用逗号 "," 分隔，用星号 "*" 代替所有的字段。当包含多个表的字段时，可用 "数据表名 . 字段名" 来表示，即在字段名前标明该字段所在的数据表。

例如：

"SELECT *"就是选择数据表里所有的字段。

"SELECT 日期,产品,销售量,销售额"就是选择数据表里的"日期"、"产品"、"销售量"和"销售额"这 4 个字段。

我们还可以在字段列表中添加自定义字段，例如"SELECT ' 北京 ' AS 城市,*"，就是除了查询数据表的所有字段外，还自定义了一个数据表里没有的字段"城市"，并将"北京"作为该字段的数据。由于"北京"是一个文本，因此需要用单引号括起来。

将某个数据保存在自定义字段的方法是利用 AS 属性词，即"' 北京 ' AS 城市"。

2. FROM 子句

FROM 子句是一个必需子句，指定要查询的数据表，各个数据表之间用逗号","分隔。

但要注意，如果是查询工作簿的工作表，那么必须用方括号将工作表名括起来，并且在工作表名后要有符号（$）。

例如，"SELECT * FROM [销售 $]"就是查询工作表"销售"里的所有字段。

如果为工作表的数据区域定义了一个名称，就在 FROM 后面直接写上定义的名称即可，但仍要用方括号括起来。

例如，"SELECT * FROM [Data]"就是查询名称为"Data"所代表数据区域的所有字段。

如果要查询的是 Access 数据库、SQL Server 数据库等关系型数据库的数据表，那么在 FROM 后面直接写上数据表名即可。

3. WHERE 子句

WHERE 子句是一个可选子句，指定查询的条件，可以使用 SQL 运算符组成各种条件运算表达式。

例如，"WHERE 部门 = ' 销售部 '"表示要查询"销售部"的数据。

如果条件值是数值，则直接写上数值，如"WHERE 年龄 > 50"。

如果条件值是字符串，则必须用单引号"' '"括起来，如"WHERE 部门 = ' 销售部 '"。

如果条件值是日期，则必须用井号"#"或单引号"' '"括起来，如"WHERE 日期 = #2017-12-22#"。

4. GROUP BY 子句

GROUP BY 子句是一个可选子句，指定分组项目，使具有同样内容的记录（例如日期相同、部门相同、性别相同等）归类在一起。

例如，"GROUP BY 性别"表示将查询的数据按性别分组。

5. HAVING 子句

HAVING 子句是一个可选子句，功能与 WHERE 子句类似，只是必须与 GROUP BY 子句一起使用。

例如，要想只显示平均工资大于 8000 元的记录并按部门进行分组，则可以使用子句"GROUP BY 部门 HAVING AVG(工资总额) > 8000"。

6. ORDER BY 子句

ORDER BY 子句是一个可选子句，指定查询结果以何种方式排序。排序方式有两种：升序（ASC）和降序（DESC）。如果省略了 ASC 和 DESC，则表示按升序（ASC）排序。

例如，"ORDER BY 姓名 ASC"表示查询的结果按"姓名"拼音升序排序，而"ORDER BY 工资总额 , 年龄 DESC"则表示查询结果按"工资总额"从小到大升序排列，而"年龄"则按从大到小降序排序。

7. 关于多表查询

在实际工作中，我们可能要查询工作簿里的多个工作表或者数据库里的多个数据表，这就是多表查询问题。

多表查询有很多种方法，例如，利用 WHERE 子句设置多表之间的连接条件，利用 JOIN...ON 子句连接多个表，利用 UNION 或者 UNION ALL 连接多个 SELECT 语句等。

如果我们要查询多个工作表或数据表的数据，并将这些表的数据生成一个记录集，那么可以利用 UNION ALL 将每个表的 SELECT 语句连接起来。

8. SQL 查询汇总的注意事项

在进行 SQL 语句查询汇总多个工作表时，要特别注意以下几个问题：

（1）每个工作表内不能有空单元格。如果存在空单元格，那么数字字段要填充 0，文本字段要填充相应的文本。

（2）SQL 语句中，字母不区分大小写，但所有标点符号必须是半角的，同时英文单词前后必须有至少一个空格。

下面结合实际数据，介绍如何利用"现有连接"命令 +SQL 语句，把多个工作表数据汇总到一个工作表上。

1.1.2　汇总全部列数据

如果要汇总的工作表都保存在一个工作簿中，并且每个工作表的列数一样，列次序一样，每个工作表的第一行就是列标题，工作表中除了数据区域外，没有其他的垃圾数据，那么就可以利用下面的 SQL 语句快速汇总这些工作表数据：

```
SELECT * FROM [表1$]
UNION ALL
SELECT * FROM [表2$]
UNION ALL
SELECT * FROM [表3$]
UNION ALL
...
SELECT * FROM [表N$]
```

案例 1-1

图 1-1 是当前工作簿里的 12 个月份的工资表，现在要把这 12 个月的工资数据汇总到一个新工作表上，以准备进行下一步的处理。

图 1-1　12 个月的工资表

步骤01 先检查每个工作表是否标准规范，尤其是不要在每个工作表的空白区域乱输入垃圾数据，如有，必须彻底删除，不是仅仅清除单元格数据。

步骤02 单击"数据"→"现有连接"命令，打开"现有连接"对话框，如图 1-2 和图 1-3 所示。

图 1-2　"现有连接"命令　　　　图 1-3　"现有连接"对话框

步骤03 单击"现有连接"对话框左下角的"浏览更多"按钮，打开"选取数据源"对话框，从文件夹里选择所需文件，如图 1-4 所示。

步骤04 单击"打开"按钮，打开"选择表格"对话框，如图 1-5 所示。

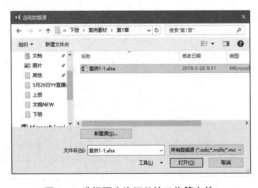

图 1-4　选择要查询汇总的工作簿文件　　图 1-5　"选择表格"对话框

步骤05 保持默认，单击"确定"按钮，打开"导入数据"对话框，如图 1-6 所示。

（1）先选择"表"和"新工作表"单选按钮。

（2）单击底部的"属性"按钮，打开"连接属性"对话框，如图 1-7 所示。

（3）切换到"定义"选项卡。

（4）在"命令文本"框里输入下面的 SQL 语句。

```
select * from [1 月$] union all
select * from [2 月$] union all
select * from [3 月$] union all
select * from [4 月$] union all
select * from [5 月$] union all
select * from [6 月$] union all
select * from [7 月$] union all
select * from [8 月$] union all
select * from [9 月$] union all
select * from [10 月$] union all
select * from [11 月$] union all
select * from [12 月$]
```

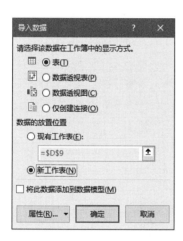

图 1-6　"导入数据"对话框

图 1-7　在"连接属性"对话框里输入 SQL 语句

步骤 06　单击"确定"按钮，返回到"导入数据"对话框，再单击"确定"按钮，就得到下面的
12 个月工资表汇总数据清单，如图 1-8 所示。

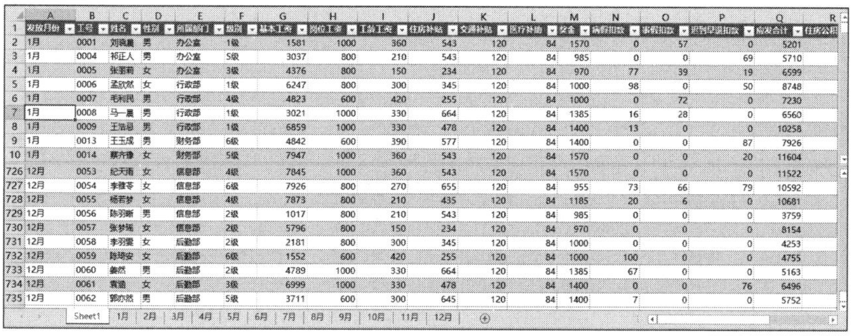

图 1-8　12 个月工资表汇总数据清单

如果某个月的工资表数据发生了变化，只需在这个汇总表中右击，从快捷菜单里选择“刷新”命令，就会重新查询数据，得到更新后的汇总数据清单。

这种方法，也可以不打开源工作簿文件，而是把查询汇总结果保存到另一个工作簿，其操作方法和步骤与上面的完全一样。

1.1.3 汇总全部列、部分行数据

当每个工作表数据量很大时，如果再将几十个甚至上百个工作表数据堆到一张表上，死机的概率高达 99% 以上。

其实，大可不必这样做，因为在海量数据中，分析时可能只需要其中一部分，此时可以在 SQL 语句中使用 WHERE 做筛选条件，把要分析的数据筛选出来即可。

案例 1–2

图 1-9 是一个真实的例子，是几个地区自 2010 年来的销售数据，每个工作表数据达 5 万行左右。现在要把此工作簿中 7 个地区的 2016 年数据汇总到一个新工作簿上，但不需要打开这个源文件。

本案例的源数据文件是“案例 1-2 源数据”，查询结果文件是“案例 1-2 结果”，如图 1-10 所示。

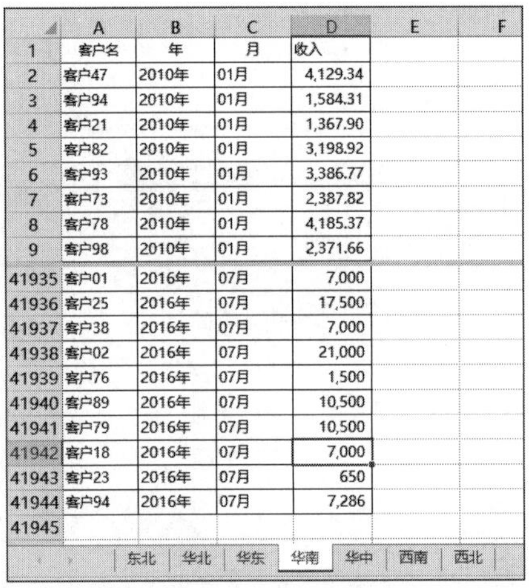

	A	B	C	D	E	F
1	客户名	年	月	收入		
2	客户47	2010年	01月	4,129.34		
3	客户94	2010年	01月	1,584.31		
4	客户21	2010年	01月	1,367.90		
5	客户82	2010年	01月	3,198.92		
6	客户93	2010年	01月	3,386.77		
7	客户73	2010年	01月	2,387.82		
8	客户78	2010年	01月	4,185.37		
9	客户98	2010年	01月	2,371.66		
41935	客户01	2016年	07月	7,000		
41936	客户25	2016年	07月	17,500		
41937	客户38	2016年	07月	7,000		
41938	客户02	2016年	07月	21,000		
41939	客户76	2016年	07月	1,500		
41940	客户89	2016年	07月	10,500		
41941	客户79	2016年	07月	10,500		
41942	客户18	2016年	07月	7,000		
41943	客户23	2016年	07月	650		
41944	客户94	2016年	07月	7,286		
41945						

图 1-9　巨量的数据

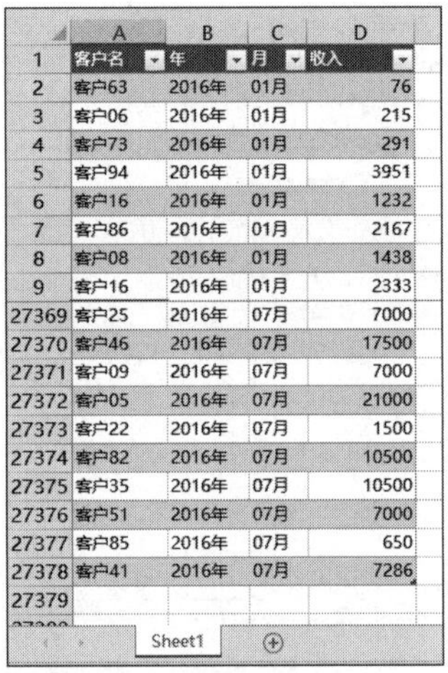

	A	B	C	D
1	客户名	年	月	收入
2	客户63	2016年	01月	76
3	客户06	2016年	01月	215
4	客户73	2016年	01月	291
5	客户94	2016年	01月	3951
6	客户16	2016年	01月	1232
7	客户86	2016年	01月	2167
8	客户08	2016年	01月	1438
9	客户16	2016年	01月	2333
27369	客户25	2016年	07月	7000
27370	客户46	2016年	07月	17500
27371	客户09	2016年	07月	7000
27372	客户05	2016年	07月	21000
27373	客户22	2016年	07月	1500
27374	客户82	2016年	07月	10500
27375	客户35	2016年	07月	10500
27376	客户51	2016年	07月	7000
27377	客户85	2016年	07月	650
27378	客户41	2016年	07月	7286
27379				

图 1-10　查询结果

操作步骤与前面介绍的一样，不同的是 SQL 语句的写法，此时的 SQL 语句如下（为方便阅读，把语句做了断行处理）：

```
select * from [东北$] where 年='2016年'
union all
select * from [华北$] where 年='2016年'
union all
select * from [华东$] where 年='2016年'
union all
select * from [华南$] where 年='2016年'
union all
select * from [西南$] where 年='2016年'
```

```
union all
select * from [ 西北 $] where 年 ='2016 年 '
union all
select * from [ 华中 $] where 年 ='2016 年 '
```

1.1.4　汇总部分列、全部行数据

如果每个工作表的列结构不一样，列次序不一样，但每个工作表都有几个共同的字段，现在需要将这些共有字段的数据汇总到一张工作表上，也可以很方便地做到，但是在 SQL 语句中不能使用星号（*）来代替所有字段，而是要使用具体的字段列表。

案例 1-3

图 1-11 是几个分公司的数据，现在仅仅需要汇总每个分公司工作表里的"客户名""收入"和"利润"数据。

由于每个工作表中没有分公司名称，因此还需要在汇总表里做出"分公司"字段出来。

此时的 SQL 语句如下，这里使用了 as 关键字来构建工作表没有的字段（相当于在工作表中插入了一个辅助列），"' 分公司 A' as 分公司"这句话的意思就是，在查询结果里做一个新字段，该字段名为"分公司"，该字段下面的项目是"分公司 A"。

```
select ' 分公司 A' as 分公司 , 客户名 , 收入 , 利润 from [ 分公司 A$]
union all
select ' 分公司 B' as 分公司 , 客户名 , 收入 , 利润 from [ 分公司 B$]
union all
select ' 分公司 C' as 分公司 , 客户名 , 收入 , 利润 from [ 分公司 C$]
union all
select ' 分公司 D' as 分公司 , 客户名 , 收入 , 利润 from [ 分公司 D$]
```

具体汇总操作过程与前面的是完全一样的，操作完成后，就得到图 1-12 所示的汇总结果。

图 1-11　原始数据　　图 1-12　汇总结果

1.1.5　汇总部分列、部分行数据

如果要汇总每个工作表中的部分列、部分行的数据，仅仅需要在 SQL 语句中写出具体字段列表，并使用 where 指定条件即可。

案例 1–4

在案例 1-3 中，增加一个条件：把各个地区的收入在 5000 以上的数据进行汇总，此时的 SQL 语句如下，查找结果如图 1-13 所示。

```
select '分公司A' as 分公司,客户名,收入,利润 from [分公司A$] where 收入>5000
union all
select '分公司B' as 分公司,客户名,收入,利润 from [分公司B$] where 收入>5000
union all
select '分公司C' as 分公司,客户名,收入,利润 from [分公司C$] where 收入>5000
union all
select '分公司D' as 分公司,客户名,收入,利润 from [分公司D$] where 收入>5000
```

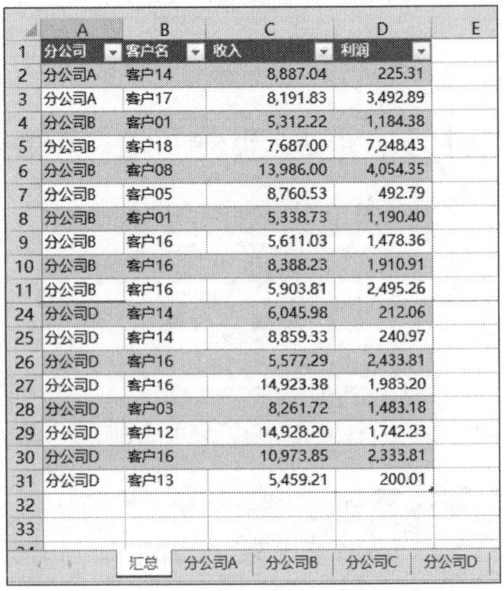

	A	B	C	D	E
1	分公司	客户名	收入	利润	
2	分公司A	客户14	8,887.04	225.31	
3	分公司A	客户17	8,191.83	3,492.89	
4	分公司B	客户01	5,312.22	1,184.38	
5	分公司B	客户18	7,687.00	7,248.43	
6	分公司B	客户08	13,986.00	4,054.35	
7	分公司B	客户05	8,760.53	492.79	
8	分公司B	客户01	5,338.73	1,190.40	
9	分公司B	客户16	5,611.03	1,478.36	
10	分公司B	客户16	8,388.23	1,910.91	
11	分公司B	客户16	5,903.81	2,495.26	
24	分公司D	客户14	6,045.98	212.06	
25	分公司D	客户14	8,859.33	240.97	
26	分公司D	客户16	5,577.29	2,433.81	
27	分公司D	客户16	14,923.38	1,983.20	
28	分公司D	客户03	8,261.72	1,483.18	
29	分公司D	客户12	14,928.20	1,742.23	
30	分公司D	客户16	10,973.85	2,333.81	
31	分公司D	客户13	5,459.21	200.01	
32					
33					

图 1-13　收入在 5000 以上的汇总结果

1.1.6　汇总不同工作簿里的工作表

前面介绍的是汇总保存在一个工作簿里的多个工作表，但是，如果要汇总的工作表不在一个工作簿中，而是保存在不同的工作簿中呢？此时，如果写 SQL 语句就比较麻烦了，因为在 SQL 语句中要写上工作簿路径和工作簿名称等信息，非常烦琐。

在这种情况下，建议采用 VBA 方法或者使用 Power Query。

1.2　VBA 方法

VBA 方法更快、更强，但对工作表的要求也更严格。如果使用 VBA 来汇总大量的工作表，除了要掌握基本的 VBA 知识外，对基础表单的规范性要求更高。一旦代码编写完毕，基础表的结构就不能再变化了，否则需要返工修改代码。

1.2.1　汇总当前工作簿里的多个工作表

如果需要汇总一个工作簿里的多个工作表，最常见的方法是循环这些工作表，进行自动化的复制粘贴操作。

案例 1–5

图 1-14 是要汇总的几个工作表，此时的程序代码如下（这里假设是从第 2 个工作表开始汇总，第 1 个工作表是保存汇总数据的汇总表）。需要注意的是，使用 VBA 汇总工作表，工作簿必须保存为启用宏的工作簿，扩展名是“.xlsm”。

```
Sub 汇总()
    Dim ws1 As Worksheet
    Dim ws As Worksheet
```

```
    Dim rng As Range
    Dim i As Integer
    Dim n As Integer
    Dim k As Integer
    Set ws1=ThisWorkbook.Worksheets(" 汇总 ")
    ws1.Range("A2:D10000").Clear
    n=ThisWorkbook.Worksheets.Count
    k=2
    For i=2 To n
        Set ws=ThisWorkbook.Worksheets(i)
        Set rng=ws.Range("A2:D" & ws.Range("A50000").End(xlUp).Row)
        rng.Copy Destination:=ws1.Range("A" & k)
        k=ws1.Range("A50000").End(xlUp).Row+1
    Next i
    MsgBox " 汇总完毕 "
End Sub
```

运行此程序，即可得到汇总数据，如图 1-15 所示。

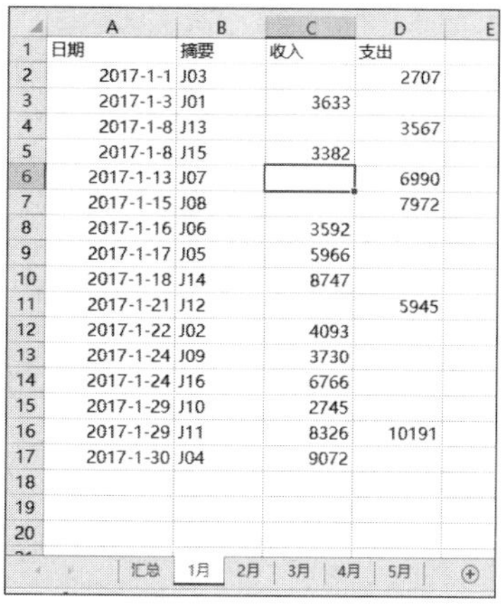

	A	B	C	D	E
1	日期	摘要	收入	支出	
2	2017-1-1	J03		2707	
3	2017-1-3	J01	3633		
4	2017-1-8	J13		3567	
5	2017-1-8	J15	3382		
6	2017-1-13	J07		6990	
7	2017-1-15	J08		7972	
8	2017-1-16	J06	3592		
9	2017-1-17	J05	5966		
10	2017-1-18	J14	8747		
11	2017-1-21	J12		5945	
12	2017-1-22	J02	4093		
13	2017-1-24	J09	3730		
14	2017-1-24	J16	6766		
15	2017-1-29	J10	2745		
16	2017-1-29	J11	8326	10191	
17	2017-1-30	J04	9072		
18					
19					
20					

汇总　1月　2月　3月　4月　5月

图 1-14　要汇总的几个工作表

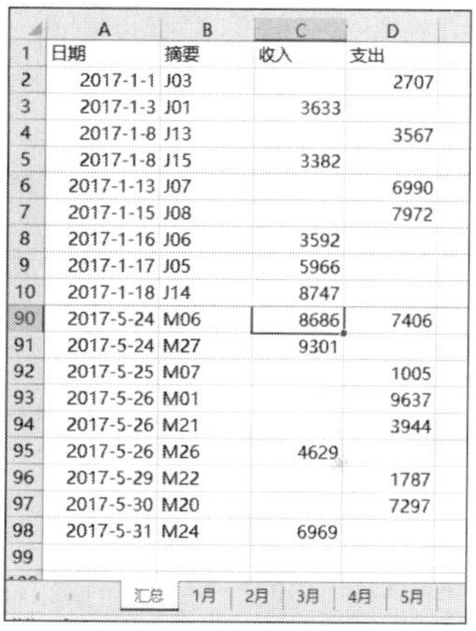

	A	B	C	D
1	日期	摘要	收入	支出
2	2017-1-1	J03		2707
3	2017-1-3	J01	3633	
4	2017-1-8	J13		3567
5	2017-1-8	J15	3382	
6	2017-1-13	J07		6990
7	2017-1-15	J08		7972
8	2017-1-16	J06	3592	
9	2017-1-17	J05	5966	
10	2017-1-18	J14	8747	
90	2017-5-24	M06	8686	7406
91	2017-5-24	M27	9301	
92	2017-5-25	M07		1005
93	2017-5-26	M01		9637
94	2017-5-26	M21		3944
95	2017-5-26	M26	4629	
96	2017-5-29	M22		1787
97	2017-5-30	M20		7297
98	2017-5-31	M24	6969	
99				

汇总　1月　2月　3月　4月　5月

图 1-15　汇总结果

1.2.2　汇总不同工作簿里的一个工作表

案例 1–6

如果要汇总的是多个工作簿，但每个工作簿里仅仅有一个工作表，现在要把这些工作簿的数据汇总到一个新工作簿上，此时的汇总步骤是：先打开每个工作簿，然后复制粘贴，再关闭工作簿。循环每个工作簿，都进行这样的操作，就可以快速完成数据的汇总。

要汇总 4 个工作簿如图 1-16 所示，程序代码如下：

```
Sub 汇总 ()
    Dim wb As Workbook
    Dim ws0 As Worksheet
    Dim ws As Worksheet
    Dim myArray As Variant
```

```
Dim k As Integer, n As Integer
myArray=Array("2013年", "2014年", "2015年", "2016年")
Set ws0=ThisWorkbook.Worksheets("汇总表")
ws0.Range("A2:I65536").ClearContents
k=2
For i=0 To 3
    Workbooks.Open Filename:=ThisWorkbook.Path & "\" & myArray(i)
    Set wb=ActiveWorkbook
    n=Range("A65536").End(xlUp).Row
    Range("A2:H" & n).Copy Destination:=ws0.Range("B" & k)
    ws0.Range("A" & k & ":A" & k + n - 2)=myArray(i)
    wb.Close savechanges:=False
    k=ws0.Range("A65536").End(xlUp).Row + 1
Next i
MsgBox "祝贺您! 汇总分析完毕!", vbOKOnly + vbInformation, "汇总"
End Sub
```

运行这个程序，就得到如图 1-17 所示的汇总结果。

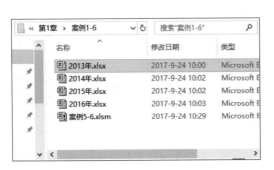

图 1-16　要汇总的 4 个工作簿　　　　　图 1-17　汇总 4 个工作簿的数据结果

1.2.3　汇总不同工作簿里的多个工作表

更为复杂的情况是，要汇总的是多个工作簿，每个工作簿里有多个工作表。比如一个现实的例子：有 10 个分公司，每个分公司一个工作簿，每个工作簿里是 12 个月份的工资表，现在要把这 10×12=120 张工作表数据汇总到一个新的工作簿的 12 个工作表中，你不会下狠心去复制粘贴吧？编写 VBA 代码，就可以一键完成这样的汇总。

案例 1-7

图 1-18 是要汇总的 5 个分公司的工作簿，每个工作簿有 12 个月的工资表，在汇总的结果中，要体现每行数据是哪个分公司的，也就是要有一列说明数据的分公司归属。

下面是针对此案例的程序代码，详细情况请打开文件，运行代码来体会。

　分公司A工资表.xlsx
　分公司B工资表.xlsx
　分公司C工资表.xlsx
　分公司D工资表.xlsx
　分公司E工资表.xlsx

图 1-18　要汇总的 5 个分公司的工作簿

```
Sub 汇总工资表()
    Dim wb As Workbook
    Dim ws0 As Worksheet
    Dim ws As Worksheet
    Dim myArray As Variant
    Dim k As Integer, n As Integer
    Dim j As Integer
    For i=1 To 12
        ThisWorkbook.Worksheets(i & "月").Range("A2:Z50000").Clear
    Next i
    myArray=Array("分公司 A 工资表", "分公司 B 工资表", "分公司 C 工资表", "分
公司 D 工资表", "分公司 E 工资表")
    For i=0 To 4
        Set wb=Workbooks.Open(Filename:=ThisWorkbook.Path _
                & "\" & myArray(i))
        For j=1 To 12
            Set ws0=ThisWorkbook.Worksheets(j & "月")
            k=ws0.Range("A65536").End(xlUp).Row + 1
            Set ws=wb.Worksheets(j & "月")
            n=ws.Range("A65536").End(xlUp).Row
            ws.Range("A2:U" & n).Copy Destination:=ws0.Range("C" & k)
            ws0.Range("A" & k & ":A" & k + n - 2)=j & "月"
            ws0.Range("B" & k & ":B" & k + n - 2)=_
                    Left(myArray(i), Len(myArray(i))-3)
        Next j
        wb.Close savechanges:=False
    Next i
    For j=1 To 12
        Set ws0=ThisWorkbook.Worksheets(j & "月")
        With ws0.UsedRange
            .Font.Size=10
            .Font.Name="微软雅黑"
            .Columns.AutoFit
        End With
    Next j
    MsgBox "祝贺您! 汇总分析完毕!", vbOKOnly + vbInformation, "汇总"
End Sub
```

图 1-19 是某个分公司工资原始数据表，图 1-20 是程序运行后的汇总表。

工号	姓名	所属部门	基本工资	岗位工资	工龄工资	住房补贴	交通补贴	医疗补助	奖金	病假扣款	事假扣款	迟到早退扣款	应发合计	住房公积金	养老保险	医疗保险	失业保险	个人所得税	应扣合计	实发合
0001	A001	办公室	1581	1000	360	543	120	84	1570	0	57	0	5201	588.9	268.8	67.2	33.6	211.38	1169.88	4031
0004	A002	办公室	3037	800	210	543	120	84	985	0	0	69	5710	435.4	192.8	48.2	24.1	326.42	1026.92	4683
0005	A003	办公室	4376	800	150	234	120	84	970	77	39	19	6599	387	180	45	22.5	469.68	1104.18	5494
0006	A004	行政部	6247	800	300	345	120	84	1000	98	0	50	8748	456.1	224	56	28	821.78	1585.88	7162
0007	A005	行政部	4823	600	420	255	120	84	1000	0	72	0	7230	369.1	161.6	40.4	20.2	570.8	1162.1	606
0008	A006	行政部	3021	1000	330	664	120	84	1385	16	28	0	6560	509.5	210.4	52.6	26.3	439.18	1237.98	5322
0009	A007	行政部	6859	1000	330	478	120	84	1400	13	0	0	10258	522.4	234.4	58.6	29.3	1107.66	1952.36	8305
0013	A008	财务部	4842	600	390	577	120	84	1400	0	0	87	7926	468.3	183.2	45.8	22.9	666.16	1386.36	6539
0014	A009	财务部	7947	1000	360	543	120	84	1570	0	0	20	11604	588.9	268.8	67.2	33.6	1354.1	2312.6	929
0015	A010	财务部	6287	800	270	655	120	84	955	0	0	0	9171	459.6	205.6	51.4	25.7	910.74	1653.04	7517
0016	A011	财务部	6442	800	210	435	120	84	1185	0	66	21	9189	424.6	176.8	44.2	22.1	929.26	1596.96	7592
0017	A012	财务部	3418	800	210	543	120	84	985	0	23	0	6137	435.4	192.8	48.2	24.1	390.48	1090.98	5046
0018	A013	财务部	4187	800	150	234	120	84	970	95	86	0	6364	387	180	45	22.5	434.42	1068.92	5295
0019	A014	技术部	1926	800	300	345	120	84	1000	100	0	0	4475	456.1	224	56	28	146.09	910.19	3564
0020	A015	技术部	1043	600	420	255	120	84	1000	0	0	27	3495	369.1	161.6	40.4	20.2	65.37	656.67	2838
0021	A016	技术部	3585	1000	330	664	120	84	1385	92	0	0	7076	509.5	210.4	52.6	26.3	516.58	1315.38	5760
0022	A017	技术部	3210	1000	330	478	120	84	1400	0	0	0	6622	522.4	234.4	58.6	29.3	441.6	1286.3	533
0023	A018	技术部	7793	600	300	645	120	84	1400	24	88	61	10769	486.1	192	48	24	1228.78	1978.88	8790
0024	A019	技术部	5747	600	420	745	120	84	1400	0	96	55	8965	488.1	185.6	46.4	23.2	869.34	1612.64	7352
0025	A020	技术部	2260	600	360	565	120	84	1400	77	0	62	5250	464.1	180.8	45.2	22.6	255.6	968.3	428
0026	A021	技术部	4400	600	390	577	120	84	1400	0	0	38	7533	468.3	183.2	45.8	22.9	596.92	1317.12	6215
0027	A022	技术部	7870	1000	360	543	120	84	1570	61	16	69	11401	588.9	268.8	67.2	33.6	1313.5	2272	9
0028	A023	贸易部	6343	800	270	655	120	84	955	0	51	62	9114	459.6	205.6	51.4	25.7	899.34	1641.64	7472
0029	A024	贸易部	1607	800	210	435	120	84	1185	47	70	89	4235	424.6	176.8	44.2	22.1	131.73	799.43	3435
0030	A025	贸易部	5664	800	210	543	120	84	985	0	77	40	8289	435.4	192.8	48.2	24.1	742.7	1443.2	684
0031	A026	贸易部	4173	800	150	234	120	84	970	0	0	75	6456	387	180	45	22.5	448.22	1082.72	5373
0032	A027	贸易部	7194	800	300	345	120	84	1000	97	0	0	9746	456.1	224	56	28	1021.38	1785.48	7960

1月 2月 3月 4月 5月 6月 7月 8月 9月 10月 11月 12月

图 1-19　某个分公司的 12 个月工资表数据

行	月份	分公司	工号	姓名	所属部门	基本工资	岗位工资	工龄工资	住房补贴	交通补贴	医疗补助	奖金	病假扣款	事假扣款	迟到早退扣款	应发合计	住房公积金	养老保险	医疗保险	失业保险	个人所得税
2	1月	分公司A	0001	A001	办公室	1581	1000	360	543	120	84	1570	0	57	0	5201	588.9	268.8	67.2	33.6	211.38
3	1月	分公司A	0004	A002	办公室	3037	800	210	543	120	84	985	0	0	69	5710	435.4	192.8	48.2	24.1	326.42
4	1月	分公司A	0005	A003	办公室	4376	800	150	234	120	84	970	77	39	19	6599	387	180	45	22.5	469.68
5	1月	分公司A	0006	A004	行政部	6247	800	300	345	120	84	1000	98	0	50	8748	456.1	224	56	28	821.78
6	1月	分公司A	0007	A005	行政部	4823	600	420	255	120	84	1000	0	72	0	7230	369.1	161.6	40.4	20.2	570.8
7	1月	分公司A	0008	A006	行政部	3021	1000	330	664	120	84	1385	16	28	0	6560	509.5	210.4	52.6	26.3	439.18
8	1月	分公司A	0009	A007	行政部	6859	1000	330	478	120	84	1400	13	0	0	10258	522.4	234.4	58.6	29.3	1107.66
9	1月	分公司A	0013	A008	财务部	4842	600	390	577	120	84	1400	0	0	87	7926	468.3	183.2	45.8	22.9	666.16
10	1月	分公司A	0014	A009	财务部	7947	1000	360	543	120	84	1570	0	0	20	11604	588.9	268.8	67.2	33.6	1354.1
11	1月	分公司A	0015	A010	财务部	6287	800	270	655	120	84	955	0	0	0	9171	459.6	205.6	51.4	25.7	910.74
12	1月	分公司A	0016	A011	财务部	6442	800	210	435	120	84	1185	0	66	21	9189	424.6	176.8	44.2	22.1	929.26
133	1月	分公司E	0030	E025	贸易部	5664	800	210	543	120	84	985	0	77	40	8289	435.4	192.8	48.2	24.1	742.7
134	1月	分公司E	0031	E026	贸易部	4173	800	150	234	120	84	970	0	0	75	6456	387	180	45	22.5	448.22
135	1月	分公司E	0032	E027	贸易部	7194	800	300	345	120	84	1000	97	0	0	9746	456.1	224	56	28	1021.38
136	1月	分公司E	0033	E028	贸易部	6006	600	420	255	120	84	1000	8	39	0	8438	369.1	161.6	40.4	20.2	794.34
137	1月	分公司E	0034	E029	贸易部	5136	1000	330	664	120	84	1385	95	0	55	8569	509.5	210.4	52.6	26.3	779.04
138	1月	分公司E	0035	E030	生产部	4345	1000	330	478	120	84	1400	0	0	22	7735	522.4	234.4	58.6	29.3	608.54
139	1月	分公司E	0036	E031	生产部	1710	600	300	645	120	84	1400	91	40	0	4728	486.1	192	48	24	172.79
140	1月	分公司E	0037	E032	生产部	1466	600	420	745	120	84	1400	90	40	0	4705	488.1	185.6	46.4	23.2	171.17
141	1月	分公司E	0038	E033	生产部	4127	600	360	565	120	84	1400	0	0	0	7256	464.1	180.8	45.2	22.6	556.5
142	1月	分公司E	0039	E034	生产部	2321	600	390	577	120	84	1400	16	78	0	5398	468.3	183.2	45.8	22.9	276.67
143	1月	分公司E	0040	E035	生产部	1974	1000	360	543	120	84	1570	12	98	29	5512	588.9	268.8	67.2	33.6	258.02
144	1月	分公司E	0041	E036	生产部	2152	800	270	655	120	84	955	0	11	0	5025	459.6	205.6	51.4	25.7	217.4

首页 1月 2月 3月 4月 5月 6月 7月 8月 9月 10月 11月 12月

图 1-20　程序运行后 5 个分公司的数据汇总表

1.2.4　VBA 基本知识概述

很多人觉得宏和 VBA 神秘莫测，非常高大上，非常难学，其实这是一个误区。如果要使用 VBA 来解决日常数据处理和分析问题，它既不难也不神秘；如果你想成为程序员来开发应用程序，但自己又不是学计算机专业，那么 VBA 看起来就很高深了。

VBA 就是 Visual Basic for Application 的缩写，其核心是 VB 语言，但又有自己的独特编程方法。Excel VBA 就是面向 Excel 对象的编程语言，Excel 对象有 Application（Excel 应用程序）、Workbook（工作簿）、Worksheet（工作表）、Range（单元格）等。我们的日常工作，也是在频繁处理这些对象，比如在某个工作簿的某个工作表的某些单元格里处理数据。

1. 数据类型

Excel VBA 具有各种不同类型的数据，包括数值、字符串、逻辑值、日期、对象等。同种类型的数据占据相同大小的储存空间，相互之间可以进行计算、比较或赋值等；不同类型的数据占用的存储空间不一定相同，相互之间也不能进行计算、比较等。

（1）常量

在整个程序运行过程中，值保持不变的量称为常量。

常量一般分为数值常量、字符串常量、逻辑常量、日期常量和内置常量等几种。

数值类型的常量称为数值常量，由正负号、数值和小数点组成，如 3、5.7、-12、0、2.34E12、-5.2E-12、3.45D16、-2.03D-16 等都是数值常量。这里，E 表示单精度，D 表示双精度。

字符数据类型的常量称为字符常量，字符常量用双引号（" "）表示，如 " 姓名 "、"ABC123"、"200"、"AA" 等都是字符常量。特别注意的是，"200" 表示的是一个字符串 200 而非数值 200。

逻辑常量只有两个，即 True（真）和 False（假）。

日期常量是用 # 括起来的字符串，如 #3/2/2018#、#1/10/2018# 都是日期常量。若在程序中有以下两个语句：a = #3/2/2018#，b = #1/10/2018#，则 a 就等于"2018 年 3 月 2 日"，b 就等于"2018 年 1 月 10 日"。

VBA 还有很多内置常量，一般以 vb 或 xl 为前缀。比如，vbRed 表示红色，vbSunday 表示星期日，vbOKOnly 表示只有一个 OK 按钮，vbOK 表示按下 OK 按钮。

（2）变量

在程序运行中值发生变化的数据称为变量。

变量的命名必须遵循下列规则：

- 变量名必须以字母或汉字开头，不能以数字或其他字符开头。如 A、销量、部门 3、B4 等都是合法的变量名，而 6BB、$AA 都是非法的变量名。
- 变量名必须由字母、数字、汉字或下画线（_）组成。
- 变量名中不能包含语句点（.）、空格或者其他类型声明字符（如 %、$、@、&、！）。
- 变量名最长不能超过 255 个字符。
- 变量名不能与某些关键词同名，如 Or、And、If、Loop、Abs、Public、Private、Dim、Goto、Next、With 等。
- 在同一过程内，变量名必须是唯一的。

变量必须予以说明才能使用，包括变量的名称和数据类型。

对变量进行说明一般可采用 Dim 或 ReDim，此外还有 Public、Private 等，它们既可以对一个变量进行说明，也可以对多个变量进行说明。语法为：

- Dim 变量名 [As 数据类型],[变量名 [As 数据类型]...]
- ReDim 变量名 [As 数据类型],[变量名 [As 数据类型]...]
- Public 变量名 [As 数据类型],[变量名 [As 数据类型]...]
- Private 变量名 [As 数据类型],[变量名 [As 数据类型]...]

在用 Dim 语句说明一个变量后，VBA 系统自动为该变量赋值。若变量为数值型，则初值为零；若变量为字符串型，则初值为空字符串。

未定义数据类型的变量，则默认 Variant。

在 Excel VBA 中，还有一类变量，称为对象变量。对象变量不储存数据，但它们告诉数据在哪儿。例如，可以定义一个对象变量 Rng，告诉 VBA 数据在当前工作表的单元格 A2。

对象变量的声明和前面介绍的普通变量声明类似，唯一的不同是关键字 As 后面指定对象类型，例如，下面的语句就是定义一个对象变量 Rng，它是一个 Range 对象：

```
Dim Rng As Range
```

但是，只声明对象变量是不够的，在使用之前用户还必须给这个对象变量赋予确定的对象。可以使用关键字 Set 来给对象变量赋值，关键字 Set 后面是等号，再后面是该变量指向的对象，例如：

```
Set Rng=Worksheets("Sheet1").Range("A1:E10")
```

上面的语句给对象变量 Rng 赋值，这个值指向工作表 Sheet1 的单元格区域 A1:E10。

使用对象变量的好处是：它可以代替真实对象使用，比真实对象更短，也更容易记住。

2. 常用语句：赋值语句

赋值语句是为变量或常量指定一个值或表达式。

赋值语句通常会包含一个等号（=）。

在 Excel VBA 中，有两种基本的赋值语句：普通变量的赋值语句和对象变量的赋值语句。

（1）普通变量的赋值语句

普通变量的赋值语句要用一个等号（=）来表示：

变量 = 表达式

例如，语句 x=100 就是把 100 赋值给变量 x。

（2）对象变量的赋值语句

对象变量的赋值语句必须使用 Set 语句来完成赋值：

Set 变量 = 表达式

下面的示例中，就是两种赋值语句的具体应用。

```
Sub 赋值语句()
    Dim x As Variant
    Dim y As Variant
    Dim ws As Worksheet
    Dim rng As Range
    Set ws=Worksheets("Sheet1")        ' 将工作表 Sheet1 赋值给对象变量 ws
    Set rng=ws.Range("A1:A10")         ' 将单元格区域 A1:A10 赋值给对象变量 rng
    rng.Value=100                      ' 将数值 100 赋值给单元格区域 rng
    x=ws.Range("A1")                   ' 将工作表 Sheet1 单元格 A1 的数值赋值给变量 x
    y=rng(1)                           ' 将单元格区域 rng 的第 1 个单元格数值赋值给变量 y
MsgBox "x=" & x & vbCrLf & "y=" & y
End Sub
```

3. 常用语句：条件语句

常用的 VBA 条件语句有下面三种：

If...Then

If...Then...Else

If...Then...ElseIf ...Then

（1）If...Then 条件语句

If...Then 是最简单的条件语句，就是根据一个条件来确定做什么。

If...Then 语句有两种书写格式：单行格式和多行格式。

单行格式：

```
If 条件 Then 语句
```

多行格式：

```
If 条件 Then
    语句 1
    语句 2
    语句 N
End If
```

> **注意**：多行格式的 If...Then 语句，必须以关键字 End If 作为结束。

（2）If...Then...Else 条件语句

如果我们需要在条件为真时采取某个行动，而条件为假时采取另外一个行动，那么就可以通过添加一个 Else 子句来执行条件为假时的另外一个行动。这就是 If...Then...Else 语句。

与 If...Then 语句一样，If...Then...Else 语句也有两种书写格式：单行格式和多行格式。

If...Then...Else 语句的单行格式：

```
If 条件 Then 语句 1 Else 语句 2
```

当条件为真时，执行关键字 Then 后面的语句，当条件为假时，则执行 Else 后面的语句。因此，If...Then...Else 语句应该用于决定执行两个操作中的哪一个。例如：

```
If Sales>20000 Then Bonus=Sales*0.02 Else Bonus=0
```

这个语句的意义就是，如果 Sales 大于 20 000 元，那么就按 Sales 的 2% 计算 Bonus；如果销售额小于 20 000 元，那么 Bonus 就是 0。

If...Then...Else 语句的多行格式为：

```
If 条件 Then
    语句块 1
Else
    语句块 2
End If
```

（3）If...Then...ElseIf...Then 条件语句

如果是多个条件的嵌套关系，相当于 Excel 的嵌套 IF 函数的逻辑，那么就需要使用 If...Then...ElseIf...Then 条件语句。此时，语句格式最好写为多行格式：

```
If 条件 1 Then
    语句块
ElseIF 条件 2 Then
    语句块
ElseIF 条件 3 Then
    语句块
    ...
End If
```

（4）条件中使用 AND 或 OR 连接多个条件

在上面的介绍中，If...Then 语句仅使用了一个条件。然而，在实际编程中，可能要使用一个以上的条件。此时，就需要使用逻辑运算符 AND 和 OR 来明确 If...Then 语句里的多个条件。

AND 组合条件的语法如下：

```
If 条件 1 AND 条件 2 Then 语句
```

或

```
If 条件 1 AND 条件 2 Then
    语句块
End If
```

在这个条件语句中，只有在"条件 1"和"条件 2"都必须为真时，VBA 才会执行关键字 Then 右边或下面的语句。

OR 组合条件的语法如下：

```
If 条件 1 OR 条件 2 Then 语句
```

或

```
If 条件 1 OR 条件 2 Then
    语句块
End If
```

在这个条件语句中，只要"条件 1"或"条件 2"任意一个为真，VBA 就会执行关键字 Then 右边或下面的语句。

4. 常用语句：循环语句

循环语句是用于处理重复执行的结构，可以重复执行若干条语句。循环结构是程序设计中使用较多的程序结构。

常用的循环结构有 For...Next 循环结构和 For Each...Next 循环结构。

一个循环结构可以包含另外一个或多个循环语句，构成嵌套循环。

（1）For...Next 循环结构

For...Next 循环结构使用最为灵活，也是使用最多的一种循环结构，其语法结构为：

```
For 计数器 = 初始值 To 终止值 [Step 步长]
    语句块
[Exit For]
Next 计数器
```

这里，步长可正可负，如果为正，则初始值必须小于终止值；如果没有设置步长，则步长默认值为 1。

执行 For...Next 循环结构的步骤如下：

1）设置计数器等于初始值。

2）如果步长为正，测试计数器是否大于终止值，若计数器大于终止值，则停止循环而执行 Next 后面的语句；如果步长为负，测试计数器是否小于终止值，若计数器小于终止值，则停止循环而执行 Next 后面的语句。

3）执行语句块。

4）计数器 = 计数器 + 步长。

5）转到步骤 2）。

循环结构可以嵌套，即在一个循环结构中可以有其他的循环结构。

例如，下面的程序是将单元格 A1:A10 的数据加 100 后，再输出到单元格 B1:B10：

```
Public Sub AAA()
    Dim i As Integer
    For i=1 To 10
        Cells(i,2)=Cells(i,1).Value+100
    Next i
End Sub
```

（2）For Each…Next 循环结构

For Each…Next 循环结构主要是针对集合对象进行操作，让所有的对象变量都执行一次语句块。语法为：

```
For Each 对象变量 In 集合变量
    语句块
[Exit For]
Next 对象变量
```

在使用 For Each…Next 循环结构之前，应首先为对象变量赋值，或者声明对象变量。

下面的程序将隐藏工作簿中除 Sheet1 外的所有工作表。

```
Sub 隐藏工作表()
    Dim ws As Worksheet
    For Each ws In Worksheets
        If ws.Name<>"Sheet1" Then
            ws.Visible = false
        End If
    Next
End Sub
```

5. Excel VBA 基本对象：Workbook 对象

要操作工作簿，需要引用 Workbook 对象，它代表打开的工作簿（Workbook）。

（1）引用工作簿

引用工作簿的常用方法是通过名称来引用指定工作簿。

下面的语句是引用当前活动工作簿。

```
Dim wb As Workbook
Set wb=ActiveWorkbook
```

下面的语句是引用当前运行宏的工作簿。

```
Dim wb As Workbook
Set wb=ThisWorkbook
```

下面的语句是引用已经打开的名字为"成本.xlsx"的工作簿。

```
Dim wb As Workbook
Set wb=workBooks("成本.xlsx")
```

（2）打开工作簿

利用 Open 方法，可以打开一个已经存在的工作簿。Open 方法有一些必需参数和可选参数，详细请看帮助信息，但文件路径和工作簿名称是必不可少的。

例如，下面是打开名称为"明细表.xlsx"工作簿的语句：

```
Workbooks.Open  Filename:="C:\Desktop\wqa\明细表.xlsx"
```

如果要把打开的工作簿赋值给一个定义的工作簿对象变量，就需要使用赋值语句，并且 Open 的参数必须用括弧括起来：

```
Set wb=Workbooks.Open(Filename:="C:\Desktop\wqa\ 明细表 .xlsx")
```

（3）新建工作簿

利用 Add 方法可以创建新的工作簿，将新建的工作簿赋值给对象变量，可用在不需要了解工作簿名称的情况下操作新建的工作簿。

下面是新建一个工作簿的语句：

```
Dim wb As Workbook
Set wb=Workbooks.Add
```

（4）保存工作簿

保存工作簿要使用 Save 方法或者 SaveAs 方法，前者是直接以当前的文件名保存到默认的文件夹，后者是把当前工作簿以指定的文件名另存到指定的文件夹。

下面的程序就是先建一个新工作簿，然后另存为工作簿"Workbook 练习 .xlsx"，保存在当前文件夹里。

```
Sub Workbooks 对象()
    Dim wb As Workbook
    Set wb=Workbooks.Add
    wb.SaveAs Filename:=ThisWorkbook.Path & "\Workbook 练习.xlsx"
    wb.Close
End Sub
```

（5）关闭工作簿

Close 方法是关闭一个工作簿。

例如，语句 Workbooks.Close 是关闭所有打开的工作簿，并放弃所有对工作簿的更改。

如果要关闭某个工作簿，并且保存对其所做的修改，则可以使用下面的语句：

```
Workbooks("Book1.xls").Close SaveChanges:=True
```

6．Excel VBA 基本对象：Worksheet 对象

Worksheet 对象代表工作簿里的工作表。

（1）引用工作表

要引用工作表对象的方法有两种：一种是使用工作表名，另一种是用其在工作簿中的位置（索引号）来确定。

通过索引号引用工作表，是指通过某工作表在 Worksheets 集合中的位置而引用工作表。例如，Worksheets(3) 表示第 3 个工作表，Worksheets(8) 表示第 8 个工作表。

通过名称引用工作表，是指通过指定具体的工作表名而引用工作表。例如，Worksheets("销售") 表示引用名称为"销售"的工作表。在使用工作表名称时，不区分字母的大小写。

（2）获取工作表名称

利用 Name 属性，可以获取工作表的名称。例如，下面的语句就是获取第 3 个工作表的名称，并赋值给变量 X：

```
X=Worksheets(3).Name
```

（3）重命名工作表

重命名工作表也是使用 Name 属性，即将 Name 属性设置为新名称就可以了。下面的语句就是将第 3 个工作表的名称重命名为"分析报告"：

```
Worksheets(3).Name="分析报告"
```

（4）隐藏和显示工作表

将 Visible 属性设置为 xlSheetHidden 或者 False，就可以隐藏指定的工作表。

将 Visible 属性设置为 xlSheetVisible 或者 True，就可以显示指定的工作表。

下面的例子就是隐藏和显示指定的工作表。

```
Sub 隐藏显示工作表()
    '下面将隐藏工作表 Sheet2 和 Sheet3
    Worksheets("Sheet2").Visible=False
    Worksheets("Sheet3").Visible=False
    MsgBox "工作表 Sheet2 和 Sheet3 被隐藏起来了!"
        & vbCrLf & "下面将显示被隐藏的工作表"
    Worksheets("Sheet2").Visible=True
    Worksheets("Sheet3").Visible=True
    Worksheets("Sheet1").Select
    MsgBox "工作表 Sheet2 和 Sheet3 显示出来了!"
End Sub
```

（5）新建工作表

在工作簿中新建一个工作表，要使用 Worksheets 集合或者 Sheets 集合的 Add 方法，该方法有 4 个可选参数。

Before：可选参数，指定一个工作表对象，新建的工作表将置于此工作表之前。

After：可选参数，指定一个工作表对象，新建的工作表将置于此工作表之后。

Count：可选参数，要新建的工作表数目。默认值为 1。

Type：可选参数，指定工作表类型。

下面的语句就是在指定工作簿的所有表的最后插入一个新工作表（其中的 Sheets.Count 用来统计当前工作簿的工作表个数）：

```
Set ws=Worksheets.Add(after:=Sheets(Sheets.Count))
```

如果仅仅是创建一个新工作表，直接使用下面的语句即可，默认情况下，这个新工作表会插入在当前活动工作表的前面：

```
Worksheets.Add
```

（6）删除工作表

利用 Delete 方法可以删除工作表。在删除工作表时会弹出提示信息，因此可以将 Application.DisplayAlerts 设置为 False 来抑制信息框的显示。但需注意，当工作簿中只有一张工作表是不能删除的。

下面的语句就是删除当前工作簿的第 3 个工作表：

```
Worksheets(3).Delete
```

7. Excel VBA 基本对象：Range 对象

Range 对象可以是某个单元格、某一行、某一列或者多个相邻或不相邻单元格区域对象。

Range 对象是 Excel VBA 中使用最多的对象。在操作 Excel 任何单元格区域之前，都要将其表示为一个 Range 对象，然后使用该 Range 对象的属性和方法。

（1）引用单元格区域

引用单元格和单元格区域的常用方式如下。

1）使用 Range 属性引用单元格和单元格区域。例如：

```
Range ("A1")'表示单元格 A1
Range("A:A,C:C,H:H")'引用 A 列、C 列和 H 列
Range("5:20")'引用第 5 行到第 20 行
Range ("A" & n)'表示 A 列的第 n 行的单元格，如果 n 是 10，就表示单元格 A10
```

2）使用 Cells 属性引用单元格和单元格区域，即通过指定行号和列号来引用单元格，例如：

```
Cells(1,1)'表示单元格 A1
Cells(3,5)'表示单元格 E3
Cells(i,j)'表示引用第 i 行第 j 列交叉的单元格
```

3）使用方括号引用单元格和单元格区域，例如：

```
[A1]'表示单元格 A1
[A1:A10]'表示单元格区域 A1:A10
```

4）使用 Rows 属性引用整行。例如：

```
ROWS("1:2")'表示第 1 行和第 2 行
```

5）使用 Columns 属性引用整列。例如：

```
Columns("A:B")'表示 A 列和 B 列
```

6）引用工作表的全部单元格。例如：

```
Cells.Select '表示选择整个工作表
```

（2）获取单元格的数据

获取单元格的数据，可以使用 Value 属性，或者直接引用单元格。例如：

```
x=Range("A1")
x=Range("A1").Value
```

（3）向单元格和单元格区域输入数据

向某个单元格输入数据的语句最简单。例如：

```
Range("A1")=100
Range("A1").Value=100
```

向指定单元格区域输入相同数据，必须使用 Value 属性：

```
Range("A1:A10").Value=100
```

向指定单元格区域输入不同数据，则要使用 Array 函数：

```
Range("A1:D1")=Array("日期","客户名称","合同编号","合同金额")
Range("A2:D2")=Array("2017-1-17","北京华星","H20430",20000)
```

（4）删除单元格数据

删除单元格数据有以下几种方式：

Clear 方法：清除单元格区域中的所有内容。

ClearComments 方法：清除单元格区域的批注。

ClearContents 方法：清除单元格区域的内容（但保留其格式）。

ClearFormats 方法：清除单元格区域的格式。

例如，下面是清除单元格区域 A2:D100 数据的语句：

```
Range("A2:D100").ClearContents
```

（5）复制粘贴单元格数据

复制粘贴数据可以使用 Copy 方法，语法为：

```
Range 对象.Copy [Destination:= 目标区域 ]
```

例如，下面的语句是把工作表 Sheet1 的单元格区域 A1:D4 的数据，复制到工作表 Sheet2 的以单元格 E5 为第一个单元格的区域：

```
Dim wsSource As Range
Dim wsDestination As Range
Set wsSource=Worksheets("Sheet1").Range("A1:D4" )
Set wsDestination=Worksheets("Sheet2").Range("E5" )
wsSource.Copy Destination:=wsDestination
```

（6）获取单元格区域的最大行号和列号

如果要对单元格区域进行数据管理，就必须了解单元格区域的大小，即获取单元格区域的最大行号和列号。

获取单元格区域的最大行号语句为：

```
FinalRow=Range("A1048576").End(xlUp).Row
```

获取单元格区域的最大列号语句为：

```
FinalColumn=Range("XFD1").End(xlToLeft).Column
```

（7）删除单元格、行、列

删除单元格、行、列，可以使用 Delete 方法，具体代码可以通过录制宏得到。

删除第 10 行至第 20 行，并且下面的单元格上移：

```
Rows("10:20").Delete Shift:=xlUp
```

删除第 A 列至第 C 列，并且右侧的单元格左移：

```
Columns("A:C").Delete Shift:=xlToLeft
```

删除单元格区域 A10:F20，并把右侧单元格左移：

```
Range("A10:F20").Delete Shift:=xlToLeft
```

（8）设置单元格格式

设置单元格的格式，包括设置数字格式、对齐方式、字体、边框、填充颜色等。没有必要绞尽脑汁编写这些程序代码，可以通过录制宏获得必要的代码。

1.3　Power Query 方法

Excel 2016 提供了一个更为强大的 Power Query 工具，可以快速对工作簿数据进行查询，对大量工作表进行合并汇总，也可以从不同的数据来源获取数据，其有关命令如图 1-21 所示。

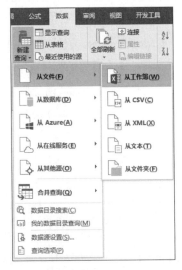

1.3.1　汇总当前工作簿的多个工作表

案例 1-8

以案例 1-1 所示的 12 个月工资表数据为例，这里每个月工资表中没有"月份"列，A 列即是"工号"。现在要把这 12 个月数据汇总到一张工作表上，并且要求汇总后，添加"月份"列，来标识各个数据所属的月份。

使用 Excel 2016 的 Power Query 工具进行汇总的具体步骤如下。

图 1-21　Excel 2016 的"新建查询"工具

步骤 01　首先删除工作簿中除这 12 个月工资表外的其他不相干的工作表。

步骤 02　点击"数据"→"新建查询"→"从文件"→"从工作簿"命令（参考上面的图 1-21），打开"导入数据"对话框，然后从文件夹中选择文件"案例 1-8"，如图 1-22 所示。

步骤 03　单击"导入"对话框，打开"导航器"对话框，选择列表最顶部的"案例 1-8.xlsx[12]"，这里方括号里的 12 表示本工作簿的 12 个工作表，如图 1-23 所示。注意，不能选择某个工作表，因为这样的话每次只能查询一个工作表。

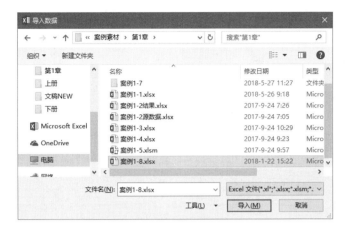

图 1-22　选择要合并工作表的源文件

图 1-23　在"导航器"对话框选择顶部的工作簿名称

步骤 04　单击此对话框右下角的"编辑"按钮，打开"查询编辑器"窗口，如图 1-24 所示。

图 1-24　"查询编辑器"窗口

步骤 05　保留前两列，删除后面的几列，得到图 1-25 所示的结果。

图 1-25　删除不必要的列

步骤 06 单击 Data 字段右侧的按钮 ，展开一个列表，如图 1-26（a）所示，取消选择"使用原始列名作为前缀"复选框，单击"加载更多"蓝色字体标签，显示所有项目，如图 1-26（b）所示。

（a）展开字段

（b）显示字段

图 1-26　显示列表信息

步骤 07 单击"确定"按钮，得到图 1-27 所示的结果。

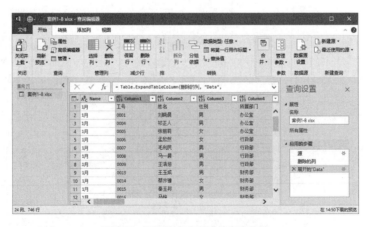

图 1-27　展开所有字段后的查询结果

步骤 08 单击"开始"选项卡中的命令按钮 将第一行用作标题 ，将第一行用作标题，再次删除第一列，就得到如图 1-28 所示的查询结果。

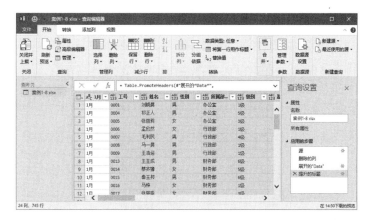

图 1-28　显示字段标题后的查询结果

步骤 09　将第一列的默认名称"1 月"修改为"月份"。

步骤 10　由于这种合并汇总相当于把 12 个工作表的所有数据（包括第一行的标题）都复制粘贴到了一张工作表上，因此得到了 12 行的表格标题。现在把第一行的数据作为标题，那么还剩下 11 行表格标题，这些是不需要的，可以筛选出再删除。例如，单击"性别"字段，筛选到"性别"，如图 1-29 所示。

步骤 11　最后单击"开始"→"关闭并上载"命令，或者直接单击"关闭并上载"按钮，如图 1-30 所示，将所有查询都导入到工作簿，最终效果如图 1-31 所示。

图 1-29　筛选掉多余的标题行，
这里从字段"性别"里筛选

图 1-30　准备关闭查询，并上载查询结果

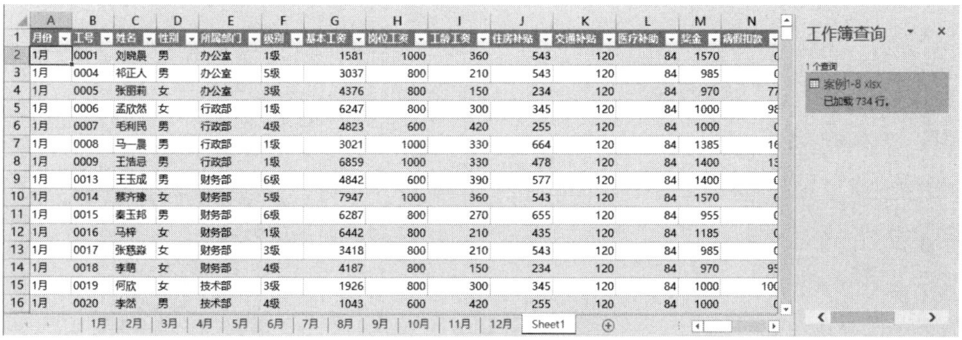

图 1-31　合并查询后的数据表

在查询结果导入到 Excel 工作表后，在右侧会出现"工作簿查询"窗格，列出了你所做的所有查询。本案例中，因为只做了一个查询，其默认名是"案例 1-8.xlsx"，并显示"已加载 734 行"。

如果需要重新编辑查询，可双击这个查询名"案例 1-18.xlsx"，重新打开查询编辑器。

查询名称也可以重新命名，方法是在查询名称处右击，执行"重命名"命令（图 1-32），然后输入新名称即可，如图 1-33 所示。

图 1-32　重命名查询　　　　　　图 1-33　重命名后的查询名

另外，查询操作的每一步都会被记录下来，显示在查询编辑器右侧的"查询设置"窗格里，如图 1-34 所示。

我们可以在"应用的步骤"列表中，单击某个步骤，查看该步骤的编辑情况，或者单击该步骤左侧的"删除"按钮，删除该步骤。

在"查询设置"窗格中，也可以对查询重命名，就是在"名称"框中输入新名称。

图 1-34　"查询设置"窗格

1.3.2　汇总多个工作簿，每个工作簿仅有一个工作表

Power Query 工具还可以对大量的工作簿数据进行汇总，不管每个工作簿只有一个工作表，还是有多个工作表，如果仅仅是把这些工作簿的工作表数据汇总到一个新工作簿上，是非常容易的，既不用写代码，也不用调试程序。下面是汇总的工作簿中仅有一个工作表的情况。

案例 1–9

以案例 1-6 的 4 个工作簿数据为例，合并这些工作簿的具体步骤如下。

步骤 01 首先将要合并的源工作簿保存到一个文件夹里，这个文件夹里不能有其他的文件，这里保存到了文件夹"案例 1-9 源文件"中。

步骤 02 新建一个工作簿。

步骤 03 执行"数据"→"新建查询"→"从文件"→"从文件夹"命令，如图 1-35 所示。

步骤 04 打开"文件夹"对话框，如图 1-36 所示。

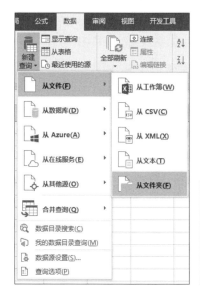

图 1-35　执行"从文件夹"命令

图 1-36　"文件夹"对话框

步骤 05 单击"浏览"按钮，打开"浏览文件夹"对话框，然后选择保存有要汇总工作簿的文件夹，如图 1-37 所示。

步骤 06 单击"确定"按钮，返回到"文件夹"对话框，如图 1-38 所示。

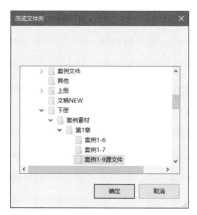

图 1-37　选择要汇总的文件夹

图 1-38　选择了要汇总的文件夹

步骤 07 单击"确定"按钮，打开如图 1-39 所示的对话框。从这个对话框中，可以看到要合并的几个工作簿文件。

步骤 08 单击"编辑"按钮，打开"查询编辑器"窗口，如图 1-40 所示。

步骤 09 保留前两列 Content 和 Name，其他各列全部删除，就得到如图 1-41 所示的结果。

图 1-39　显示出要汇总的几个工作簿

图 1-40　查询编辑器

图 1-41　保留前两列，删除其他各列

步骤10 点击"添加列"→"自定义列"命令，如图 1-42 所示。

步骤11 打开"添加自定义列"对话框，双击右侧的"可用列"中的 Content 或者单击"<< 插入"按钮，在左侧的"自定义列公式"里自动填入了一个公式"=[Content]"，如图 1-43 所示。

图 1-42　"自定义列"命令

图 1-43　自动插入自定义列公式

步骤 12 将自定义列公式修改为"=Excel.Workbook([Content])",注意要区分字母的大小写!这个公式对大小写有要求,如图 1-44 所示。

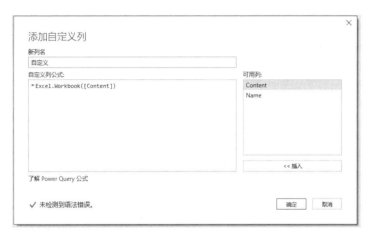

图 1-44　修改自定义列公式

步骤 13 单击"确定"按钮,返回到"查询编辑器"窗口,如图 1-45 所示。可以看到,在查询结果的右侧增加了一列"自定义",要汇总的工作簿数据都在这个自定义列中。

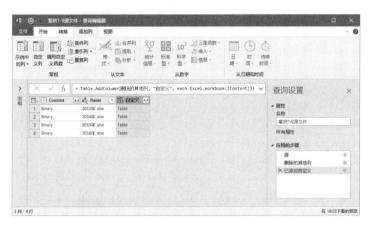

图 1-45　添加了自定义列

步骤 14 单击第 3 列"自定义"列右侧的按钮,展开一个选择列表,单击右下角的蓝色标签"加载更多",然后仅仅勾选 Data,取消其他所有的选项,如图 1-46 所示。

> **说明:**由于每个工作簿的表格中,都已经有了年份一列,所以就不需要保留 Name 了。但是,如果每个工作簿的数据表格中,没有年份列,则需要选择 Name。

步骤 15 单击"确定"按钮,返回到查询编辑器,如图 1-47 所示。

图 1-46　仅仅勾选 Data 选项

31

图 1-47 自定义列后的查询结果

步骤16 单击第 3 列 Data 右侧的 按钮，展开一个选择列表，如图 1-48 所示，注意要单击右下角的蓝色标签"加载更多"，结果如图 1-49 所示。

图 1-48 展开 Data 的列表

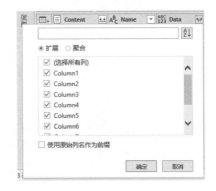

图 1-49 单击"加载更多"之后

步骤17 单击"确定"按钮，就得到了 5 个工作簿的数据汇总表格，结果如图 1-50 所示。

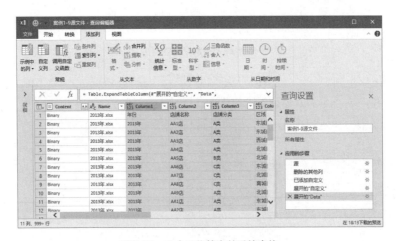

图 1-50 几个工作簿合并后的表格

步骤18 对这个汇总数据继续进行整理和加工。首先把前两列 Content 和 Name 删除，得到如图 1-51 所示的查询表。

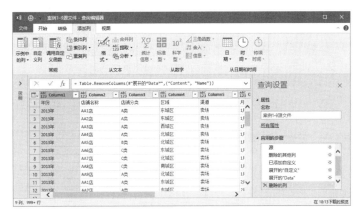

图 1-51　删除前两列 Content 和 Name 后

步骤 19 此时查询表格的标题是 Column1、Column2、Column3……之类的，单击"开始"菜单中的"将第一行用作标题"按钮 ![将第一行用作标题]，查询表就变为如图 1-52 所示的情形。

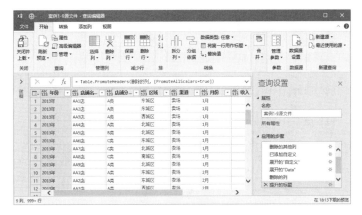

图 1-52　显示出表格标题

步骤 20 这个合并得到的结果还是比较乱的。比如"年份"字段下有很多莫名的其他字段的数据，如图 1-53 所示。因此需要通过筛选的方法予以清除。从第 1 列"年份"中进行筛选，先单击右下角的蓝色字体标签"加载更多"，然后取消除具体年份数据外的其他所有项，如图 1-54 所示。

图 1-53　数据不完整，要单击标签"加载更多"　　图 1-54　仅仅选择年份，取消其他项

步骤21 单击"确定"按钮，得到筛选后的数据表，如图 1-55 所示。

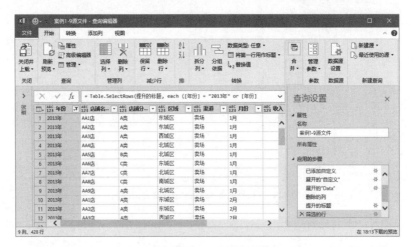

图 1-55　筛选后的数据表

步骤22 单击"开始"→"关闭并上载"命令，得到 4 个工作簿合并后的数据表，如图 1-56 所示。

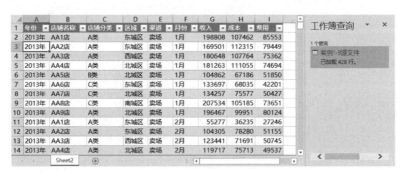

图 1-56　合并 4 个工作簿后的汇总表

1.3.3　汇总多个工作簿，每个工作簿有多个工作表

如果要汇总的每个工作簿有多个工作表，如何解决这样的问题？

这种情况下，汇总的方法与前面的是一样的，只不过有几个小问题需要注意：

（1）每个工作簿名称要规范。例如，要汇总每个分公司的数据，工作簿名称最好命名为分公司名字。

（2）每个工作表名称也要规范。例如，要汇总的每个工作表是各个月份的数据，那么工作表名称最好命名为月份名称。

案例 1–10

下面是对文件夹"案例 1-10 源文件"里的 4 个工作簿文件进行合并，这 4 个文件是各个分公司 12 个月的工资数据，如图 1-57 和图 1-58 所示。

图 1-57　要汇总的 4 个分公司文件，
共计 4×12=48 张工作表

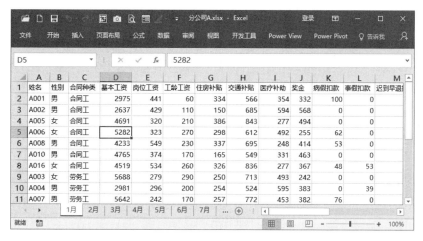

图 1-58　某个分公司工作簿的工作表数据

这样的工作簿汇总，与前面介绍的方法基本相同。下面是主要步骤。

步骤 01　首先将要合并的源工作簿保存到一个文件夹里，这个文件夹里不能有其他文件，这里保存到了文件夹"案例 1-10 源文件"。

步骤 02　新建一个工作簿。

步骤 03　执行"数据"→"新建查询"→"从文件"→"从文件夹"命令，然后选择文件夹，最后进入如图 1-59 所示的对话框。

步骤 04　单击"编辑"按钮，打开"查询编辑器"窗口，如图 1-60 所示。

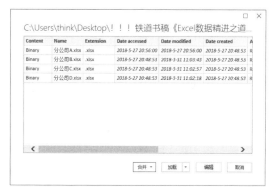

图 1-59　显示出要汇总的几个工作簿

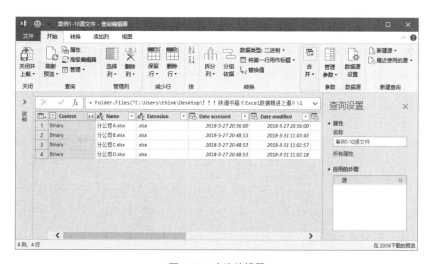

图 1-60　查询编辑器

步骤 05　保留前两列 Content 和 Name，其他各列全部删除，得到如图 1-61 所示的结果。

步骤 06　单击"添加列"→"自定义列"命令，为查询添加一个自定义列，列公式为"=Excel.Workbook([Content])"，得到如图 1-62 所示的查询结果。

图 1-61　保留前两列，删除其他各列

图 1-62　添加了自定义列

步骤 07　单击第 3 列"自定义"右侧的按钮，展开一个选择列表，单击右下角的蓝色标签"加载更多"，然后勾选 Name 和 Data，取消其他所有的选项，如图 1-63 所示。

步骤 08　单击"确定"按钮，返回查询编辑器，如图 1-64 所示。

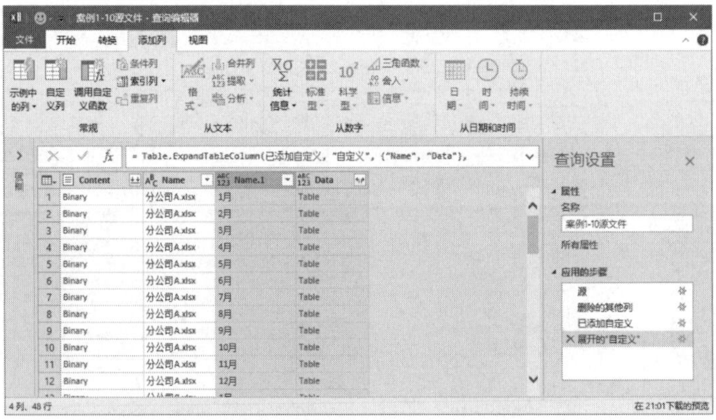

图 1-63　勾选 Name 和 Data 选项

图 1-64　自定义列后的查询结果

步骤 09　删除左边第 1 列 Content。

步骤 10　单击 Data 右侧的按钮，展开一个选择列表，单击选蓝色标签"加载更多"，得到 4 个工作簿共计 4×12=48 个工作表数据的汇总表格，结果如图 1-65 所示。

图 1-65　几个工作簿合并后的表格

步骤 11　对这个汇总数据继续进行整理和加工。首先单击"开始"菜单中的"将第一行用作标题"按钮，显示真正的标题。

步骤 12　把其他多余的标题筛选掉（因为每个表格都有一个标题行，48 个表格就有 48 个标题行，现在已经使用了一个标题行作为标题了，剩下的 47 行标题是没用的）。这样，就得到如图 1-66 所示的查询汇总表。

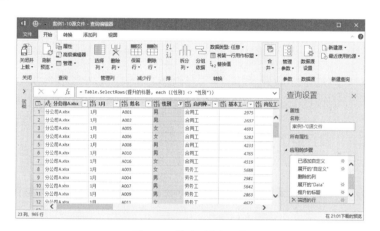

图 1-66　筛选后的数据表

步骤 13　将第 1 列列标题重命名为"分公司"，将第 2 列列标题重命名为"月份"。

步骤 14　再选中第 1 列，单击"转换"→"提取"→"分隔符之前的文本"命令，打开"分隔符之前的文本"对话框，在"分隔符"文本框里输入句点"."，如图 1-67 所示。

图 1-67　准备将第 1 列的分公司名称提取出来

37

单击"确定"按钮，即得到分公司名称整理后的合并表，如图 1-68 所示。

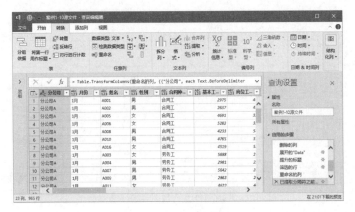

图 1-68　提取分公司名称

步骤15 单击"关闭并上载"命令，得到 4 个分公司全年 12 个月工资表的汇总表，如图 1-69 所示。

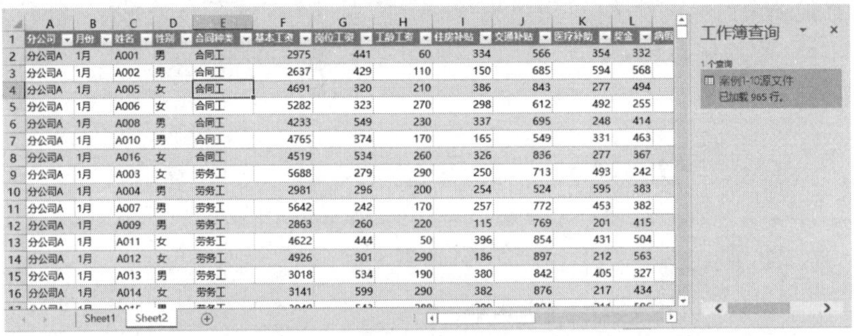

图 1-69　得到的 48 张工作表的合并表

1.3.4　汇总多个工作簿里满足条件的数据

在上面的案例 1-10 中，如果我们需要将 4 个分公司所有劳务工的工资汇总到一张工作表，又该如何做呢？

其实很简单，在"查询编辑器"窗口中，从"合同种类"中筛选"劳务工"即可，如图 1-70 所示。

这样，就得到 4 个分公司所有劳务工的工资汇总表，如图 1-71 所示。

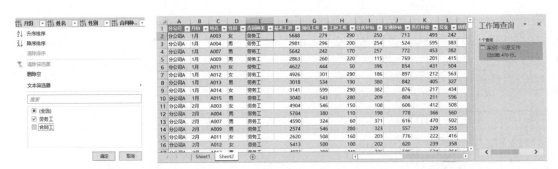

图 1-70　筛选出所有劳务工的数据　　　　图 1-71　4 个分公司所有劳务工的工资汇总表

第 2 章 | 快速汇总大量二维表格

二维表格，是我们日常处理的表格之一。这种表格，更多的是一种基本汇总表，例如预算表、损益表、成本分析表等。在汇总这样的表格时，可以根据需要，采用相应的方法。

要汇总大量的工作表，有以下方法可供选择：

- SUM 函数
- 合并计算
- 多重合并计算数据区域透视表
- Power Query
- INDIRECT 函数

2.1 灵活汇总结构完全相同的工作表

如果每个工作表结构完全相同，也就是行列个数、行列次序均完全一样，现在要把这些工作表汇总在一起，那么根据要求的汇总表格结构，可以使用以下几个实用的方法：使用 SUM 函数；使用合并计算、使用 INDIRECT 函数、使用透视表等。

2.1.1 使用 SUM 函数快速汇总

我们每个人都会使用 SUM 函数，但 SUM 函数有一个特殊用法，不是每个人都了解的：快速汇总结构完全相同的大量工作表，而不管这些工作表有多少个。

案例 2-1

图 2-1 是保存在同一个工作簿中的 12 个工作表，它们保存全年 12 个月的预算汇总数据，每个工作表的结构完全相同，也就是行一样多，列也一样多，行顺序和列顺序也一模一样。现在要制作一个汇总表，把这 12 个工作表的数据加总在一起，结果如图 2-2 所示。

科室	可控费用		不可控用	
	预算	实际	预算	实际
总务科	707,730.00	1,269,273.00	1,343,479.00	1,023,860.00
采购科	1,501,346.00	1,549,095.00	931,429.00	430,053.00
人事科	1,298,054.00	1,542,325.00	1,052,298.00	341,593.00
生管科	1,331,474.00	1,902,053.00	1,686,646.00	1,867,499.00
冲压科	1,497,996.00	1,887,381.00	1,432,484.00	1,640,931.00
焊接科	1,833,711.00	620,997.00	1,881,510.00	892,315.00
组装科	866,902.00	753,325.00	868,327.00	430,089.00
品质科	1,043,350.00	837,715.00	726,528.00	1,280,475.00
设管科	907,459.00	481,645.00	649,805.00	1,868,185.00
技术科	429,928.00	1,316,345.00	1,888,611.00	434,586.00
营业科	1,796,142.00	906,931.00	1,134,643.00	948,354.00
财务科	1,047,928.00	1,565,041.00	775,568.00	1,594,762.00
合计	14,262,020.00	14,632,126.00	14,371,328.00	12,752,702.00

图 2-1　12 个月的工作表据

科室	可控费用		不可控费用	
	预算	实际	预算	实际
总务科	15,629,118.00	13,403,535.00	12,155,315.00	13,258,441.00
采购科	15,759,131.00	16,485,037.00	12,699,015.00	14,108,215.00
人事科	15,881,113.00	13,340,918.00	12,743,116.00	12,344,260.00
生管科	13,798,138.00	14,085,184.00	14,694,123.00	13,059,492.00
冲压科	14,666,811.00	16,738,493.00	15,250,877.00	14,668,570.00
焊接科	18,222,839.00	12,695,326.00	14,149,069.00	10,602,779.00
组装科	13,077,505.00	12,319,090.00	14,519,982.00	15,107,042.00
品质科	15,643,542.00	13,077,754.00	15,349,121.00	16,238,324.00
设管科	17,122,577.00	13,192,928.00	12,293,865.00	15,704,406.00
技术科	10,641,972.00	14,396,514.00	14,196,089.00	10,853,598.00
营业科	14,075,528.00	15,705,309.00	15,361,156.00	14,891,348.00
财务科	14,546,531.00	13,568,645.00	13,534,992.00	16,768,406.00
合计	179,064,805.00	169,008,733.00	166,946,720.00	167,604,881.00

图 2-2　汇总计算结果

步骤 01 首先把那些要汇总的工作表全部移在一起，顺序无关紧要，但要特别注意这些要汇总的工作表之间不能有其他工作表。

步骤 02 插入一个工作表，设计汇总表的结构。由于要汇总的每个工作表结构完全相同，简便的办法就是把某个工作表复制一份，然后删除表格中的数据，如图 2-3 所示。

步骤 03 单击单元格 B3，插入 SUM 函数，点击要汇总的第一个工作表标签，按住 Shift 键不放，再点击要汇总的最后一个工作表标签，最后再点击单元格 B3，即可把汇总公式 "=SUM('1 月:12 月' !B3)" 输入到单元格 B3 中。按 Enter 键，完成公式的输入。

步骤 04 将单元格 B3 的公式进行复制，即可得到汇总报表。

	A	B	C	D	E
1	科室	可控费用		不可控费用	
2		预算	实际	预算	实际
3	总务科				
4	采购科				
5	人事科				
6	生管科				
7	冲压科				
8	焊接科				
9	组装科				
10	品质科				
11	设管科				
12	技术科				
13	营业科				
14	财务科				
15	合计				
16					

图 2-3　设计汇总表的结构

> **说明：** 我们也可以通过这种方法对多个工作表进行其他形式的汇总。例如求平均值、求最大值、求最小值等，方法和步骤是完全一样的，只不过是把汇总函数换成其他函数就可以了。

2.1.2　使用合并计算工具快速汇总

使用 SUM 函数汇总计算得到的结果，仅仅是所有表格的合计数，如果还要看每个表格的明细数据，总不能在明细表之间切换过来切换过去吧？几个表不算什么事，但是有几十个表呢？

此时，我们可以使用合并计算工具来实现这样的效果：不仅合并计算了这些表数据，还可以做成二级显示效果，在合计数与明细数据之间任意切换。

案例 2-2

以案例 2-1 的数据为例，利用合并计算工具汇总这些表格的效果如图 2-4 所示，其方法和步骤如下。

	A	B	C	D	E
1	科室	可控费用		不可控费用	
2		预算	实际	预算	实际
15	总务科	15,629,118.00	13,403,535.00	12,155,315.00	13,258,441.00
28	采购科	15,759,131.00	16,485,037.00	12,699,015.00	14,108,215.00
41	人事科	15,881,113.00	13,340,918.00	12,743,116.00	12,344,260.00
54	生管科	13,798,138.00	14,085,184.00	14,694,123.00	13,059,492.00
67	冲压科	14,666,811.00	16,738,493.00	15,250,877.00	14,668,570.00
80	焊接科	18,222,839.00	12,695,326.00	14,149,069.00	10,602,779.00
93	组装科	13,077,505.00	12,319,090.00	14,519,982.00	15,107,042.00
106	品质科	15,643,542.00	13,077,754.00	15,349,121.00	16,238,324.00
119	设管科	17,122,577.00	13,192,928.00	12,293,865.00	15,704,406.00
132	技术科	10,641,972.00	14,396,514.00	14,196,089.00	10,853,598.00
145	营业科	14,075,528.00	15,705,309.00	15,361,156.00	14,891,348.00
158	财务科	14,546,531.00	13,568,645.00	13,534,992.00	16,768,406.00
171	合计	179,064,805.00	169,008,733.00	166,946,720.00	167,604,881.00
172					

图 2-4　利用合并计算得到的汇总表，具有二级显示效果，点击加号按钮 + 即可展开

步骤 01 插入一个工作表，设计汇总表的结构。

步骤 02 选择要保存汇总结果的单元格区域。

步骤 03 单击"数据"→"合并计算"命令，打开"合并计算"对话框，如图 2-5 所示。

步骤 04 切换到某个表格，选择要汇总的区域，然后单击"添加"按钮，如图 2-6 所示。

图 2-5　准备开始合并计算　　　　　　　　图 2-6　选择要汇总的区域，单击"添加"按钮

步骤 05 以此方法，将 12 个月的数据都添加完毕，并勾选"创建指向源数据的链接"，如图 2-7 所示。

步骤 06 单击"确定"按钮，即得到初步的汇总表，如图 2-8 所示。

图 2-7　12 个工作表数据添加完毕

		A	B	C	D	E
	1	科室	可控费用		不可控费用	
	2		预算	实际	预算	实际
+	15	总务科	15,629,118.00	13,403,535.00	12,155,315.00	13,258,441.00
+	28	采购科	15,759,131.00	16,485,037.00	12,699,015.00	14,108,215.00
+	41	人事科	15,881,113.00	13,340,918.00	12,743,116.00	12,344,260.00
+	54	生管科	13,798,138.00	14,085,184.00	14,694,123.00	13,059,492.00
+	67	冲压科	14,666,811.00	16,738,493.00	15,250,677.00	14,668,570.00
+	80	焊接科	18,222,839.00	12,695,326.00	14,149,069.00	10,602,779.00
+	93	组装科	13,077,505.00	12,319,090.00	14,519,982.00	15,107,042.00
+	106	品质科	15,643,542.00	13,077,754.00	15,349,121.00	16,238,324.00
+	119	设管科	17,122,577.00	13,192,928.00	12,293,865.00	15,704,406.00
+	132	技术科	10,641,972.00	14,396,514.00	14,196,089.00	10,853,598.00
+	145	营业科	14,075,528.00	15,705,309.00	15,361,156.00	14,891,348.00
+	158	财务科	14,546,531.00	13,568,645.00	13,534,992.00	16,768,406.00
+	171	合计	179,064,805.00	169,008,733.00	166,946,720.00	167,604,881.00

图 2-8　初步的汇总表

步骤 07 单击左侧的 2 按钮，展开汇总表，可以看到每个部门上面是空格，从右侧列的引用公式里，可以看出该行是哪个月份工作表的数据。因此需要 A 列的空白单元格填充具体月份名称，如图 2-9 所示。一个小窍门是：先手工在第一个部门上面的 12 个空单元格输入月份名称，然后采用批量复制粘贴的方法，为每个部门批量填充月份名称。

步骤 08 对工作表做适当的美化。

这样，我们不仅得到了 12 个月工作表的汇总数据，同时也把每个月的数据拉到了汇总表，可以非常方便地查看汇总数据和明细数据（通过点击 1 按钮和 2 按钮），如图 2-10 所示。

		A	B	C	D	E
	1	科室	可控费用		不可控费用	
	2		预算	实际	预算	实际
	3		1,936,252.00	1,187,271.00	424,701.00	1,096,179.00
	4		1,682,799.00	747,798.00	637,439.00	1,864,552.00
	5		708,420.00	1,337,135.00	767,780.00	1,572,398.00
	6		790,852.00	651,721.00	1,479,239.00	1,918,213.00
	7		707,730.00	1,269,273.00	1,343,479.00	1,023,860.00
	8		1,483,388.00	1,802,546.00	1,577,086.00	678,943.00
	9		1,985,692.00	1,612,619.00	1,354,251.00	749,567.00
	10		1,546,805.00	308,245.00	309,665.00	356,347.00
	11		1,775,298.00	1,904,533.00	1,956,206.00	784,119.00
	12		479,026.00	1,683,358.00	1,297,568.00	1,524,616.00
	13		1,878,939.00	579,863.00	346,389.00	428,396.00
	14		654,917.00	319,173.00	661,112.00	1,261,251.00
-		总务科	15,629,118.00	13,403,535.00	12,155,315.00	13,258,441.00
	16		1,878,399.00	1,474,614.00	982,632.00	1,604,275.00
	17		1,740,410.00	1,652,824.00	1,543,519.00	675,333.00
	18		1,713,185.00	764,380.00	588,363.00	1,749,846.00
	19		706,021.00	1,776,110.00	525,564.00	1,549,109.00
	20		1,501,346.00	1,549,095.00	931,429.00	430,053.00
	21		660,161.00	1,830,335.00	1,267,100.00	956,396.00
	22		1,233,429.00	864,873.00	1,081,885.00	1,531,415.00
	23		1,405,321.00	1,730,741.00	1,050,737.00	955,860.00

汇总　1月　2月　3月　4月　5月　6月　7月　8月　9月　10月

图 2-9　A 列存在大量空单元格，需要填充
月份名称

细心的朋友可能在这个表格发现了一个难受的问题：为什么月份名称不是按自然月排列，而是 10 月、11 月、12 月排在了 1 月、2 月、……、9 月的前面？这是因为，在"合并计算"对话框中，当选择添加区域后，会自动对工作表名称按照默认的排序规则进行排序。

为了解决这个问题，最好把 12 个月的工作表名称修改为"01 月"、"02 月"、"03 月"、……、"12 月"这样的名称。

其实，合并计算的结果都有这样的问题，为了能够免去这样的不舒服顺序，工作表的命名也是需要技巧的。

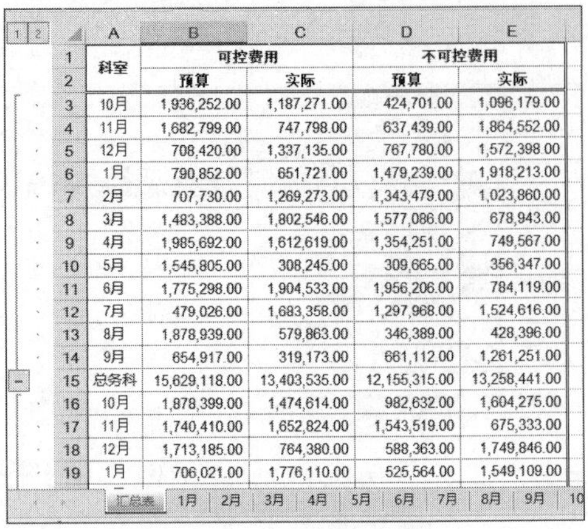

图 2-10　最终的汇总表格

2.1.3　使用 INDIRECT 函数

在某些情况下，我们需要的是一个固定结构格式的汇总表，此时，无论是使用 SUM 函数，还是使用合并计算工具，都是比较麻烦的，但可以使用 INDIRECT 函数快速完成。

案例 2-3

以案例 2-1 的数据为例，现在要求制作如图 2-11 所示的汇总表。

由于每个工作表结构完全一样，存放位置也一样，因此可以使用 INDIRECT 函数，借助 B 列的月份名称，间接引用各个月份数据。

为了复制公式方便，这里我们可以使用一个小技巧。

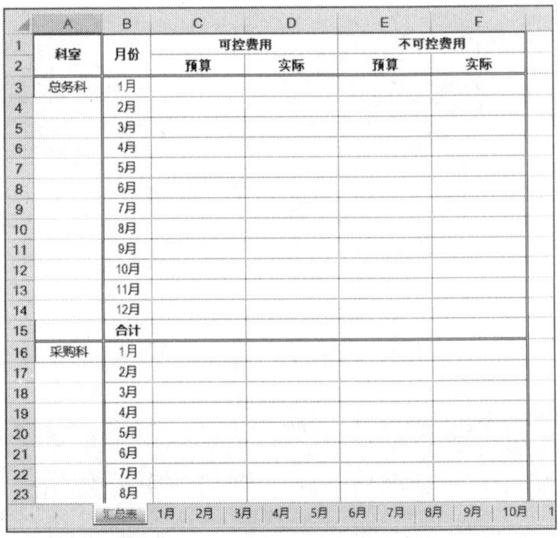

图 2-11　要求的汇总表结构

步骤 01 首先在 C3 单元格输入下面的公式，然后向右向下复制到第 14 行（要注意各个变量单元格的引用，同时注意这里使用了 INDIRECT 函数的 R1C1 引用方式）：

```
=INDIRECT($B3&"!R"&MATCH($A$3,INDIRECT($B3&"!A:A"),0)
&"C"&COLUMN(B1),FALSE)
```

步骤 02 在单元格 C15 输入求和公式，并向右复制：

```
=SUM(C3:C14)
```

步骤 03 选择单元格区域 C3:F14，打开"查找和替换"对话框，将"$A$3"替换为"$A3"，如图 2-12 所示。

步骤 04 选择单元格区域 C3:F15，按 Ctrl+C 键。

步骤 05 分别在各个部门的区域按 Ctrl+V，得到其他部门的各月数据汇总。

步骤 06 在各个部门的最下面，是各个部门各个月总计数，单元格 C159 的公式为：

=SUMIF($B$3:$B$158,$B159,C$3:C$158)

这样，就得到如图 2-13 所示的汇总表。

图 2-12　将所有公式中的 "$A$3" 替换为 "$A3"　　　　图 2-13　各个部门、各个月执行情况汇总表

2.2　大量二维表格的快速汇总

所谓二维表格，就是将同一类别下的各个项目分别保存在了各列中，如图 2-14 所示的月份字段。这种表格，本质上并不是基础数据表单，而是一个按类别汇总的计算表。

	A	B	C	D	E	F	G	H	I	J	K	L	M	N
1	费用	1月	2月	3月	4月	5月	6月	7月	8月	9月	10月	11月	12月	合计
2	办公费	693	627	207	672	416	547	493	460	654	591	682	344	6386
3	差旅费	774	355	385	624	440	222	478	240	670	663	730	294	5875
4	招待费	226	415	540	570	549	470	363	718	514	338	369	797	5869
5	薪资	7215	3668	2095	5165	3835	6017	8350	5509	4509	7475	4442	8748	67028
6	福利	537	444	687	230	508	214	371	323	792	742	686	332	5866
7	折旧费	744	302	781	761	667	489	300	214	642	543	703	797	6943
8	维修费	400	632	472	759	563	736	513	393	642	454	460	236	6260
9	车辆费	518	574	649	364	764	476	641	282	729	200	298	327	5822
10	网络费	281	231	745	351	471	441	445	462	706	718	348	478	5677
11	合计	11388	7248	6561	9496	8213	9612	11954	8601	9858	11724	8718	12353	115726

图 2-14　典型的二维表格

这样的表格，在实际工作中经常遇到，也会经常需要将它们汇总到一张表格中。

另外，这样的二维表格，也会存在着各行项目 / 各列项目多少不一、次序不同的情况，这样的表格如何汇总？

一个方法是使用多重合并计算数据区域透视表，这种汇总的结果是一张透视表，可以在此基础上进行进一步的多维度分析。另一种方法是使用函数。

2.2.1 利用多重合并计算数据区域透视表

案例 2-4

图 2-15 是各个成本中心 12 个月的费用表，现在要将这 12 个月的数据汇总到一起，并进一步分析各个成本中心、各个费用项目、各个月的情况。

	A	B	C	D	E	F	G	H	I	J	K
1	成本中心	职工薪酬	差旅费	业务招待费	办公费	车辆使用费	修理费	租赁费	税金	折旧费	
2	管理科	540	521	1173	962	849	1436	1116	1017	1032	
3	人事科	224	1029	298	739	1175	1000	277	1223	513	
4	设备科	774	1309	683	1262	1355	1334	1431	532	382	
5	技术科	283	626	635	843	1080	311	555	1303	1017	
6	生产科	1121	1132	1351	446	1448	1194	860	838	1247	
7	销售科	986	273	1370	488	1104	1350	658	545	1078	
8	设计科	924	873	1359	802	220	561	829	968	303	
9	后勤科	264	1052	1328	1482	985	753	603	835	957	
10	信息中心	469	1111	631	1479	1456	879	605	624	693	
11											

1月 2月 3月 4月 5月 6月 7月 8月 9月 10月 11月 12月

图 2-15 成本中心 12 个月的费用表

步骤 01 在某个工作表中，按 Alt+D+P 组合键（P 按两下），打开数据透视表向导对话框，选择"多重合并计算数据区域"，如图 2-16 所示。

步骤 02 单击"下一步"按钮，打开向导的"步骤 2a"，保持默认，如图 2-17 所示。

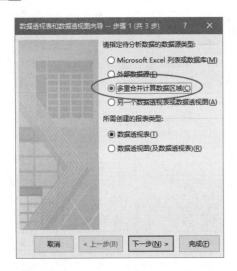

图 2-16 选择"多重合并计算数据区域"

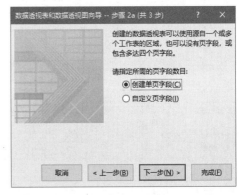

图 2-17 向导"步骤 2a"，保持默认

步骤 03 单击"下一步"按钮，打开向导的"步骤 2b"，将各个月份的数据区域添加进来，如图 2-18 所示。

> **提示**：请一定要记住这个对话框中，添加区域后各个工作表的先后次序，它们都自动按照拼音排好了序，这个次序非常重要，关系到后面如何修改默认项目名称。
>
> 10 月工作表是第 1 个，11 月工作表是第 2 个，12 月工作表是第 3 个，1 月工作表是第 4 个，2 月工作表是第 5 个……

步骤 04 单击"下一步"按钮，打开向导的"步骤 3"，选择"新工作表"，如图 2-19 所示。

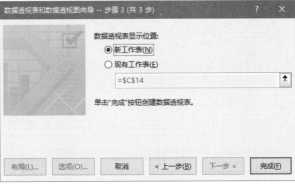

图 2-18　向导"步骤 2b"，添加各个工作表数据区域　　　　图 2-19　选择"新工作表"

步骤 05 单击"完成"按钮，就得到基本的透视表，如图 2-20 所示。

	A	B	C	D	E	F	G	H	I	J	K
1	页1	(全部)									
2											
3	求和项:值	列标签									
4	行标签	租赁费	办公费	差旅费	修理费	税金	车辆使用费	业务招待费	折旧费	职工薪酬	总计
5	管理科	11313	10233	9621	10724	9006	10287	8725	11091	9583	90583
6	后勤科	9766	10426	14407	11106	12894	8534	9750	10685	9385	96953
7	技术科	10956	10912	11257	13685	11169	10001	8375	9332	8780	94467
8	人事科	7919	9267	9318	8114	13537	9507	8880	9057	9573	85172
9	设备科	11720	10782	9832	11939	8217	12116	11174	9153	11908	96841
10	设计科	10767	10624	9979	9720	11754	9836	11264	7222	9167	90333
11	生产科	9420	11076	10643	9212	10540	11543	12472	8928	10840	94674
12	销售科	10513	10943	9554	13090	10967	10431	12324	9698	9254	96774
13	信息中心	10872	11011	9919	10190	11436	11267	8348	10660	10597	94300
14	总计	93246	95274	94530	97780	99520	93522	91312	85826	89087	840097
15											

图 2-20　得到基本透视表，也是 12 个月数据的合并报表

步骤 06 对透视表进行基本的美化，比如清除透视表的样式、设置报表布局、修改字段名称、调整字段项目的行位置和列位置，得到如图 2-21 所示的报表。

	A	B	C	D	E	F	G	H	I	J	K
1	月份	(全部)									
2											
3	金额	费用									
4	成本中心	职工薪酬	差旅费	业务招待费	办公费	车辆使用费	修理费	租赁费	税金	折旧费	总计
5	管理科	9583	9621	8725	10233	10287	10724	11313	9006	11091	90583
6	人事科	9573	9318	8880	9267	9507	8114	7919	13537	9057	85172
7	设备科	11908	9832	11174	10782	12116	11939	11720	8217	9153	96841
8	技术科	87 金额	11257	8375	10912	10001	13685	10956	11169	9332	94467
9	生产科	108 值: 11908	10643	12472	11076	11543	9212	9420	10540	8928	94674
10	销售科	92 行: 设备科	9554	12324	10943	10431	13090	10513	10967	9698	96774
11	设计科	91 列: 职工薪酬	9979	11264	10624	9836	9720	10767	11754	7222	90333
12	后勤科	9385	14407	9750	10426	8534	11106	9766	12894	10685	96953
13	信息中心	10597	9919	8348	11011	11267	10190	10872	11436	10660	94300
14	总计	89087	94530	91312	95274	93522	97780	93246	99520	85826	840097
15											

图 2-21　格式化后的透视表

步骤 07 注意此时字段"月份"下的每个项目名称并不是具体的月份名称，而是"项 1"、"项 2"、"项 3"……这样的默认名字，如图 2-22 所示，需要修改成具体月份名称，方法是：将字段"月份"拖放到行标签，将字段"成本中心"拖到筛选，然后在单元格里修改月份名称即可。

月份	职工薪酬	差旅费	业务招待费	办公费	车辆使用费	修理费	租赁费	税金	折旧费	总计
项1	5965	9225	7928	7154	6314	7239	6953	9153	9439	69370
项10	8562	6628	6729	9689	7241	7759	6399	9881	7477	70365
项11	8407	7899	7925	6857	8708	7253	8499	7721	7724	70993
项12	7039	7172	5440	6976	8387	9283	8758	9821	5075	67951
项2	5547	6993	7853	7486	7643	7860	5493	7414	5382	61671
项3	7661	8715	7288	8140	7058	7337	7533	6963	7505	68200
项4	5585	7926	8828	8503	9672	8818	6934	7885	7222	71373
项5	6969	6711	7852	7112	8431	7727	8196	7395	5694	66087
项6	7927	9509	9414	7882	6347	8742	9478	9132	7502	75933
项7	8532	8311	7889	6495	7534	8650	8871	8551	6199	71032
项8	10103	7704	7538	8661	7658	7552	8262	7660	7750	72888
项9	6790	7737	6628	10319	8529	9560	7870	7944	8857	74234
总计	89087	94530	91312	95274	93522	97780	93246	99520	85826	840097

图 2-22　重新布局透视表，把月份拖放到行标签内

那么，您会问了，"项 1"是哪个月份？"项 2"是哪个月份？"项 10"又是哪个月份？

在前面，我们已经温馨地提醒过您了，请注意图 2-18 所示的对话框中，添加完数据区域后，各个工作表的次序，它们自动按照拼音做了排序，而透视表就按照这个次序，把每个工作表区域的名称设置为默认的名称"项 1"、"项 2"、"项 3"、"项 4"……因此，"项 1"是 10 月，"项 2"是 11 月，"项 3"是 12 月，"项 4"是 1 月，"项 5"是 2 月，以此类推。

修改完月份名称后的透视表如图 2-23 所示。

月份	职工薪酬	差旅费	业务招待费	办公费	车辆使用费	修理费	租赁费	税金	折旧费	总计
10月	5965	9225	7928	7154	6314	7239	6953	9153	9439	69370
7月	8562	6628	6729	9689	7241	7759	6399	9881	7477	70365
8月	8407	7899	7925	6857	8708	7253	8499	7721	7724	70993
9月	7039	7172	5440	6976	8387	9283	8758	9821	5075	67951
11月	5547	6993	7853	7486	7643	7860	5493	7414	5382	61671
12月	7661	8715	7288	8140	7058	7337	7533	6963	7505	68200
1月	5585	7926	8828	8503	9672	8818	6934	7885	7222	71373
2月	6969	6711	7852	7112	8431	7727	8196	7395	5694	66087
3月	7927	9509	9414	7882	6347	8742	9478	9132	7502	75933
4月	8532	8311	7889	6495	7534	8650	8871	8551	6199	71032
5月	10103	7704	7538	8661	7658	7552	8262	7660	7750	72888
6月	6790	7737	6628	10319	8529	9560	7870	7944	8857	74234
总计	89087	94530	91312	95274	93522	97780	93246	99520	85826	840097

图 2-23　修改月份名称后的透视表

调整月份的顺序，可以手工调整，得到如图 2-24 所示的数据透视表。

月份	职工薪酬	差旅费	业务招待费	办公费	车辆使用费	修理费	租赁费	税金	折旧费	总计
1月	5585	7926	8828	8503	9672	8818	6934	7885	7222	71373
2月	6969	6711	7852	7112	8431	7727	8196	7395	5694	66087
3月	7927	9509	9414	7882	6347	8742	9478	9132	7502	75933
4月	8532	8311	7889	6495	7534	8650	8871	8551	6199	71032
5月	10103	7704	7538	8661	7658	7552	8262	7660	7750	72888
6月	6790	7737	6628	10319	8529	9560	7870	7944	8857	74234
7月	8562	6628	6729	9689	7241	7759	6399	9881	7477	70365
8月	8407	7899	7925	6857	8708	7253	8499	7721	7724	70993
9月	7039	7172	5440	6976	8387	9283	8758	9821	5075	67951
10月	5965	9225	7928	7154	6314	7239	6953	9153	9439	69370
11月	5547	6993	7853	7486	7643	7860	5493	7414	5382	61671
12月	7661	8715	7288	8140	7058	7337	7533	6963	7505	68200
总计	89087	94530	91312	95274	93522	97780	93246	99520	85826	840097

图 2-24　调整月份顺序后的透视表

有了这个透视表，我们可以任意拖放字段，进行各种组合计算，得到需要的分析报告。图 2-25 就是为预算提供参考依据的一种合并报表。

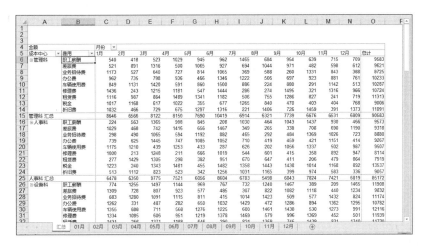

图 2-25　12 个月费用表的合并报告

2.2.2　利用 INDIRECT 函数

案例 2–5

在一次公开课上，一位同学拿着一个 U 盘过来说：韩老师，帮我看看，这 400 多家店铺数据，如何汇总到一张表上？图 2-26 所示就是这个问题的模拟数据，图 2-27 是要制作的汇总表。

图 2-26　店铺月报数据

图 2-27　要制作的汇总表

47

这是一个典型二维表格的汇总问题（损益表汇总），并且汇总表的结构已经被定死，再加上有几百张工作表，因此最好的方法是使用函数来汇总。

汇总表的设计很有特点：第一行的标题就是每个店铺的名称，也就是每个店铺工作表的名称，这样我们就可以利用 INDIRECT 函数，通过标题所指定的工作表名称，来间接引用每个工作表数据。

在汇总表B2输入下面的公式，然后往右往下复制，即可在不到1分钟内完成汇总表，如图2-28所示。

```
=INDIRECT(B$1&"!B"&ROW(A2))
```

项目	店铺01	店铺02	店铺03	店铺04	店铺05	店铺06	店铺07	店铺08	店铺09	店铺10	店铺11
零售额（含税）	64114.48	616538	159879.5	274837.6	174511.1	204242.8	213631.7	216550.4	449224.7	206361.7	173301.2
销售折扣（含税）	14114.48	116538	19879.47	34837.59	24511.14	24242.8	23631.73	26550.38	49224.69	26361.67	23301.21
净销售额（含税）	50000	500000	140000	240000	150000	180000	190000	190000	400000	180000	15000
净销售额（不含税）	42735.04	427350.4	119658.1	205128.2	128205.1	153846.2	162393.2	162393.2	341880.3	153846.2	128205.1
销售成本（不含税）	19570.97	188198.4	48803.26	83894.26	53269.58	62345.18	65211.15	66102.07	137126	62991.96	52900.2
成本合计（不含税）	19570.97	188198.4	48803.26	83894.26	53269.58	62345.18	65211.15	66102.07	137126	62991.96	52900.2
销售毛利	23164.08	239152	70854.86	121234	74935.55	91500.98	97182.01	96291.09	204754.4	90854.19	75304.8
商场佣金及直营店租金	14255.18	1084.96	14717.96	18931.17	26290.81	22633.27	19214.09	26454.97	24774.96	8244.91	31124.72
其他销售费用	577.03	5548.84	1438.92	2473.54	1570.6	1838.19	1922.69	1948.95	4043.02	1857.26	1559.71
员工工资及福利费	5000.93	48089.97	12470.6	21437.33	13611.87	15930.94	16663.27	16890.93	35039.53	16096.21	13517.4
办公及行政费用	1507.06	1783.27	1554.94	1612.42	1562.26	1577.12	1581.82	1583.28	1699.61	1578.18	1561.6
折旧及摊销费用	6742.02	10038.81	4385.16	4138.3	6088.63	3065.63	7116.92	3318.84	6135.95	4952.81	3810.24
财务费用	453.92	3934.19	1057.24	1781.48	1149.42	1336.73	1395.88	1414.27	2880.12	1350.08	1141.8
营业利润	-5372.07	168672	35230.04	70859.72	24661.96	45119.1	49287.35	44679.86	130181.2	56774.74	22589.2
管理费用	7187.27	71872.66	20124.34	34498.88	21561.8	25874.16	27311.61	27311.61	57498.13	25874.16	21561.8
税前利润	-12559.3	96799.32	15105.7	36360.84	3100.16	19244.94	21975.74	17368.25	72683.05	30900.59	1027.4
所得税	-2260.68	17423.88	2719.03	6544.95	558.03	3464.09	3955.63	3126.29	13082.95	5562.11	184.94
净利润	-10298.7	79375.44	12386.67	29815.89	2542.13	15780.85	18020.1	14241.97	59600.1	25338.48	842.52

汇总 | 店铺01 | 店铺02 | 店铺61 | 店铺60 | 店铺64 | 店铺62 | 店铺6 ...

图 2-28 汇总表

在这个公式中，表达式“B$1&"!B"&ROW(A2)”的结果是字符串“店铺 01!B2”，它恰好就是店铺 01 工作表的 B2 单元格地址，那么 INDIRECT 函数就是把这个字符串表示的地址，转换为对该单元格的引用，也就是取得了该单元格的数据。

2.2.3 利用 Power Query

函数汇总的一大特点是灵活多变，可以适用于任何一种结构的报表。但是，当工作表数据量巨大，汇总的项目又很多，同时还要做进一步数据分析时，速度就很慢了。

如果每个二维工作表的结构一样，我们可以使用 Power Query 工具快速汇总，来解决函数汇总所带来的计算速度问题。

案例 2–6

以案例 2-5 的多家店铺数据为例，下面是利用 Power Query 工具快速汇总的具体步骤。

步骤01 整理这个工作簿，删除要汇总的各家店铺数据以外的所有工作表。

步骤02 新建一个工作簿。

步骤03 单击“数据”→“新建查询”→“从文件”→“从工作簿”命令，打开“导入数据”对话框，从文件夹中选择文件“案例 2-6”，如图 2-29 所示。

步骤04 单击“导入”对话框，打开“导航器”对话框，选择列表最顶部的“案例 2-6.xlsx[66]”，如图 2-30 所示，这里方括号里的 66 就表示本工作簿的 66 个工作表。

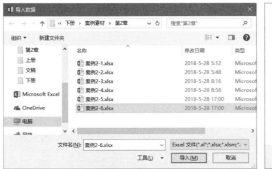
图 2-29　选择要合并工作表源文件

图 2-30　在"导航器"对话框中选择顶部的工作簿名称

步骤 05 单击此对话框右下角的"编辑"按钮，打开"查询编辑器"窗口，如图 2-31 所示。

图 2-31　"查询编辑器"窗口

步骤 06 保留前两列，删除后面的几列。再单击 Data 字段右上角的按钮，展开一个列表，取消选择"使用原始列名作为前缀"，再单击"加载更多"蓝色字体标签，显示所有项目。最后单击"确定"按钮，得到如图 2-32 所示的结果。

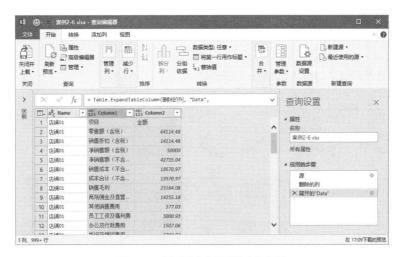
图 2-32　展开所有字段后的查询结果

步骤 **07** 单击菜单栏中的 将第一行用作标题 命令按钮，将第一行用作标题，并将第一列标题重命名为 "店铺"，得到如图 2-33 所示的查询结果。

图 2-33　显示字段标题后的查询结果

步骤 **08** 从任一列中筛选出多余的表格标题（详细说明请见第 1 章的介绍）。

步骤 **09** 选择第一列 "店铺"，单击 "转换" → "透视列" 命令按钮，如图 2-34 所示。

图 2-34　"透视列" 命令按钮

步骤 **10** 打开 "透视列" 对话框，如图 2-35 所示。

图 2-35　"透视列" 对话框

步骤 **11** 在 "值列" 下拉列表中选择 "金额"，再单击 "高级选项" 标签，展开高级选项，然后在 "聚合值函数" 下拉列表中选择 "求和"，如图 2-36 所示。

图 2-36　选择 "值列" 和 "聚合值函数"

步骤12 单击"确定"按钮，得到如图 2-37 所示的查询汇总结果。

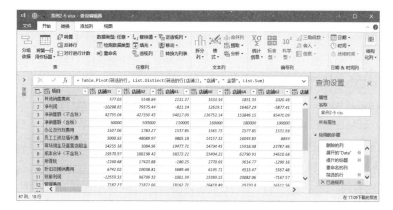

图 2-37 按店铺进行透视后的查询表

步骤13 单击"关闭并上载"按钮，将查询结果导入到当前工作簿中，如图 2-38 所示。

	A	B	C	D	E	F	G	H	I	J	K
1	项目	店铺01	店铺02	店铺61	店铺60	店铺64	店铺62	店铺66	店铺65	店铺63	店铺57
2	其他销售费用	577.03	5548.84	1131.37	1633.54	1851.33	1020.46	1169.83	1169.83	2080.63	1223.74
3	净利润	-10298.65	79375.44	-821.14	12619.1	16467.29	-5877.41	1168.82	1168.82	6757.95	5581.37
4	净销售额 (不含税)	42735.04	427350.43	94017.09	136752.14	153846.15	85470.09	97213.68	97213.68	170940.17	102564.1
5	净销售额 (含税)	50000	500000	110000	160000	180000	100000	113740	113740	200000	120000
6	办公及行政费用	1507.06	1783.27	1537.85	1565.75	1577.85	1531.69	1539.99	1539.99	1590.59	1542.99
7	员工工资及福利费	5000.93	48089.97	9805.18	14157.33	16044.83	8844	10138.55	10138.55	18032.1	10605.78
8	商场佣金及直营店租金	14255.18	1084.96	19477.71	14794.45	15918.94	23787.46	18437.46	18437.46	31531.85	16325.41
9	成本合计 (不含税)	19570.97	188198.42	38372.22	55404.23	62790.91	34610.68	39676.88	39676.88	70567.99	41505.34
10	所得税	-2260.68	17423.88	-180.25	2770.05	3614.77	-1290.16	256.57	256.57	1483.45	1225.18
11	折旧及摊销费用	6742.02	10038.81	5689.48	6195.71	4513.47	5567.48	5176.45	5176.45	4366.06	4755.72
12	税前利润	-12559.33	96799.32	-1001.39	15389.15	20082.06	-7167.57	1425.39	1425.39	8241.4	6806.55
13	管理费用	7187.27	71872.66	18162.71	26418.49	29720.8	16511.56	18780.25	18780.25	33023.12	18891.97
14	营业利润	-5372.07	168671.98	17161.33	41807.64	49802.86	9343.99	20205.64	20205.64	41264.52	25698.51
15	财务费用	453.92	3934.19	841.96	1193.48	1345.93	764.32	868.88	868.88	1506.44	906.62
16	销售成本 (不含税)	19570.97	188198.42	38372.22	55404.23	62790.91	34610.68	39676.88	39676.88	70567.99	41505.34
17	销售折扣 (含税)	14114.48	116538.02	15707.4	21504.26	25703.01	13384.6	16241.45	16241.45	31180.73	15971.48
18	销售毛利	23164.08	239152.01	55644.87	81347.91	91055.25	50859.4	57536.8	57536.8	100372.18	61058.77
19	零售额 (含税)	64114.48	616538.02	125707.4	181504.26	205703.01	113384.6	129981.45	129981.45	231180.73	135971.48
20											

图 2-38 合并查询后的数据表

步骤14 A 列的项目名称按照拼音自动排序，因此需要对 A 列进行自定义排序。自定义排序的方法在上面已经介绍过了。图 2-39 是自定义排序后的结果。

	A	B	C	D	E	F	G	H	I	J	K
1	项目	店铺01	店铺02	店铺61	店铺60	店铺64	店铺62	店铺66	店铺65	店铺63	店铺57
2	零售额 (含税)	64114.48	616538.02	125707.4	181504.26	205703.01	113384.6	129981.45	129981.45	231180.73	135971.48
3	销售折扣 (含税)	14114.48	116538.02	15707.4	21504.26	25703.01	13384.6	16241.45	16241.45	31180.73	15971.48
4	净销售额 (含税)	50000	500000	110000	160000	180000	100000	113740	113740	200000	120000
5	净销售额 (不含税)	42735.04	427350.43	94017.09	136752.14	153846.15	85470.09	97213.68	97213.68	170940.17	102564.1
6	销售成本 (不含税)	19570.97	188198.42	38372.22	55404.23	62790.91	34610.68	39676.88	39676.88	70567.99	41505.34
7	成本合计 (不含税)	19570.97	188198.42	38372.22	55404.23	62790.91	34610.68	39676.88	39676.88	70567.99	41505.34
8	销售毛利	23164.08	239152.01	55644.87	81347.91	91055.25	50859.4	57536.8	57536.8	100372.18	61058.77
9	商场佣金及直营店租金	14255.18	1084.96	19477.71	14794.45	15918.94	23787.46	18437.46	18437.46	31531.85	16325.41
10	其他销售费用	577.03	5548.84	1131.37	1633.54	1851.33	1020.46	1169.83	1169.83	2080.63	1223.74
11	员工工资及福利费	5000.93	48089.97	9805.18	14157.33	16044.83	8844	10138.55	10138.55	18032.1	10605.78
12	办公及行政费用	1507.06	1783.27	1537.85	1565.75	1577.85	1531.69	1539.99	1539.99	1590.59	1542.99
13	折旧及摊销费用	6742.02	10038.81	5689.48	6195.71	4513.47	5567.48	5176.45	5176.45	4366.06	4755.72
14	财务费用	453.92	3934.19	841.96	1193.48	1345.93	764.32	868.88	868.88	1506.44	906.62
15	营业利润	-5372.07	168671.98	17161.33	41807.64	49802.86	9343.99	20205.64	20205.64	41264.52	25698.51
16	管理费用	7187.27	71872.66	18162.71	26418.49	29720.8	16511.56	18780.25	18780.25	33023.12	18891.97
17	税前利润	-12559.33	96799.32	-1001.39	15389.15	20082.06	-7167.57	1425.39	1425.39	8241.4	6806.55
18	所得税	-2260.68	17423.88	-180.25	2770.05	3614.77	-1290.16	256.57	256.57	1483.45	1225.18
19	净利润	-10298.65	79375.44	-821.14	12619.1	16467.29	-5877.41	1168.82	1168.82	6757.95	5581.37
20											

图 2-39 自定义排序后的汇总表

总结：这个案例前面的几步操作，与第 1 章关于 Power Query 的应用介绍是相同的，唯一不同的是，这里对店铺进行了透视，并在查询结果表中进行了自定义排序。

第 3 章 关联工作表的快速汇总

所谓关联工作表，就是每个工作表都有一列或几列字段是共有的，这样的字段成为关键字段。现在的任务就是把这几个工作表按照这些关键字段进行汇总。

这种关联工作表的汇总，常用的方法是利用 VLOOKUP 函数。但是，这种方法比较麻烦，当关联工作表有很多时，做公式是非常耗时的，也非常容易出错。

关联工作表汇总最简单最高效的方法，是利用 Microsft Query，或者利用 Power Query。

3.1 Microsoft Query 工具

Microsoft Query 工具是任何一个版本都有的工具，操作起来也很简单。下面结合实际案例说明这个工具来汇总关联工作表的主要步骤和注意事项。

3.1.1 Microsoft Query 汇总的基本步骤

案例 3–1

图 3-1 是一个员工信息及工资数据分别保存在 3 个工作表中的示例工作簿。其中：

“部门情况”工作表保存员工的工号及其所属部门。

“明细工资”工作表保存员工的工号及其工资明细数据。

“个税”工作表保存员工的编号及其个人所得税数据。

这 3 个工作表都有一个“工号”列数据。现在要求按工号将这 3 个工作表数据汇总在一张工作表上，并去掉多余的重复列数据，以便做进一步的分析。

工号	姓名	部门
NO001	A001	办公室
NO005	A002	办公室
NO009	A003	办公室
NO010	A004	办公室
NO002	A005	销售部
NO003	A006	销售部
NO006	A007	销售部
NO007	A008	销售部
NO012	A009	销售部
NO004	A010	人事部
NO008	A011	人事部
NO011	A012	人事部
NO438	A013	财务部
NO439	A014	财务部

工号	姓名	工资	福利	扣餐费	奖金	扣住宿费
NO002	A005	3677	479	123	388	100
NO012	A009	6065	176	153	798	100
NO003	A006	4527	903	126	429	100
NO001	A001	3716	563	120	347	100
NO005	A002	2690	630	132	511	100
NO006	A007	4259	212	135	552	100
NO011	A012	2263	104	150	757	100
NO007	A008	7782	652	138	593	100
NO008	A011	4951	713	141	634	100
NO009	A003	1363	813	144	675	100
NO010	A004	2629	572	147	716	100
NO004	A010	5204	602	129	470	100
NO438	A013	4858	476	165	654	100
NO439	A014	3694	634	148	452	100

工号	姓名	扣个税
NO002	A005	142.70
NO001	A001	146.60
NO004	A010	355.60
NO005	A002	44.00
NO008	A011	317.65
NO006	A007	213.85
NO007	A008	781.40
NO009	A003	0.00
NO010	A004	37.90
NO003	A006	254.05
NO011	A012	13.15
NO012	A009	484.75
NO438	A013	303.70
NO439	A014	144.40

图 3-1 多个有关联的工作表数据

步骤 01 单击“数据”→“自其他来源”→“来自 Microsoft Query”命令，如图 3-2 所示。

步骤 02 打开“选取数据源”对话框，选择“Excel Files*”，如图 3-3 所示。

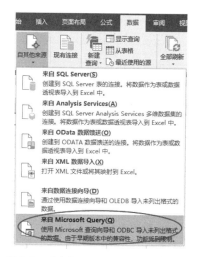

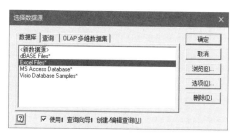

图 3-2 "来自 Microsoft Query"命令

图 3-3 选择"Excel Files*"

步骤 03 单击"确定"按钮，打开"选择工作簿"对话框，从保存有当前工作簿文件的文件夹里选择该文件，如图 3-4 所示。

步骤 04 单击"确定"按钮，打开"查询向导 - 选择列"对话框，如图 3-5 所示。

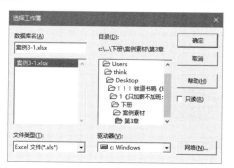

图 3-4 选择工作簿

图 3-5 "查询向导 - 选择列"对话框显示出了可用的表和列

步骤 05 从左边分别选择工作表"部门情况"、"个税"和"明细工资"，单击 > 按钮，将这 3 个工作表的所有字段添加到右侧的"查询结果中的列"列表框中，如图 3-6 所示。

步骤 06 由于 3 个工作表都有一列"工号"和"姓名"，因此在"查询结果中的列"列表框中就出现了3 个"工号"和"姓名"，选择多余的两个"工号"和"姓名"，单击 < 按钮，将其移出"查询结果中的列"列表，如图 3-7 所示。

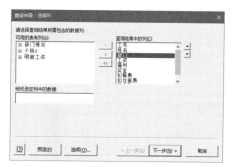

图 3-6 将 3 个工作表的所有字段添加到
"查询结果中的列"列表框中

图 3-7 "查询结果中的列"列表框中仅保留一个
"工号"和"姓名"

如果需要，我们还可以在此对话框中调整各列的次序，即在右侧列表框中选择某个字段，单击对话框右侧的上移按钮▲或者下移按钮▼即可。

步骤 07 单击"下一步"按钮，系统会弹出一个警告信息框，告诉用户"查询向导"无法继续，需要在 Microsoft Query 窗口中拖动字段进行查询，如图 3-8 所示。

图 3-8 "查询向导"无法继续的警告信息框

步骤 08 单击"确定"按钮，打开 Microsoft Query 窗口，此时的窗口会出现上下两部分，上面有 3 个小窗口，分别显示 3 个工作表的字段列表，下面是 3 个工作表全部的数据列表，如图 3-9 所示。

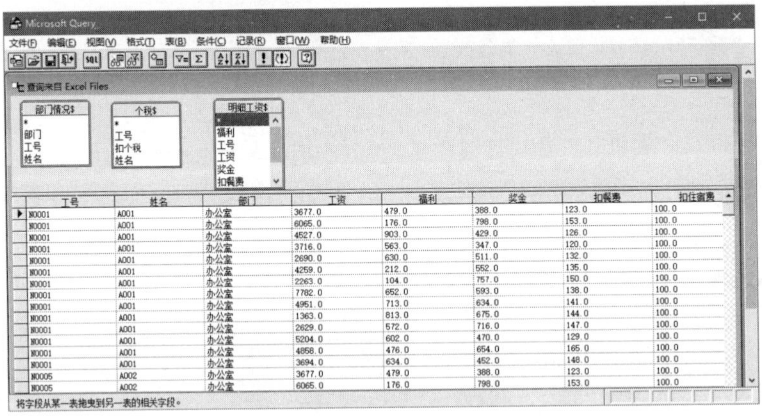

图 3-9 Microsoft Query 窗口

步骤 09 由于 3 个工作表的记录是以"工号"相关联的，因此将某个工作表字段列表小窗口中的字段"工号"拖到其他工作表字段列表小窗口中的字段"工号"上，就将 3 个工作表通过字段"工号"建立了链接，此时，在 Microsoft Query 窗口下面的查询结果列表中就显示出所有满足条件的记录，如图 3-10 所示。

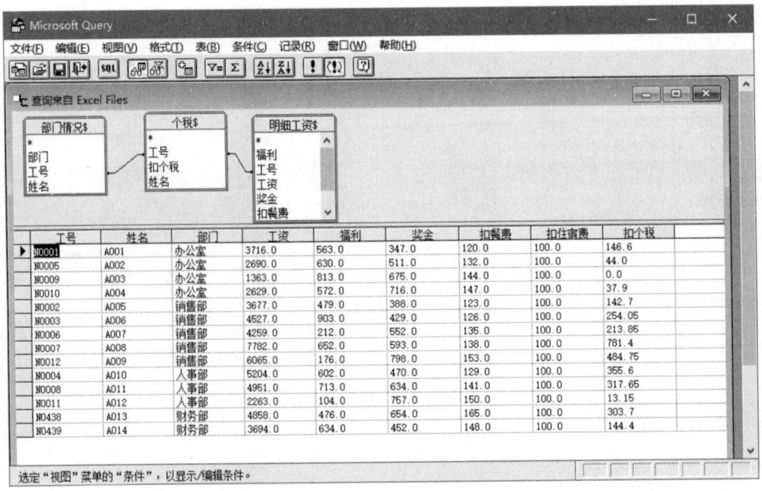

图 3-10 通过字段"工号"将 3 个工作表数据链接起来

步骤 10 单击窗口下面列表中的"工号"列的某个数据，在工具栏上单击升序或降序按钮，对数据按"工号"进行排序。

步骤 11 单击 Microsoft Query 窗口中的"文件"→"将数据返回 Microsoft Excel"命令，如图 3-11 所示。

步骤 12 打开"导入数据"对话框，选择"表"和"新工作表"单选按钮，如图 3-12 所示。

图 3-11　准备将查询的数据导出到 Excel 表格

图 3-12　选择"表"和"新工作表"

步骤 13 单击"确定"按钮，得到如图 3-13 所示的汇总数据。

	A	B	C	D	E	F	G	H	I
1	工号	姓名	部门	工资	奖金	福利	扣餐费	扣住宿费	扣个税
2	NO001	A001	办公室	3716	347	563	120	100	146.6
3	NO005	A002	办公室	2690	511	630	132	100	44
4	NO009	A003	办公室	1363	675	813	144	100	0
5	NO010	A004	办公室	2629	716	572	147	100	37.9
6	NO002	A005	销售部	3677	388	479	123	100	142.7
7	NO003	A006	销售部	4527	429	903	126	100	254.05
8	NO006	A007	销售部	4259	552	212	135	100	213.85
9	NO007	A008	销售部	7782	593	652	138	100	781.4
10	NO012	A009	销售部	6065	798	176	153	100	484.75
11	NO004	A010	人事部	5204	470	602	129	100	355.6
12	NO008	A011	人事部	4951	634	713	141	100	317.65
13	NO011	A012	人事部	2263	757	104	150	100	13.15
14	NO438	A013	财务部	4858	654	476	165	100	303.7
15	NO439	A014	财务部	3694	452	634	148	100	144.4
16									

图 3-13　三个关联工作表的汇总表

3.1.2　Microsoft Query 汇总的注意事项

从上面的汇总过程可以得知，由于是通过关联字段的链接得到的汇总表，因此这个关联字段在每个工作表必须存在，而且每个工作表的行数也要一样多（但次序可以不同），否则就得不到全部数据。试想一下，如果某个表有工号"NO011"的数据，另外一个工作表却不存在这个工号"NO011"，那么如何用"绳子"来链接？

此外，每个工作表的第一行最好就是表格的标题，而不应该有无关紧要的大标题。如有这样的大标题文字，最好删除。如果不想删除，那你需要对每个工作表的数据区域定义名称，才能使用 Microsoft Query。

例如，图 3-14 就是很多人习惯做的表格，纯属无事生非的行为。

北京鑫华公司员工信息表

工号	姓名	部门
NO001	A001	办公室
NO005	A002	办公室
NO009	A003	办公室
NO010	A004	办公室
NO002	A005	销售部
NO003	A006	销售部
NO006	A007	销售部
NO007	A008	销售部
NO012	A009	销售部
NO004	A010	人事部
NO008	A011	人事部
NO011	A012	人事部
NO438	A013	财务部
NO439	A014	财务部

北京鑫华公司工资表

工号	姓名	工资	福利	扣餐费	奖金	扣住宿费
NO002	A005	3677	479	123	388	100
NO012	A009	6065	176	153	798	100
NO003	A006	4527	903	126	429	100
NO001	A001	3716	563	120	347	100
NO005	A002	2690	630	132	511	100
NO006	A007	4259	212	135	552	100
NO011	A012	2263	104	150	757	100
NO007	A008	7782	652	138	593	100
NO008	A011	4951	713	141	634	100
NO009	A003	1363	813	144	675	100
NO010	A004	2629	572	147	716	100
NO004	A010	5204	602	129	470	100
NO438	A013	4858	476	165	654	100
NO439	A014	3694	634	148	452	100

北京鑫华公司个税表

工号	姓名	扣个税
NO002	A005	142.70
NO001	A001	146.60
NO004	A010	355.60
NO005	A002	44.00
NO008	A011	317.65
NO006	A007	213.85
NO007	A008	781.40
NO009	A003	0.00
NO010	A004	37.90
NO003	A006	254.05
NO011	A012	13.15
NO012	A009	484.75
NO438	A013	303.70
NO439	A014	144.40

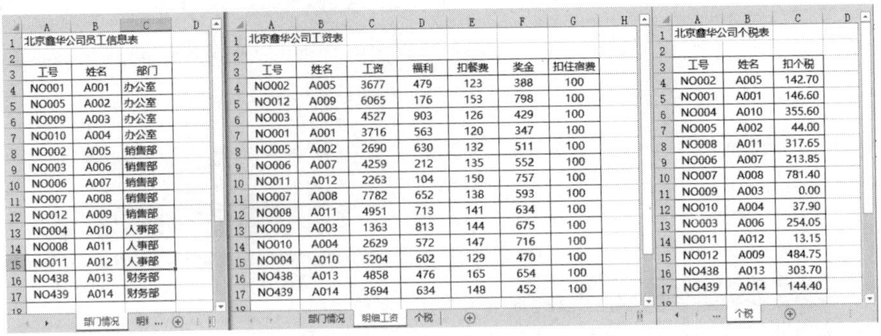

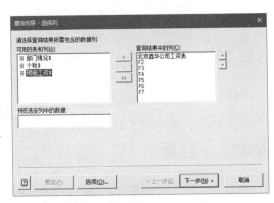

图 3-14 工作表顶部有大标题

如果用这样的工作表来使用 Microsoft Query 汇总，就会出现图 3-15 所示的情形，这样就没法继续查询汇总了。

图 3-15 由于工作表存在大标题，无法继续查询汇总

那怎么办？你又不想删除工作表顶部的大标题，觉得很好看，那么，你就必须对每个工作表的数据区域定义名称，如图 3-16 所示，我们定义了 3 个名称，其引用位置分别如下：

部门　　= 部门情况 !$A$3:$C$17

个税　　= 个税 !$A$3:$C$17

工资　　= 明细工资 !$A$3:$G$17

这样，在使用 Microsoft Query 进行查询时，可用的表和列中，出现了定义的名称“部门”、“工资”和“个税”，如图 3-17 所示，在汇总时，就需要使用这 3 个名称来做链接查询了。

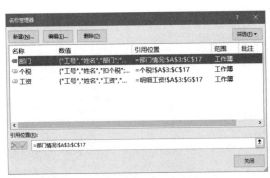

图 3-16 对每个工作表数据区域定义名称

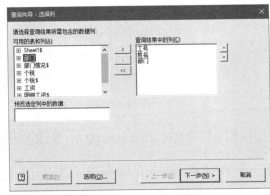

图 3-17 可用的表和列中，出现了定义的名称

小知识：如果是工作表，名称后面会出现符号“$”；如果是定义的名称，则名称后面不出现任何符号。

再次重复一下我们不断强调的 Excel 使用基本理念：表单要标准规范！

3.2 Power Query 工具

对于简单的、数据量小的关联工作表汇总，使用 Microsoft Query 工具就可以了。但是，对于海量的数据，这个工具就比较耗时了，查询速度也慢了下来。此时，我们可以使用 Power Query 工具来做合并查询，并将这个查询做成数据模型，所占用内存很少，也为以后的数据分析打好了基础。

案例 3–2

现在有如图 3-18 所示的 3 个工作表。

销售清单：有 5 列数据，包括客户简称、日期、存货编码、销量、折扣。

产品资料：有 3 列数据，包括存货编码、存货名称、标准单价。

业务员客户资料：有两列数据，包括业务员、客户简称。

客户简称	日期	存货编码	销量	折扣
客户13	2017-10-28	CP001	504	0%
客户15	2017-2-19	CP002	2102	0%
客户18	2017-10-15	CP002	2005	3%
客户03	2017-10-27	CP002	33323	1%
客户06	2017-3-29	CP003	627	7%
客户17	2017-11-15	CP002	15325	8%
客户17	2017-10-14	CP001	1143	8%
客户46	2017-6-11	CP005	55	1%
客户07	2017-3-7	CP002	84099	8%
客户62	2017-10-1	CP001	467	7%
客户29	2017-11-3	CP001	18235	9%
客户34	2017-4-5	CP005	112	1%

存货编码	存货名称	标准单价
CP001	产品1	78.2803
CP002	产品2	4.0849
CP003	产品3	34.7819
CP005	产品5	15.0964
CP004	产品4	312.5956

业务员	客户简称
业务员01	客户01
业务员01	客户02
业务员01	客户04
业务员01	客户11
业务员01	客户12
业务员02	客户15
业务员02	客户16
业务员02	客户22
业务员02	客户23
业务员02	客户24
业务员02	客户25
业务员03	客户26

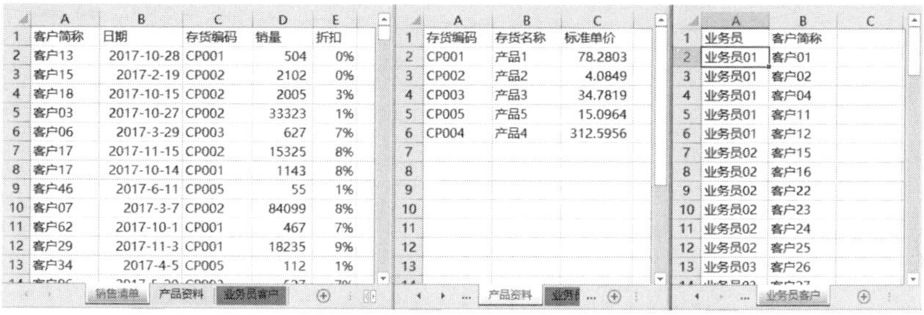

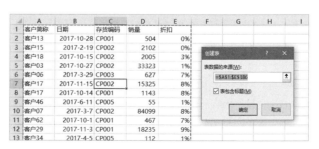

图 3-18 基础数据：3 个有关联的工作表

“销售清单”是最重要的基础数据，但缺乏要分析的字段：业务员和标准单价，而这两个字段在另外两个工作表中反映出来的。一般情况下，我们会使用 VLOOKUP 函数从这两个工作表中把相关数据匹配过来，但这样非常麻烦，既耗时又占内存。

现在要求利用 Power Query 将标准单价、业务员两个信息，根据相关的关联字段，连接到“销售清单”表格中，生成一个新的包含所有数据的表单。

3.2.1 建立基本查询

对 3 个工作表建立查询，以“销售清单”工作表为例，详细步骤如下。

步骤 01 单击数据区域的任一单元格。

步骤 02 单击“数据”→“获取和转换”→“从表格”命令，如图 3-19 所示。

步骤 03 打开“创建表”对话框，保持默认的区域选择，但要注意勾选“表包含标题”，如图 3-20 所示。

图 3-19 “从表格”命令

客户简称	日期	存货编码	销量	折扣
客户13	2017-10-28	CP001	504	0%
客户15	2017-2-19	CP002	2102	0%
客户18	2017-10-15	CP002	2005	3%
客户03	2017-10-27	CP002	33323	1%
客户06	2017-3-29	CP003	627	7%
客户17	2017-11-15	CP002	15325	8%
客户17	2017-10-14	CP001	1143	8%
客户46	2017-6-11	CP005	55	1%
客户07	2017-3-7	CP002	84099	8%
客户62	2017-10-1	CP001	467	7%
客户29	2017-11-3	CP001	18235	9%
客户34	2017-4-5	CP005	112	1%

图 3-20 准备创建表

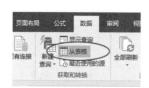

步骤 04 单击"确定"按钮，打开"查询编辑器"窗口，如图 3-21 所示。

步骤 05 在右侧的"查询设置"窗格中，将查询名重命名为"销售清单"，并选择"日期"列，将其数字格式设置为"日期"，具体方法是：在查询表中，选择"日期"列，单击"开始"→"数据类型"命令，打开下拉菜单，选择"日期"即可，如图 3-22 所示。

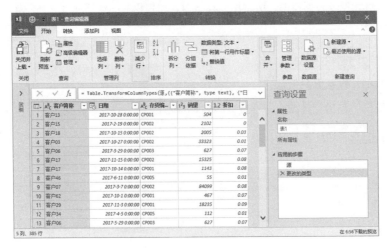

图 3-21　"查询编辑器"窗口　　　　　图 3-22　设置日期格式

步骤 06 单击"开始"→"关闭并上载"→"关闭并上载至"命令，如图 3-23 所示，打开"加载到"对话框，选择"仅创建连接"，如图 3-24 所示。

图 3-23　"关闭并上载至"命令　　　　图 3-24　选择"仅创建连接"单选按钮

采用相同的方法，对其他两个工作表数据区域建立查询，创建连接，可以看到，在工作表右侧的"工作簿查询"窗格里，出现了 3 个查询，如图 3-25 所示。

3.2.2　合并已有查询

下面我们通过合并查询的方法，将这 3 个查询合并为一个查询，得到一个包含全部数据的查询表。

步骤 01 双击工作簿右侧窗格里的查询"销售清单"，打开"查询编辑器"窗口。

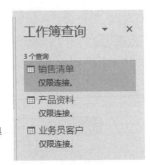

图 3-25　创建的 3 个查询

步骤 02 单击功能区的"合并查询"→"将查询合并为新查询"命令，如图 3-26 所示。

步骤 03 打开"合并"对话框，在第一个查询"销售清单"中选择"客户简称"列，在下面的第二个查询下拉列表中选择"客户业务员"，然后选择该表的"客户简称"列，并在底部的"联接种类"中选择"左外部（第一个中的所有行，第二个中的匹配行）"，如图 3-27 所示。

图 3-26　"将查询合并为新查询"命令

图 3-27　建立两个查询表的合并查询

这就是说，两个查询表的"客户简称"列是对应的关联关系，因此通过这个关联将"客户业务员"表里的业务员名称提取到主表"销售清单"中。

步骤 04 单击"确定"按钮，得到如图 3-28 所示的结果。

图 3-28　两个查询合并成了一个新查询

步骤 05 将新查询重命名为"销售"，然后单击"客户业务员"列标题右侧的按钮，打开筛选窗格，仅选择要保留的字段"业务员"，取消其他的选择，如图 3-29 所示。

步骤 06 单击"确定"按钮，就得到如图 3-30 所示的查询结果。

图 3-29 选择要保留的字段"业务员"　　　　图 3-30 为主表添加了"业务员"字段

步骤 07 在"查询编辑器"窗口的左侧查询列表中,选择新建的查询"销售",再单击"合并查询"→"合并查询"命令,打开"合并"对话框,在第一个查询"销售"中选择"存货编码"列,在第二个查询下拉列表中选择"产品资料",然后选择该表的"存货编码"列,如图 3-31 所示。这就是说,两个查询表的"存货编码"列是对应的关联关系,因此通过这个关联将"产品资料"表里的"存货名称"和"标准单价"提取到主表"销售"中。

步骤 08 单击"确定"按钮,得到如图 3-32 所示的结果。

图 3-31 将"产品资料"与"销售"关联

步骤 09 单击"产品资料"列标题右侧的按钮,打开筛选窗格,仅选择要保留的字段"存货名称"和"标准单价",取消其他的选择,如图 3-33 所示。

图 3-32 将"产品资料"数据合并到了
"销售"表中

图 3-33 选择要保留的字段
"存货名称"和"标准单价"

步骤 10 单击"确定"按钮,得到一个数据完整的"销售"表,如图 3-34 所示。

图 3-34 数据完整的"销售"表

步骤 11 在这个查询表中，还可以手动将各列的位置进行调整，以增强表格的阅读性，方法是：选择某列，直接拖到指定的位置。图 3-35 是调整字段位置后的结果。

图 3-35 调整"销售"表中的列位置

3.2.3 添加自定义列

为了以后计算方便，我们还可以为这个查询表添加必要的数据列，例如销售额、销售折扣、销售净额。

步骤 01 添加自定义列"销售额"。单击"添加列"→"自定义列"命令，打开"自定义列"对话框，输入新列名"销售额"，"自定义列公式"为：

=［销量］*［标准单价］

这里，从右侧的可用列中双击某个字段，就自动插入了该字段。计算规则符号需要自己手动输入。

如图 3-36 所示，单击"确定"按钮，就在查询表中得到了一个自定义列"销售额"。

图 3-36 添加自定义列"销售额"

61

步骤 02 采用相同的方法，为查询表添加下面两个自定义列：

折扣额：=[销量]*[标准单价]*[折扣]

销售净额：=[销量]*[标准单价]*(1-[折扣])

这样，就得到如图 3-37 所示的全部信息的查询表。

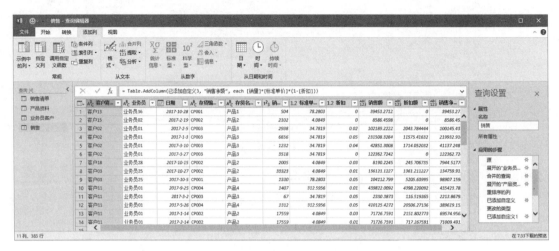

图 3-37　获取了全部销售信息的查询表

3.2.4　加载为数据模型，便于以后随时调用

单击"开始"→"关闭并上载"→"关闭并上载至"命令，打开"加载到"对话框，选择"仅创建连接"和"将此数据添加到数据模型"，如图 3-38 所示。

可以在工作簿右侧的"工作簿查询"窗格里看到已经有了一个查询"销售"，其下有"已加载 385 行"的字样，如图 3-39 所示。

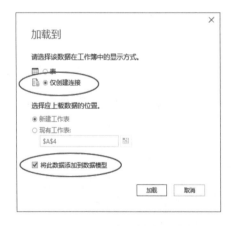

图 3-38　将查询表加载为数据模型

图 3-39　已完成的合并查询

在当前工作簿中，仍然是 3 个基础工作表，并没有看到其他表格。

如果需要将查询"销售"的数据导入到当前工作簿，可以在"工作簿查询"的"销售"处右击，执行"加载到"命令，打开"加载到"对话框，选择"表"，将数据导出到工作表，效果如图 3-40 所示。

最后再设置某些列的数字格式即可。

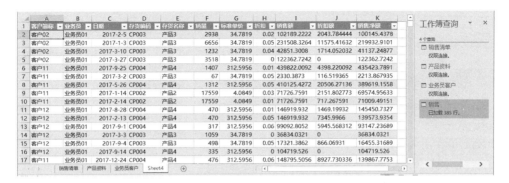

图 3-40　3 个关联工作表的汇总表，同时又有了新的字段

第 4 章　个数不定工作表的自动滚动汇总

当给定了固定个数的几个工作表进行汇总时，方法多多，前面我们已经介绍了几个实用的方法。

在实际工作中，从管理的角度来说，工作表以月度来保存，而且工作表不是一下子都给好了，是一个一个不断冒出来的，此时如何实现工作表的滚动汇总、实现数据的跟踪分析、建立自动化数据分析模板呢？例如，预算跟踪分析、成本跟踪分析、费用跟踪分析、销售跟踪分析等。

滚动汇总，肯定要使用函数来解决，常用的函数有 IF、IFERROR、INDIRECT、MATCH、INDEX、VLOOKUP、OFFSET、SUMIF、SUMIFS、COUNTIF、COUNTIFS 等，其中的核心函数是 INDIRECT 函数，做间接引用实现滚动汇总。

滚动汇总的原理就是把汇总表里的标题输入成每个工作表名称，构建一个引用工作表单元格的字符串，再利用 INDIRECT 进行转换。几个注意事项是：

- 工作表名称要标准化、规范化，尽可能不要命名为纯数字，尽可能不要在名称字符串中间存在空格。
- 汇总表的标题必须是跟工作表名称一模一样的字符。
- 要了解引用其他工作表单元格的字符串规则，并善于利用连字符（&）来构建引用地址字符串。

下面介绍几个实际工作中经常遇到的滚动汇总问题及其解决方案。

4.1　单独使用 INDIRECT 函数

有些简单问题，比如单纯地从各个工作表的数据查找，可以直接使用 INDIRECT 函数解决，并联合使用 ROW 函数或者 COLUMN 函数，达到可以自动复制公式的效果。

案例 4-1

图 4-1 是一个保存各月利润表数据的工作簿，每个工作表保存每个月的利润表，现在要把这些已经有的月份数据汇总到一张工作表上，当增加了新的月份工作表后，其数据自动添加到汇总表上。

在汇总表的单元格 C3 输入下面的公式，并向右向下复制，即可得到需要的结果（图 4-2）：

```
=IFERROR(INDIRECT(C$2&"!B"&ROW(A2)),"")
```

在这个公式中，字符串"C$2&"!B"&ROW(A2)"的结果就是引用某个工作表 B 列某个单元格的字符串。

在单元格 C3 中，就是字符串"1 月 !B2"，因为 C$2 的数据是"1 月"，ROW(A2) 的结果是 2。

利用 INDIRECT 函数把这个字符串转换成引用，就是工作表"1 月"单元格 B2 的数据。

1月

项　目	本月数	累计数
一、主营业务收入	381152	381152
减：主营业务成本	55425	55425
主营业务税金及附加	173037	173037
二、主营业务利润	152690	152690
加：其他业务利润	6633	6633
减：营业费用	5243	5243
管理费用	8009	8009
财务费用	5047	5047
三、营业利润	141024	141024
加：投资收益	3073	3073
补贴收入	6323	6323
营业外收入	5791	5791
减：营业外支出	4434	4434
四、利润总额	151777	151777
减：所得税	50086	50086
五、净利润	101691	101691

2月

项　目	本月数	累计数
一、主营业务收入	724020	1105172
减：主营业务成本	48395	103820
主营业务税金及附加	197926	370963
二、主营业务利润	477699	630389
加：其他业务利润	7132	13765
减：营业费用	15119	20362
管理费用	16023	24032
财务费用	15691	20738
三、营业利润	437998	579022
加：投资收益	90300	93373
补贴收入	4112	10435
营业外收入	6091	11882
减：营业外支出	4559	8993
四、利润总额	533942	685719
减：所得税	176200	226286
五、净利润	357742	459433

3月

项　目	本月数	累计数
一、主营业务收入	416642	1521814
减：主营业务成本	132595	236415
主营业务税金及附加	85719	456682
二、主营业务利润	198328	828717
加：其他业务利润	5860	19625
减：营业费用	26200	46562
管理费用	17557	41589
财务费用	9794	30532
三、营业利润	150637	729659
加：投资收益	23231	116604
补贴收入	3923	14358
营业外收入	4659	16541
减：营业外支出	3911	12904
四、利润总额	178539	864258
减：所得税	58917	285203
五、净利润	119622	579055

图 4-1　各月利润表数据

2017年各月利润表汇总

项　目	1月	2月	3月	4月	5月	6月	7月	8月	9月	10月	11月	12月
一、主营业务收入	381152	724020	416642	685962	732660	372865	381152	724020				
减：主营业务成本	55425	48395	132595	24308	21884	24613	55425	48395				
主营业务税金及附加	173037	197926	85719	175742	160582	192734	173037	197926				
二、主营业务利润	152690	477699	198328	485912	550194	155518	152690	477699				
加：其他业务利润	6633	7132	5860	5947	7400	6144	6633	7132				
减：营业费用	5243	15119	26200	6908	8220	5034	5243	15119				
管理费用	8009	16023	17557	5631	5280	6435	8009	16023				
财务费用	5047	15691	9794	5407	5579	5583	5047	15691				
三、营业利润	141024	437998	150637	473913	538515	144610	141024	437998				
加：投资收益	3073	90300	23231	5014	2519	9757	3073	90300				
补贴收入	6323	4112	3923	3684	6749	2038	6323	4112				
营业外收入	5791	6091	4659	3062	3365	5556	5791	6091				
减：营业外支出	4434	4559	3911	2908	5351	2196	4434	4559				
四、利润总额	151777	533942	178539	482765	545797	159765	151777	533942				
减：所得税	50086	176200	58917	159312	180113	52722	50086	176200				
五、净利润	101691	357742	119622	323453	365684	107043	101691	357742				

图 4-2　各月利润表数据的动态滚动汇总

4.2　INDIRECT 函数与查找函数联合使用

如果要实现从不同的工作表中查找数据，并且这些工作表个数是不定的，但是它们的结构是一样的，那么就可以把 INDIRECT 函数与其他查找函数联合起来使用，比如联合使用 INDIRECT 函数和 VLOOKUP 函数。

案例 4–2

图 4-3 是各个月的工资清单，每个月的表格结构都一模一样的，现在要求制作一个动态的查询汇总表，把指定员工全年的工资数据汇总到一张表上，只要在单元格 C2 选择输入不同的姓名，就自动得到该员工全年的工资汇总表。

在单元格 C4 输入下面的公式，并向右向下复制，即可得到需要的结果（图 4-4）：

```
=IFERROR(VLOOKUP($C$2,INDIRECT(C$3&"!B:W"),ROW(A5),0),"")
```

这个公式的核心函数是 VLOOKUP 函数，但其查找区域是每个工作表的 B:W 列，因此先构建字符串 C$3&"!B:W"，再用 INDIRECT 函数将这个字符串转换成真正的引用区域，以此作为 VLOOKUP 函数的第二个参数。

工号	姓名	性别	所属部门	级别	基本工资	岗位工资	工龄工资	住房补贴	交通补贴	医疗补助	奖金	病假扣款	事假扣款	迟到早退扣款	应发合计	住房公积金
0001	刘晓晨	男	办公室	1级	1581	1000	360	543	120	84	1570	0	57	0	5201	588.9
0004	祁正人	男	办公室	5级	3037	800	210	543	120	84	985	0	0	69	5710	435.4
0005	张丽莉	女	办公室	3级	4376	800	150	234	120	84	970	77	39	19	6599	387
0008	马一晨	男	行政部	1级	3021	1000	330	664	120	84	1385	16	28	0	6560	509.5
0009	王浩忌	男	行政部	1级	6859	1000	330	478	120	84	1400	13	0	0	10258	522.4
0013	王玉成	男	财务部	6级	4842	600	390	577	120	84	1400	0	0	87	7926	468.3
0014	蔡齐豫	女	财务部	5级	7947	1000	360	543	120	84	1570	0	0	20	11604	588.9
0015	秦玉邦	男	财务部	6级	6287	800	270	655	120	84	955	0	0	0	9171	459.6
0016	马梓	女	财务部	1级	6442	800	210	435	120	84	1185	0	66	21	9189	424.6
0017	张慈淼	女	财务部	3级	3418	800	210	543	120	84	985	0	23	0	6137	435.4
0018	李萌	女	财务部	4级	4187	800	150	234	120	84	970	95	86	0	6364	387
0019	何欣	女	技术部	3级	1926	800	300	345	120	84	1000	100	0	0	4475	456.1
0020	李然	男	技术部	4级	1043	600	420	255	120	84	1000	0	0	27	3495	369.1
0023	舒思雨	女	技术部	3级	7793	600	300	645	120	84	1400	24	88	61	10769	486.1
0024	王雨燕	女	技术部	1级	5747	600	420	745	120	84	1400	0	96	55	8965	488.1
0025	王亚萍	女	技术部	3级	2260	600	360	565	120	84	1400	77	0	62	5250	464.1
0026	任若思	男	技术部	3级	4400	600	390	577	120	84	1400	0	0	38	7533	468.3
0027	刘心宇	男	技术部	2级	7870	1000	360	543	120	84	1570	61	16	69	11401	588.9
0028	刘柳	女	贸易部	2级	6343	800	270	655	120	84	955	0	51	62	9114	459.6
0030	韩晓波	男	贸易部	6级	5664	800	210	543	120	84	985	0	77	40	8289	435.4
0031	毛丽旭	女	贸易部	1级	4173	800	150	234	120	84	970	0	0	75	6456	387
0032	赵宏	女	贸易部	5级	7194	800	300	345	120	84	1000	97	0	0	9746	456.1

员工工资单 | 1月 | 2月 | 3月 | 4月 | 5月 | 6月 | 7月

图 4-3 各月的工资清单

2017年员工工资单查询表

选择员工： 王玉成

项目	1月	2月	3月	4月	5月	6月	7月	8月	9月	10月	11月	12月	全年合计
基本工资	4842.00	6765.00	5332.00	5517.00	1103.00	2015.00	2459.00						28033.00
岗位工资	600.00	600.00	600.00	600.00	600.00	600.00	600.00						4200.00
工龄工资	390.00	390.00	390.00	390.00	390.00	390.00	390.00						2730.00
住房补贴	577.00	577.00	577.00	577.00	577.00	577.00	577.00						4039.00
交通补贴	120.00	120.00	120.00	120.00	120.00	120.00	120.00						840.00
医疗补助	84.00	84.00	84.00	84.00	84.00	84.00	84.00						588.00
奖金	1400.00	1400.00	1400.00	1400.00	1400.00	1400.00	1400.00						9800.00
病假扣款	0.00	50.00	87.00	99.00	11.00	0.00	96.00						343.00
事假扣款	0.00	31.00	77.00	36.00	89.00	0.00	36.00						269.00
迟到早退扣款	87.00	11.00	19.00	0.00	0.00	22.00	76.00						215.00
应发合计	7926.00	9844.00	8320.00	8553.00	4174.00	5164.00	5422.00						49403.00
住房公积金	468.30	468.30	468.30	468.30	468.30	468.30	468.30						3278.10
养老保险	183.20	183.20	183.20	183.20	183.20	183.20	183.20						1282.40
医疗保险	45.80	45.80	45.80	45.80	45.80	45.80	45.80						320.60
失业保险	22.90	22.90	22.90	22.90	22.90	22.90	22.90						160.30
个人所得税	666.16	1049.76	744.96	791.56	120.38	241.57	280.27						3894.66
应扣合计	1386.36	1769.96	1465.16	1511.76	840.58	961.77	1000.47						8936.06
实发合计	6539.64	8074.04	6854.84	7041.24	3333.42	4202.23	4421.53						40466.94

员工工资单 | 1月 | 2月 | 3月 | 4月 | 5月 | 6月 | 7月

图 4-4 动态的员工工资单查询表

4.3 INDIRECT 函数与分类汇总函数联合使用

如果要汇总的工作表个数是不定的，但是要汇总的是某个项目在每个工作表的合计数，那么就可以把 SUMIF、SUMIFS、SUMPRODUCT 与 INDIRECT 联合起来，也就是利用 INDIRECT 函数构建 SUMIF、SUMIFS、SUMPRODUCT 函数的参数。

案例 4–3

以“案例 4-2”的各月工资数据为例，要按部门汇总每个月的应发工资合计数，此时，单元格 C4 的计算公式为：

```
=IFERROR(SUMIF(INDIRECT(C$3&"!D:D"),$B4,INDIRECT(C$3&"!P:P")),"")
```

这个公式中，核心函数是 SUMIF 函数，判断区域是每个月工作表的 D 列，求和区域是每个月工作表的 P 列，充分利用标题文字和工作表名称，构建间接引用字符串，再利用 INDIRECT 函数进行转换，效果如图 4-5 所示。

北京华晨科技股份有限公司 2017年薪酬统计分析表

分析项目：应发合计

所属部门	1月	2月	3月	4月	5月	6月	7月	8月	9月	10月	11月	12月	全年累计
办公室	17510	35878	39806	42568	37866	24580	36047						234255
行政部	16818	55799	62014	55138	57113	47616	56243						350741
财务部	50391	47803	51601	39951	39465	41612	39170						309993
技术部	51888	72343	67330	67593	34769	70708	64681						429312
贸易部	50612	48644	42768	44236	38623	51481	40933						317297
生产部	40359	55604	50756	50929	64954	47949	60655						371206
销售部	52364	87761	54081	82880	40522	84197	29346						431151
信息部	37337	30284	30636	35237	35713	38662	31228						239097
后勤部	36270	39025	41971	33814	8368	28008	39752						227208
合计	353549	473141	440963	452346	357393	434813	398055						2910260

部门分析 | 1月 | 2月 | 3月 | 4月 | 5月 | 6月 | 7月

图 4-5　按部门汇总每个月的应发工资合计数

第 5 章　获取其他类型文件的数据

Excel 保存数据毕竟是有限的，当有大量数据时，如果保存成 Excel 文件，会使文件变得非常大，运行速度也很慢。

记得我 10 年前给一家电商做培训时，就遇到大量数据的处理问题，每周一上午从 ERP 导出数据，达几十万行；前两年给一家上市银行做内训时，也碰到了数十万数据的保存与处理问题。我给他们的建议是：将数据从系统导出时，保存为文本文件或者 Access 文件，当需要做数据处理和数据分析时，直接从文本文件或 Access 文件中提取需要的数据，或者直接用它们制作数据透视表，而不需要打开这样的外部数据文件。

此外，我们也会遇到这样的情况：拿到的数据是文本文件，现在就需要将这样的文件转到 Excel 表格中，很多人采用复制粘贴的方法，这样在转换中，很多数据出现变形甚至丢失，导致得到的是一张充满错误数据的表格。

从外部其他文件获取数据的问题，可以使用 Microsoft Query 或者 Power Query 来解决，也可以使用 Excel 现有的工具来解决。

5.1　从文本文件中获取数据

经常有同学问我，我拿到的是一个文本文件，在将文本文件数据复制到 Excel 时，长编码都错了，怎么处理啊？我说：为什么要复制粘贴呢？ Excel 给你提供了一个将文本文件甚至是数据文件自动导入 Excel 的工具，你为什么不用呢？

案例 5-1

图 5-1 是一个 CSV 格式的文本文件，现在要完整地导入到 Excel 表格中，并且不能改变数据格式。文本文件名称是"客户数据 .txt"。

步骤 01　新建一个 Excel 工作簿。

步骤 02　单击"数据"→"自文本"命令，如图 5-2 所示。

图 5-1　csv 格式的文本文件数据

图 5-2　"自文本"命令

步骤 03 选择要导入的文本文件，如图 5-3 所示。

图 5-3　选择文本文件

步骤 04 单击"导入"按钮，打开文本导入向导，在第 1 步选择"分隔符号"，如图 5-4 所示。

步骤 05 单击"下一步"按钮，在第 2 步选择"逗号"，如图 5-5 所示。

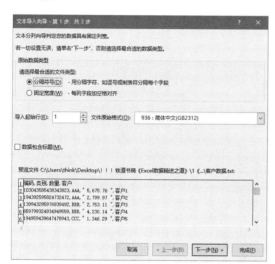

图 5-4　向导第 1 步：选择"分隔符号"

图 5-5　向导第 2 步：选择"逗号"

步骤 06 单击"下一步"按钮，在第 3 步选择第一列的编码，然后选择"文本"。如有需要，再选择其他列数据，进行其他列数据的格式设置，如图 5-6 所示。

步骤 07 单击"完成"按钮，打开"导入数据"对话框，设置数据的保存位置，如图 5-7 所示。

步骤 08 单击"确定"按钮，即可得到自文本文件导入的数据，如图 5-8 所示。

图 5-6　向导第 3 步：设置列数据格式

图 5-7　准备保存导入的数据

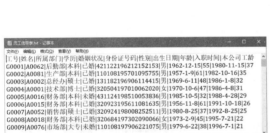
图 5-8　导入的文本文件数据

文本文件的格式是各种各样的，有用逗号分隔的，有用制表符分隔的，有用空格分隔的，有用其他符号，如减号（-）、竖线（|）。此时，如何把文本文件数据导入到 Excel？

图 5-9 是一个以竖线（|）分隔的文本文件例子。

这个数据的导入也很简单，方法与前面介绍的相同，唯一的区别是在文本导入向导的第 2 步选择"其他"，并输入竖线"|"，如图 5-10 所示。

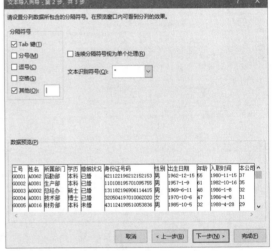

图 5-9　文本文件数据　　　　图 5-10　向导第 3 步：选择"其他"，输入竖线"|"

5.2　从数据库中获取数据

有些情况下，我们获得的是数据库数据，例如 Access、SQL Server，把这样的数据库数据导入到 Excel 文件中，也是很容易的：可以直接使用现有的工具，也可以使用 Microsoft Query，还可以使用 Power Query。

案例 5-2

图 5-11 是一个名为"销售记录"的 Access 数据库，现在要将其中的"4 月明细"数据表数据导入到 Excel 中。

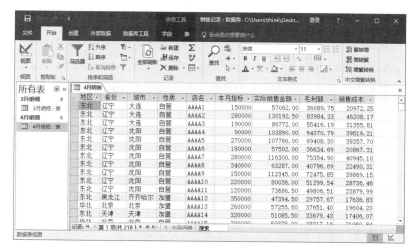

图 5-11　Access 数据库

步骤 01　新建一个工作簿。

步骤 02　单击"数据"→"获取外部数据"→"自 Access"命令，如图 5-12 所示。

步骤 03　打开"选取数据源"对话框，从文件夹里选择要导出数据的 Access 文件，如图 5-13 所示。

图 5-12　"自 Access"命令

图 5-13　选择 Access 文件

步骤 04　单击"打开"按钮，打开"选择表格"对话框，选择要导出数据的数据表，如图 5-14 所示。

步骤 05　单击"确定"按钮，打开"导入数据"对话框，选择"表"，如图 5-15 所示。

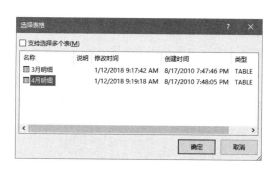

图 5-14　选择数据表

图 5-15　"导入数据"对话框

步骤 06　单击"确定"按钮，得到如图 5-16 所示的数据。

导出数据的过程是不是很简单？

如果导出的是其他类型的数据库，可以使用 Microsoft Query，也可以使用 Power Query，后者更强大，命令如图 5-17 所示。

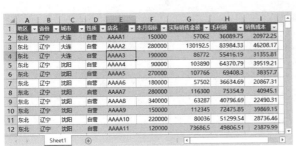

图 5-16　导入到 Excel 工作表的 Access 数据　　图 5-17　使用 Power　Query 获取数据库数据

5.3　从网页上获取数据

如果想要设计一个工作表，能够自动从指定网页上下载数据，然后以此数据进行分析，你会怎么做？

大多数人是从网页上复制粘贴数据到 Excel 工作表，但这样的数据是静态的，到第二天，又要重新复制粘贴一次，很不方便。

Excel 提供了可以直接从网页导入数据的工具。

如果是简单的网页数据导入，可以使用普通的工具：直接单击"数据"→"获取外部数据"→"自网站"命令，如图 5-18 所示。

如果要设置更加复杂的查询条件，可以使用 Power Query 工具：单击"数据"→"新建查询"→"从其他源"→"自网站"命令，如图 5-19 所示。

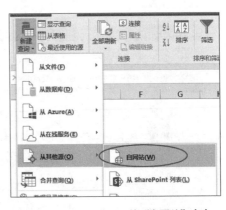

图 5-18　普通的"自网站"命令　　　　图 5-19　Power Query 的"自网站"命令

案例 5-3

下面我们使用"自网站"命令，从钢材价格网（www.baojia.steelcn.cn）获取钢材价格。

步骤 01 新建一个工作簿，然后单击"数据"→"获取外部数据"→"自网站"命令。

步骤 02 打开"新建 Web 查询"对话框，在"地址"栏中输入网址，再单击"转到"按钮，即可打开该网页，如图 5-20 所示。

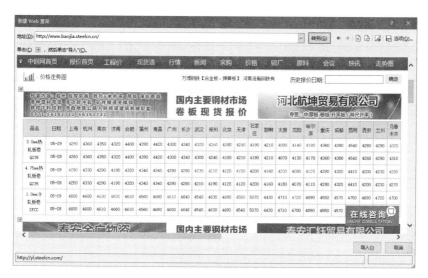

图 5-20　打开的网页窗口

步骤 03 仔细寻找网页上的黄颜色符号 ⬛，凡是左上角出现这个符号的，表示这个区域的数据可以导入到 Excel 工作表。

单击符号 ⬛，使其变为 ☑，然后单击窗口右下角的"导入"按钮，打开"导入数据"对话框，选择数据的存放位置，如图 5-21 所示。

步骤 04 单击"确定"按钮，就把网页上选中的数据导入到了 Excel，如图 5-22 所示。

图 5-21　"导入数据"对话框　　　　图 5-22　从网页上导入的数据

在数据区域内右击，执行"刷新"命令，就可以将数据更新为网站的最新数据。

02

第 2 部分
数据查询与提取

周末，与几个同学、朋友一起喝茶聊天，也是 Excel 发烧友的聚会吧。

一个任 CFO 的同学谈到了产品成本分析问题，他说，做 BOM 分析太费劲了，尤其是要把每个产品所用的原材料拉出来，手工筛选太累。

还有一个做 HRM 的同学说，想从全年 12 个月的工资表里，把每个部门的员工薪资表拉出来，再把重要岗位的几个大领导的全年 12 个月工资分别拉一个表格出来，我手下的薪资经理折腾了 1 天才干完。

这样的问题，就是如何从海量流水数据里，快速查询制作指定项目的明细表，绝大部分人处理这样的问题就是：筛选→复制→插入新工作表→粘贴，一双肉掌上下翻飞，最后是肩膀发硬，颈椎发酸，眼睛发花，手指发疼，电脑键盘上的 Ctrl 键、C 键和 V 键也不堪重负，发出了吱吱的"惨叫"，鼠标也在不断的点压下变得"桀骜不驯"。

其实，从一个大表中查询提取并制作多个明细数据小表，并不如你想象的那么烦琐，也许你手工做习惯了，终日沉浸在练习降龙十八掌的运动中。但是，如果你掌握了几个实用的技巧，就能彻底解放自己，从此快速制作项目明细表不再是难事，一个兰花指，明细表应声而出。

第6章　从一个工作表获取部分数据

当需要从一个工作表中提取需要的数据时，常用的方法是：筛选→复制→粘贴，这种方法对于数据量小或者只需要固定项目数据的情况是可以采用的，但是，如果表格数据量很大，或者又要制作任意项目、批量制作所有项目的明细数据时，就必须寻找其他有效方法了，例如：数据透视表法、Microsoft Query 法、Power Query 法、VBA 法。

6.1　利用透视表快速制作明细表

当把一个海量的数据浓缩成一个数据透视表后，我们可以使用透视表的有关技能来快速制作明细表，此时有两个方法可以实现：①双击单元格；②显示报表筛选页。前者每次只能做一个指定项目的明细，后者可以把某个类别的所有项目明细一次性都做出来。

6.1.1　每次制作一个明细表

通过单击透视表汇总单元格，可以把指定项目的明细数据快速拉出来，并自动保存到一个新工作表中。下面举例说明。

案例 6–1

图 6-1 是一个员工信息表，要求如下：

（1）制作销售部、本科学历、年龄在 30~40 岁之间的员工名单。

（2）制作年龄在 40 岁以上未婚的员工名单。

（3）制作所有学历为硕士的员工名单。

	A	B	C	D	E	F	G	H	I	J	K	L
1	工号	姓名	所属部门	学历	婚姻状况	身份证号码	性别	出生日期	年龄	入职时间	本公司工龄	
2	G0001	A0062	后勤部	本科	已婚	421122196212152153	男	1962-12-15	54	1980-11-15	36	
3	G0002	A0081	生产部	本科	已婚	110108195701095755	男	1957-1-9	60	1982-10-16	34	
4	G0003	A0002	总经办	硕士	已婚	131182196906114415	男	1969-6-11	48	1986-1-8	31	
5	G0004	A0001	技术部	博士	已婚	320504197010062020	女	1970-10-6	46	1986-4-8	31	
6	G0005	A0016	财务部	本科	未婚	431124198510053836	男	1985-10-5	31	1988-4-28	29	
7	G0006	A0015	财务部	本科	已婚	320923195611081635	男	1956-11-8	60	1991-10-18	25	
8	G0007	A0052	销售部	硕士	已婚	320924198008252511	男	1980-8-25	37	1992-8-25	25	
9	G0008	A0018	财务部	本科	已婚	320684197302090066	男	1973-2-9	44	1995-7-21	22	
10	G0009	A0076	市场部	大专	未婚	110108197906221075	男	1979-6-22	38	1996-7-1	21	
11	G0010	A0041	生产部	本科	已婚	371482195810102648	女	1958-10-10	58	1996-7-19	21	
12	G0011	A0077	市场部	本科	已婚	110108198109013162X	女	1981-9-13	36	1996-9-1	21	
13	G0012	A0073	市场部	本科	已婚	420625196803112037	男	1968-3-11	49	1997-8-26	20	
14	G0013	A0074	市场部	本科	未婚	110108196803081517	男	1968-3-8	49	1997-10-28	19	
15	G0014	A0017	财务部	本科	未婚	320504197010062010	男	1970-10-6	46	1999-12-27	17	
16	G0015	A0057	信息部	硕士	已婚	130429196607168417	男	1966-7-16	51	1999-12-28	17	

基本信息

图 6-1　员工基本信息

步骤01 创建数据透视表，进行基本的布局，如图 6-2 所示。

所属部门	(全部)																			
计数项:姓名	列标签																			
行标签	26	27	28	29	30	31	32	33	34	35	36	37	38	39	40	41	42	43	44	45
本科	2	1	2	6	5	3	3	2	3	2	3		1	1	2		3	1	2	1
博士													1							
大专							2						1	1						
高中						1			1		1								1	
硕士			2	3	1	2		1				2		1	1	1				2
中专				1							1									
总计	2	1	4	10	6	6	5	3	4	2	5	2	3	3	3	1	3	1	3	3

Sheet3 基本信息

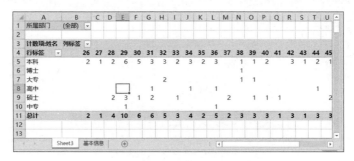

图 6-2　基本的透视表

步骤 02 在年龄的任一单元右击从快捷菜单中选择“组合”命令，打开“组合”对话框，如图 6-3 所示，设置组合参数，对年龄按要求进行组合，得到年龄组合后的透视表，如图 6-4 所示。

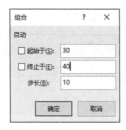

图 6-3　组合年龄

所属部门	(全部)			
计数项:姓名	列标签			
行标签	<30	30-40	>40	总计
本科	11	25	16	52
博士		1	1	2
大专		4	1	5
高中		3	2	5
硕士	5	8	8	21
中专	1	1		2
总计	17	42	28	87

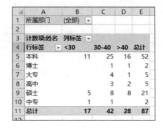

图 6-4　组合年龄后的透视表

步骤 03 下面是制作各种需要的明细表的具体操作步骤。

（1）制作销售部、本科学历、年龄在 30~40 岁之间的员工名单。从“所属部门”中选择“销售部”，然后双击行标签为“本科”、列表签为“30-40”的交叉汇总单元格（这里是单元格 C5），得到满足条件的明细表，如图 6-5 所示。

工号	姓名	所属部门	学历	婚姻状况	身份证号码	性别	出生日期	年龄	入职时间	本公司工龄
G0085	A0082	销售部	本科	未婚	4206241987	男	1987-2-11	30	2014-3-31	3
G0023	A0051	销售部	本科	未婚	3208261977	男	1977-12-23	39	2002-7-6	15

Sheet4 Sheet3 基本信息

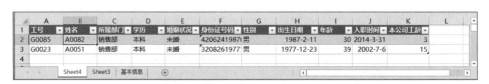

图 6-5　销售部、本科学历、年龄在 30~40 之间的员工名单

（2）制作年龄在 40 岁以上未婚的员工名单。

重新布局透视表，如图 6-6 所示，双击“未婚”和“>40”的交叉单元格（这里是单元格 D5），得到需要的明细表，如图 6-7 所示。

计数项:姓名	列标签			
行标签	<30	30-40	>40	总计
未婚	12	20	7	39
已婚	5	22	21	48
总计	17	42	28	87

图 6-6　重新布局透视表

工号	姓名	所属部门	学历	婚姻状况	身份证号码	性别	出生日期	年龄	入职时间	本公司工龄
G0037	A0056	信息部	本科	未婚	3210881975	男	1975-4-28	42	2004-11-29	12
G0036	A0078	市场部	高中	未婚	1101081960	男	1960-1-15	57	2004-10-28	12
G0034	A0064	市场部	大专	未婚	4108221967	女	1967-11-9	49	2004-7-1	13
G0028	A0034	贸易部	硕士	未婚	5101071972	男	1972-8-27	45	2003-11-4	13
G0017	A0044	销售部	本科	未婚	5108241974	男	1974-10-25	42	2000-10-15	16
G0014	A0017	财务部	本科	未婚	3205041970	男	1970-10-6	46	1999-12-27	17
G0013	A0074	市场部	本科	未婚	1101081968	男	1968-3-8	49	1997-10-28	19

图 6-7　年龄在 40 岁以上未婚的员工名单

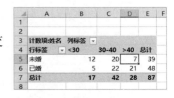

（3）制作所有学历为硕士的员工名单。

重新布局透视表，以学历为行标签字段，然后双击硕士对应的数字单元格（这里是图6-8所示的单元格B8），得到需要的明细表，如图6-9所示。

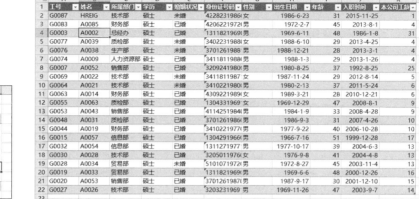

图6-8　以学历为分类字段　　　　　　　图6-9　学历为硕士的员工名单

这种双击方法制作明细表是很方便的，只要把透视表布局好、设置好，然后双击汇总数字单元格，就迅速得到需要的明细表，不管条件是一个，还是多个。

但是，这种方法每次只能做一个，如果要想一次做很多个，就需要使用下面的方法了。

6.1.2　一次批量制作多个明细表

我们可以使用数据透视表的"显示报表筛选页"功能，来快速批量制作明细表。

案例 6-2

以上面的员工信息表为例，要制作每个部门的员工名单，每个部门保存一个工作表，每个工作表名称就是该部门名称，主要步骤如下。

步骤 01 根据员工基本信息数据，制作基本的透视表，把所有的字段统统拉到行标签里，如图6-10所示。

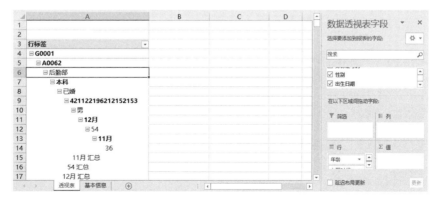

图6-10　布局透视表

步骤 02 在数据透视表工具的"设计"选项卡中，清除数据透视表样式，取消所有字段的分类汇总，取消行总计和列总计，并以表格形式显示透视表，相关命令如图6-11~图6-13所示。

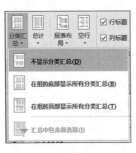

图 6-11　不显示分类汇总

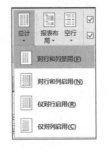

图 6-12　不显示行总计、列总计

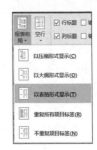

图 6-13　以表格形式显示

这样，透视表就变为如图 6-14 所示的形式。

工号	姓名	所属部门	学历	婚姻状况	身份证号码	性别	出生日期	年龄	入职时间
G0001	A0062	后勤部	本科	已婚	421122196212152153	男	12月	54	11月
G0002	A0081	生产部	本科	已婚	110108195701095755	男	1月	60	10月
G0003	A0002	总经办	硕士	已婚	131182196906114415	男	6月	48	1月
G0004	A0001	技术部	博士	已婚	320504197010062020	女	10月	46	4月
G0005	A0016	财务部	本科	未婚	431124198510053836	男	10月	31	4月
G0006	A0015	财务部	本科	已婚	320923195611081635	男	11月	60	10月
G0007	A0052	销售部	硕士	已婚	320924198008252511	男	8月	37	8月
G0008	A0018	财务部	本科	已婚	320684197302090066	女	2月	44	7月
G0009	A0076	市场部	大专	未婚	110108197906221075	男	6月	38	7月
G0010	A0041	生产部	本科	已婚	371482195810102648	女	10月	58	7月
G0011	A0077	市场部	本科	已婚	11010819810913162X	女	9月	36	9月
G0012	A0073	市场部	本科	已婚	420625196803112037	男	3月	49	8月
G0013	A0074	市场部	本科	未婚	110108196803081517	男	3月	49	10月
G0014	A0017	财务部	本科	未婚	320504197010062010	男	10月	46	12月

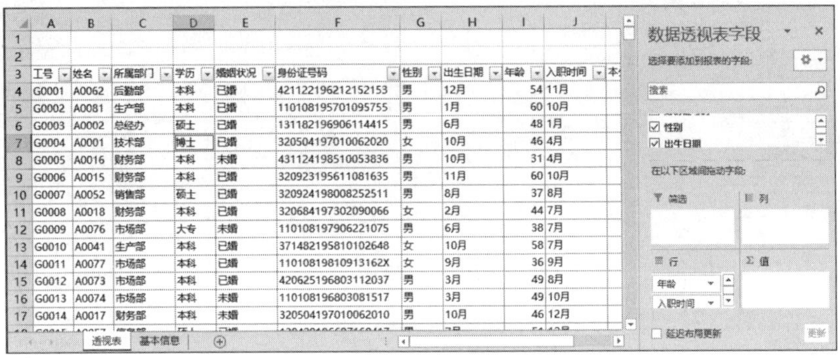

图 6-14　格式化后的透视表

步骤 03 将字段“所属部门”拖到“筛选”区域，然后在数据透视表工具图 6-15（a）的“分析”选项卡里，单击“选项”→“显示报表筛选页”命令，打开“显示报表筛选页”对话框，保持默认设置，如图 6-15（b）所示。

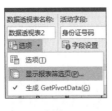

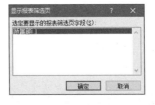

（a）　　　　　　（b）

图 6-15　执行“显示报表筛选页”命令

步骤 04 单击“确定”按钮，得到每个部门的员工明细表，如图 6-16 所示。

所属部门	财务部								
工号	姓名	学历	婚姻状况	身份证号码	性别	出生日期	年龄	入职时间	本公司工龄
G0005	A0016	本科	未婚	431124198	男	10月	30-40	4月	29
G0006	A0015	本科	已婚	320923195	男	11月	>40	10月	25
G0008	A0018	本科	已婚	320684197	女	2月	>40	7月	22
G0014	A0017	本科	未婚	320504197	男	10月	>40	12月	17
G0044	A0019	硕士	已婚	341022197	男	9月	30-40	10月	10
G0063	A0014	硕士	已婚	430922198	女	3月	<30	12月	6
G0072	A0084	本科	未婚	420606198	男	1月	30-40	10月	4
G0083	A0085	硕士	已婚	420622197	男	2月	>40	8月	4

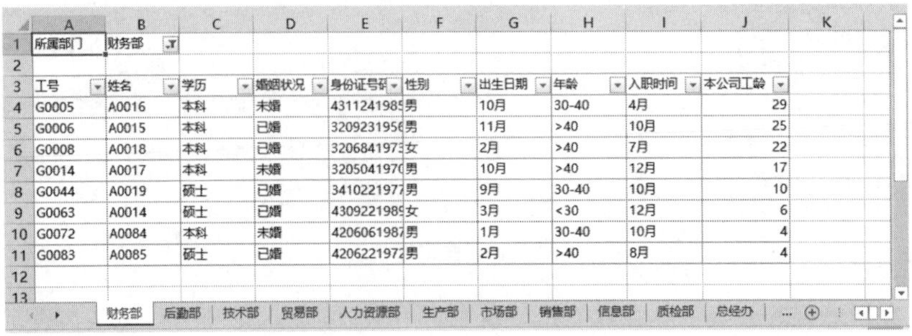

图 6-16　每个部门的员工明细表

步骤 05 这种方法得到的每个部门员工的明细表，实质上是把原始的透视表复制了多份，然后在每个透视表中筛选部门，因此实际上还是透视表。

如果想把这些部门透视表转换为普通表格，可以全部选中这些工作表，将透视表粘贴成数值。

6.2 利用函数制作自动化明细表

利用透视表制作各种条件下的明细表是很方便的，不足之处是，当原始数据发生变化后，必须先刷新透视表，再重复双击动作或者执行显示报表筛选页命令。

如果指定了固定的筛选条件，要从原始表中快速提取指定条件下的明细表，并能随着原始数据的变化而动态更新，此时就可以使用函数了，核心技能就是利用 INDIRECT 函数做滚动循环查找。

利用 INDIRECT 函数做滚动循环查找的思路是：利用 INDIRECT 函数做查找区域的间接引用，利用 MATCH 函数定位满足条件的数据在第几行，然后利用 INDEX 函数取出结果。

6.2.1 制作满足一个条件的明细表

案例 6–3

图 6-17 是一个销售清单，现在要求制作一个对账单表格，如图 6-18 所示，把某个指定客户的所有销售明细查找出来，这是一个单条件明细表的制作问题。

	A	B	C	D	E	F	G	H	I
1	日期	购货商名称	产品编码	产品名称	产品型号	数量	单价	金额	出库单号
2	1月2日	客户A32	120336-2	产品A	QZ37-NA340-2.2YB	1	1130	1,130.00	00227
3	1月2日	客户A32	120599-1	产品A	QZ77-NA65-3QZW	1	2210	2,210.00	00141
4	1月2日	客户A32	120599-2	产品A	QZ77-NA61-4QZW	1	2400	2,400.00	00141
5	1月2日	客户A32	120599-3	产品A	QZF77-NA49-5.5QZW	1	3360	3,360.00	00141
6	1月2日	客户A32	120599-4	产品A	QZ107-NA49-11QZW	1	6830	6,830.00	00141
7	1月2日	客户A32	120599-5	产品A	QZF77-NA67-4QZW	7	2990	20,930.00	00141
8	1月2日	客户A32	120599-6	产品A	QZ107-NA36-15QZW	1	7170	7,170.00	00141
9	1月2日	客户A32	120599-7	产品A	QZF67-NA60-3QZW	1	2470	2,470.00	00141
10	1月2日	客户A32	120599-8	产品A	QZF47-21.8-2.2QZW	2	1660	3,320.00	00141
11	1月2日	客户A32	120599	产品A	QZF47-21.8-2.3QZW	1	4870	4,870.00	00141
12	1月2日	客户M28	120588	产品A	QZF97-8.34-产品B入	1	8900	8,900.00	00142
13	1月3日	客户A32	120661	产品A	QZAF77-15-5.5QZW	1	3700	3,700.00	00143

查询表1　查询表2　销售清单

图 6-17　销售清单

	A	B	C	D	E	F	G	H	I
1									
2	查询客户	客户C32			客户C32　销售对账单				
3									
4	日期	购货商名称	产品编码	产品名称	产品型号	数量	单价	金额	出库单号
5	2013-1-5	客户C32	120663	产品A	QZ77-NA7.1-1.1QZW	7	2400	16800	00225
6	2013-1-7	客户C32	120663	产品A	QZ77-NA7.1-1.1QZW-Ȼ50	1	2400	2400	00150
7	2013-1-11	客户C32	120676	产品A	QZF87-46.8-20QZW	3	2750	8250	00229
8	2013-1-25	客户C32	120716-1	产品A	FA67-NA17-0.75YEJ	2	2400	4800	00290
9	2013-1-25	客户C32	120716-2	产品A	FAZ97-NA9.8-2.2YEJ	4	5900	23600	00290
10		合计						55850	
11									

图 6-18　指定客户的销售对账单

明细表的制作，本质上就是查找重复数据。

但是单独使用 VLOOKUP 函数或者 MATCH 都无法实现，因为这两个函数都只能查找第一次出现的数据。

不过，我们可以这样来考虑：第一次用 MATCH 函数定位出指定数据第一次出现的行，比如数据在 20 行，那么第二次定位时，从 21 行（20+1，往下移一行）开始往下定位，就可以定位出该数据第二次出现的行，比如数据在 35 行，第三次定位就从 36（35+1，往下移一行）行开始往下定位，依此类推，直至把指定数据的所有出现的位置都查找出来，再利用 INDEX 就可以把各个位置的数据取出。

这种查找又称循环查找，其关键点是如何构建一个动态的、不断往下移动的查找区域，这个问题由 INDIRECT 函数来解决是最容易不过了。下面是这个查询表的具体制作过程。

步骤 01 设计一个辅助列，这里是 K 列，保存每次查找到指定客户的行号，如图 6-19 所示。

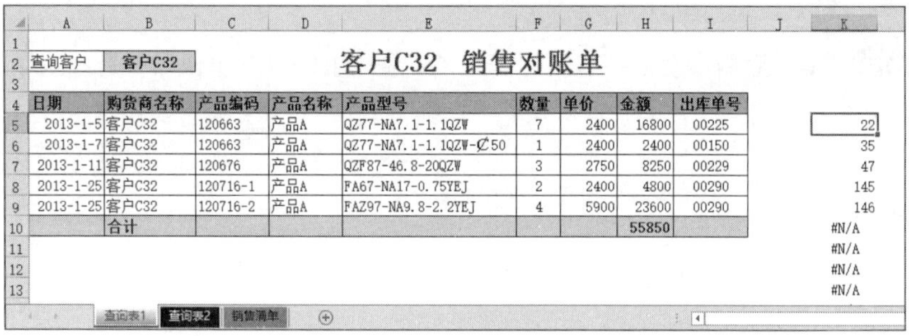

	A	B	C	D	E	F	G	H	I	J	K
1											
2	查询客户	客户C32			客户C32 销售对账单						
3											
4	日期	购货商名称	产品编码	产品名称	产品型号	数量	单价	金额	出库单号		
5	2013-1-5	客户C32	120663	产品A	QZ77-NA7.1-1.1QZW	7	2400	16800	00225		22
6	2013-1-7	客户C32	120663	产品A	QZ77-NA7.1-1.1QZW-Ø50	1	2400	2400	00150		35
7	2013-1-11	客户C32	120676	产品A	QZF87-46.8-20QZW	3	2750	8250	00229		47
8	2013-1-25	客户C32	120716-1	产品A	FA67-NA17-0.75YEJ	2	2400	4800	00290		145
9	2013-1-25	客户C32	120716-2	产品A	FAZ97-NA9.8-2.2YEJ	4	5900	23600	00290		146
10		合计						55850			#N/A
11											#N/A
12											#N/A
13											#N/A

查询表1 | 查询表2 | 销售清单

图 6-19　指定客户的销售对账单

步骤 02 在单元格 K5 输入查找指定客户第一次出现位置的公式：

```
=MATCH(B2,销售清单!B:B,0)
```

> **注意：**这里从单元格 K5 开始做公式，是为了与查询表一致，这样便于创建简便的公式。

步骤 03 在单元格 K6 输入第 2 次查找公式：

```
=MATCH($B$2,INDIRECT("销售清单!B"&K5+1&":B2000"),0)+K5
```

这个公式的含义是：先构建一个动态的查找区域“"销售清单 !B"&K5+1&":B2000"”，这个区域的起始单元格就是上一次找到的位置往下移一行（即 K5+1），再利用 INDIRECT 函数将这个手工连接的字符串转换为新查找区域的引用。

需要注意的是：第二次找到的位置是当前单元格区域的相对位置，因此还需要在此结果上加上上一次定位出的位置行号，转换成工作表的行号，这就是在 MATCH 结果上加 K5 的原因。

步骤 04 将单元格 K6 的公式往下复制到一定的行（视源数据区域的大小，多复制一些），就得到每次查找的位置行号。如果从某个单元格开始出现错误值了，就表明下面没有要查找的客户了。

步骤 05 在查询表第 5 行的各单元格输入下面的公式，然后往下复制到一定的行，就得到指定部门所有的明细数据。

单元格 A5：=IFERROR(INDEX(销售清单 !A:A,$K5),"")

单元格 B5：=IF(AND(A5="",A4<>""),"合计 ",IFERROR(INDEX(销售清单 !B:B,$K5),""))，这个公式是在明细表的最底部自动插入“合计”行。

单元格 C5：=IFERROR(INDEX(销售清单 !C:C,$K5),"")

单元格 D5：=IFERROR(INDEX(销售清单 !D:D,$K5),"")

单元格 E5：=IFERROR(INDEX(销售清单 !E:E,$K5),"")

单元格 F5：=IFERROR(INDEX(销售清单 !F:F,$K5),"")

单元格 G5：=IFERROR(INDEX(销售清单 !G:G,$K5),"")

单元格 H5：=IF(B5=" 合计 ",SUM($H$4:H4),IFERROR(INDEX(销售清单 !H:H,$K5),""))，这个公式是在明细表的底部，自动计算所有明细的合计金额。

单元格 I5：=IFERROR(INDEX(销售清单 !I:I,$K5),"")

步骤 06 选择单元格区域 A5:I2000，设置两个条件格式：当 A 列里有数据时，自动加边框；当 B 列的数据是“合计”两个字时，自动加边框、加颜色，如图 6-20 所示。

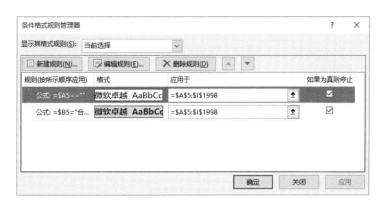

图 6-20　设置条件格式，自动美化查询表格

步骤 07 最后把 K 列隐藏起来。

这样，就制作完成了动态的客户对账单的模版。只要在单元格 B2 选择输入任意客户名称，就自动得到该客户的明细数据。

6.2.2　制作满足多个条件的明细表

上面介绍的滚动循环查找技术制作明细表，是一个条件的。如果是多个条件，比如要查询指定客户在某个时间段的所有销售明细，如图 6-21 所示，又该如何做呢？

	A	B	C	D	E	F	G	H	I
1									
2	查询客户	客户C33		客户C33　销售对账单					
3	开始日期	2013-1-1							
4	截至日期	2013-2-28							
5									
6	日期	购货商名称	产品编码	产品名称	产品型号	数量	单价	金额	出库单号
7	2013-1-9	客户C33	120638-3	产品A	SQZ37-0.55QZW-380V-30	2	1560	3120	00153
8	2013-1-12	客户C33	120685	产品A	SQZ77-49NA-2.2QZW	1	2180	2180	00235
9	2013-1-25	客户C33	120729	产品A	SQZ97SQZ57-YEJ0.75QZW	1	7300	7300	00287
10	2013-1-28	客户C33	120749	产品A	FAF67-1.1QZW-109.04	2	2060	4120	00310
11	2013-2-18	客户C33	1207123-2	产品A	QZ47-YEJ3QZW-11	1	2680	2680	00426
12	2013-2-27	客户C33	120831	产品A	SQZA47-2.2QZW-10	4	1930	7720	00174
13		合计						27120	
14									

查询表1　查询表2　销售清单

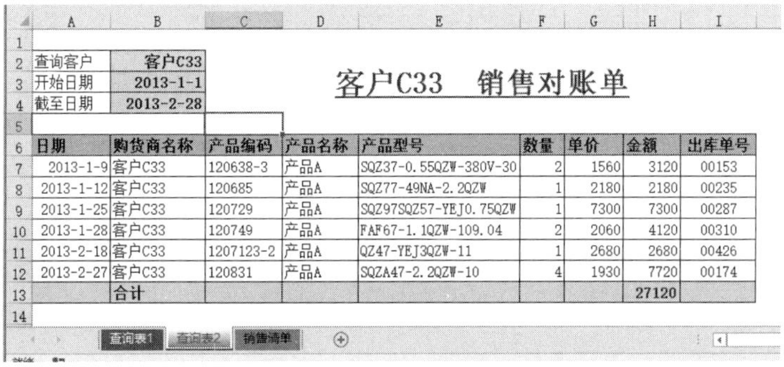

图 6-21　多条件下的明细表制作

步骤 01 插入一个辅助列，这里是 L 列，从第 2 行设置条件格式（注意起始行要与原始数据起始行一致），其中单元格 L2 的公式为：

```
=(销售清单!B2=查询表2!$B$2)*(销售清单!A2>=查询表2!$B$3)*(销售清单!A2<=查询表2!$B$4)
```

这个公式就是将 3 个条件组合起来，如果 3 个条件都成立，那么公式的结果是 1，否则是 0。这样，就可以在这个 L 列里进行查找了，也就是查找那些数字是 1 的所有数所在的行。

步骤 02 在辅助列 K 列的单元格 K7 输入下面的公式，查找第一个满足所有条件的数据所在行：

```
=MATCH(1,L:L,0)
```

步骤 03 在辅助列 K 列的单元格 K8 输入下面的公式，并往下复制，得到第二个、第三个、第四个、……、第 *N* 个满足所有条件的数据所在行：

```
=MATCH(1,INDIRECT("L"&K7+1&":L2000"),0)+K7
```

步骤 04 利用 INDEX 函数取数，其公式与前面单条件下的基本一样，此处不再赘述。

6.2.3 综合练习

案例 6–4

以前面的员工信息表为例，请各位读者制作指定部门的动态员工明细表。已经为大家做好了模板，请自行研究练习。效果如图 6-22 和图 6-23 所示。

	A	B	C	D	E	F	G	H	I	J	K
1											
2	指定学历	大专									
3											
4	工号	姓名	所属部门	学历	婚姻状况	身份证号码	性别	出生日期	年龄	入职时间	本公司工龄
5	G0009	A0076	市场部	大专	未婚	110108197906221075	男	1979/6/22	38	1996/7/1	21
6	G0034	A0064	市场部	大专	未婚	410822196711090108	女	1967/11/9	50	2004/7/1	13
7	G0035	A0069	市场部	大专	未婚	420625198507107014	男	1985/7/10	32	2004/10/1	13
8	G0045	A0010	人力资源部	大专	已婚	370881197801292540	女	1978/1/29	40	2006/11/11	11
9	G0070	A0060	后勤部	大专	未婚	320113198502213611	男	1985/2/21	32	2012/8/17	5

图 6-22 指定学历的员工明细表

	A	B	C	D	E	F	G	H	I	J	K
1											
2	指定部门	财务部									
3											
4	工号	姓名	所属部门	学历	婚姻状况	身份证号码	性别	出生日期	年龄	入职时间	本公司工龄
5	G0005	A0016	财务部	本科	未婚	431124198510053836	男	1985-10-5	31	1988-4-28	29
6	G0006	A0015	财务部	本科	已婚	320923195611081635	男	1956-11-8	60	1991-10-18	25
7	G0008	A0018	财务部	本科	已婚	320684197302090066	女	1973-2-9	44	1995-7-21	22
8	G0014	A0017	财务部	本科	未婚	320504197010062010	男	1970-10-6	46	1999-12-27	17
9	G0044	A0019	财务部	硕士	已婚	341022197709223513	男	1977-9-22	40	2006-10-28	10
10	G0063	A0014	财务部	硕士	已婚	430922198903213845	女	1989-3-21	28	2010-12-21	6
11	G0072	A0084	财务部	本科	未婚	420606198701080513	男	1987-1-8	30	2012-10-19	4
12	G0083	A0085	财务部	硕士	已婚	420622197202075432	男	1972-2-7	45	2013-8-1	4
13											

图 6-23 指定部门的员工明细表

6.3 利用 VBA 一键完成明细表

也许，我们要制作的明细表是条件一定的，希望一键完成明细表的制作；也许，我们要将指定字段的各个项目明细表不仅要分离出来，还要另存为新工作簿，以便自动群发邮件（比如制作对账单、群发工资条）。此时，我们可以编写一段固定的 VBA 代码，来实现这样的功能。其实，编写这样的程序代码并不难，学会录制宏，了解点 VBA 语法，了解点 SQL 语句，就可以自己动手来做。

6.3.1　通过录制宏将普通的筛选 / 复制 / 粘贴工作自动化

很多人做明细表的手工方法是，先建立筛选，筛选指定的项目，再复制，插入新的工作表，再将筛选出来的数据粘贴到新工作表。

案例 6-5

以前面的案例 6-3 的数据为例，制作某个购货商的明细表，所做的这一连串动作，录制下来的宏代码如下：

```
Sub 制作明细表()
'
'制作明细表 宏
'
    Range("B91").Select
    Selection.AutoFilter
    ActiveSheet.Range("$A$1:$I$397").AutoFilter Field:=2, Criteria1:="客户 C32"
    Range("A1:I397").Select
    Range("B91").Activate
    Selection.SpecialCells(xlCellTypeVisible).Select
    Selection.Copy
    Sheets("查询表").Select
    Range("A4").Select
    ActiveSheet.Paste
End Sub
```

但是，这个录制的宏代码并不能直接使用，因为：

（1）实际数据区域的大小（行数）会发生变化。

（2）筛选条件（购货商名字）也是任意指定的。

（3）上次筛选的结果需要每次手工清除。

因此，需要把录制的宏编辑加工成如下的通用宏：

```
Sub 制作明细表()
    Dim ws1 As Worksheet
    Dim ws2 As Worksheet
    Dim Cus As String
    Dim n As Integer
    Dim Rng As Range
    Set ws1=Worksheets("销售清单")
    Set ws2=Worksheets("查询表")
    n=ws1.Range("A50000").End(xlUp).Row
```

```
ws2.Range("A4:I1000").Clear
Cus=ws2.Range("B2")
With ws1
    .Range("A1:I" & n).AutoFilter Field:=2, Criteria1:=Cus
    Set Rng=.Range("A1:I" & n).SpecialCells(xlCellTypeVisible)
    Rng.Copy Destination:=ws2.Range("A4")
    .Range("A1").AutoFilter
End With
End Sub
```

最后在查询表上插入一个命令按钮，指定上述的宏，就可以快速筛选数据，如图 6-24 所示。

查询客户	客户C33	开始查询	客户C33 销售对账单					
日期	购货商名称	产品编码	产品名称	产品型号	数量	单价	金额	出库单号
1月9日	客户C33	120638-3	产品A	SQZ37-0.55QZW-380V-30	2	1560	3,120.00	00153
1月12日	客户C33	120685	产品A	SQZ77-49NA-2.2QZW	1	2180	2,180.00	00235
1月25日	客户C33	120729	产品A	SQZ97SQZ57-YEJ0.75QZW	1	7300	7,300.00	00287
1月28日	客户C33	120749	产品A	FAF67-1.1QZW-109.04	2	2060	4,120.00	00310
2月18日	客户C33	1207123-2	产品A	QZ47-YEJ3QZW-11	1	2680	2680.00	00426
2月27日	客户C33	120831	产品A	SQZA47-2.2QZW-10	4	1930	7720.00	00174

图 6-24　使用 VBA 快速制作明细表

使用 VBA 的最大好处是不用绞尽脑汁做公式，查询速度快，但需要绞尽脑汁去编代码，所以要求有一定的 VBA 基础知识，而且当代码编好后，就限制了数据区域，不能再做列字段上面的改动了，比如插入列、删除列，否则需要重新设计代码。

6.3.2　使用 ADO 技术快速筛选查询数据

当要制作明细表的数据很多时，不论是筛选，还是做公式，都会牺牲速度。你也许碰到过，上万行的数据筛选是很慢的，做大量查找公式也是非常卡的，此时，最好的方法是：不打开源数据文件，就能自动得到指定项目的明细表，此时，可以使用 Query 工具，也可以使用 ADO 数据库查询技术。

要使用 ADO 技术，需要先引用 Microsoft ActiveX Data Objects x.x 库，这里 x.x 是版本号，引用哪个版本都可以，如图 6-25 所示。

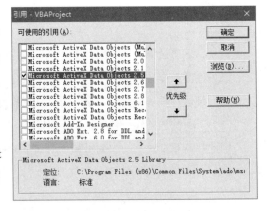

图 6-25　引用 ADO 库

引用 ADO 库后首先建立与 Excel 源文件的连接，代码如下，这里 cnn 是连接变量。

```
Set cnn=New ADODB.Connection
  With cnn
    .Provider=" microsoft.ace.oledb.12.0"
    .ConnectionString="Extended Properties=Excel 8.0;" _
```

```
              & "Data Source=" & ThisWorkbook.FullName
        .Open
    End With
```

然后编写数据查询的 SQL 代码，即可完成数据的快速查询。

案例 6-6

下面是案例 6-5 的 ADO 版。感兴趣的读者可以打开文件运行程序，看看效果。

```
Sub 制作明细表()
    Dim cnn As ADODB.Connection
    Dim rs As ADODB.Recordset
    Dim SQL As String, Cus As String,ws As Worksheet
    Set ws=Worksheets("查询表")
    ws.Range("A5:I1000").ClearContents
    Cus=ws.Range("B2")
    Set cnn=New ADODB.Connection
    With cnn
        .Provider=" microsoft.ace.oledb.12.0"
        .ConnectionString="Extended Properties=Excel 8.0;" _
            & "Data Source=" & ThisWorkbook.FullName
        .Open
    End With
    SQL="select * from [销售清单$] where 购货商名称='" & Cus & "'"
    Set rs=New ADODB.Recordset
    rs.Open SQL, cnn, adOpenKeyset, adLockOptimistic
    ws.Range("A5").CopyFromRecordset rs
    cnn.Close
    Set cnn=Nothing
    Set rs=Nothing
End Sub
```

6.3.3　在当前工作簿中批量制作明细表

前面介绍的几个例子，都是在当前源工作簿中制作明细表，也就是原始数据表与明细表在一个工作簿中。我们也可以在当前工作簿中批量制作明细表，而不像前面介绍的透视表那样比较啰嗦，使用 VBA 只需点击一下命令按钮就可以了。

案例 6-7

以前面的员工信息表为例，利用筛选的方法批量一次性制作出所有部门明细表的 VBA 代码如下：

```
Sub 批量制作明细表()
    Dim ws1 As Worksheet, ws As Worksheet
    Dim n As Integer,Rng As Range,Arr As Variant,i As Integer
```

```
        Arr=Array("后勤部", "生产部", "总经办", "技术部", "财务部", "销售部", "市
场部", "信息部", "贸易部", "人力资源部", "质检部")
        Set ws1=Worksheets("基本信息")
        n=ws1.Range("A50000").End(xlUp).Row
        Application.DisplayAlerts=False
        For Each ws In ThisWorkbook.Worksheets
            If ws.Name<>"基本信息" Then ws.Delete
        Next
        Application.DisplayAlerts=True
        With ws1
            For i=0 To UBound(Arr)
                .Range("A1:I" & n).AutoFilter Field:=3, Criteria1:=Arr(i)
                Set Rng=.Range("A1:I" & n).SpecialCells(xlCellTypeVisible)
                Set ws=Worksheets.Add(after:=Worksheets(Worksheets.Count))
                ws.Name=Arr(i)
                Rng.Copy Destination:=ws.Range("A1")
                ws.Columns.AutoFit
                .Range("A1").AutoFilter
            Next i
        End With
        ws1.Select
    End Sub
```

6.3.4 批量制作明细表工作簿

案例 6-8

如果想把每个指定的项目明细数据制作成一个新的工作簿，该如何做呢？此时的操作无非是把新建工作表改为新建工作簿并另存。以制作购货商销售对账单数据为例，现在要把每个购货商销售数据制作成一个新的工作簿保存，以便发送邮件，此时的 VBA 代码如下（这里使用 ADO+SQL 方法）：

```
Sub 制作明细表()
    Dim cnn As ADODB.Connection
    Dim rs As ADODB.Recordset
    Dim myWorkName As String, i As Integer, n As Integer, SQL As String
    Dim RngValue As Variant
    Dim wb As Workbook
    RngValue=Worksheets("销售清单").Range("A1:I1")
    myWorkName=ThisWorkbook.FullName        '指定源数据文件名（带路径）
    Set cnn=New ADODB.Connection
    With cnn
        .Provider=" microsoft.ace.oledb.12.0"
        .ConnectionString="Extended Properties=Excel 8.0;" _
```

```
                        & "Data Source=" & myWorkName
            .Open
        End With
        SQL="select distinct 购货商名称 from [销售清单$]"
        Set rs=New ADODB.Recordset
        rs.Open SQL, cnn, adOpenKeyset, adLockOptimistic
        n=rs.RecordCount
        ReDim Cus(1 To n) As String
        For i=1 To n
            Cus(i)=rs.Fields(0)
            rs.MoveNext
        Next i
        For i=1 To n
            SQL="select * from [销售清单$] where 购货商名称='" & Cus(i) & "'"
            Set rs=New ADODB.Recordset
            rs.Open SQL,cnn,adOpenKeyset,adLockOptimistic
            Set wb=Workbooks.Add
            With wb
                Range("A1:I1")=RngValue
                Range("A2").CopyFromRecordset rs
                Range("A:A").NumberFormatLocal="yyyy-m-d"
                    .SaveAs Filename:=ThisWorkbook.Path & "\购货商明细表\" &
Cus(i) & ".xlsx"
                    .Close
            End With
        Next i
        cnn.Close
        Set cnn=Nothing
        Set rs=Nothing
    End Sub
```

这里，将所有购货商的明细表保存在了文件夹"购货商明细表"中。在运行程序之前，请先将这个文件夹里的所有文件手动删除。

6.4 制作与源数据链接的动态明细表

如果要制作的明细表条件给定不再变化，但是不想再使用函数了，因为太费脑子；也不想编代码了，因为也是太烧脑了；也可能是源数据量非常大，而且也会随时发生变更（数据增加或减少，数据属性也可能发生变化）。此时，为了得到一个能够与源数据同步更新的明细表，希望明细表保存在一个新的工作簿上，那么没关系，我们可以使用普通的 Microsoft Query 工具，也可以使用更加高效的 Power Query 工具。

第 7 章

从大量工作表中提取部分数据

"老师，我希望从当前工作簿中的 12 个月工资表中，把所有劳务工和合同工的工资明细汇总到一张工作表，也就是分别制作一张劳务工工资明细表和合同工工资明细表，有没有快捷的方法？我都是一个一个工作表筛选，然后复制粘贴，非常麻烦。"

这样的问题，在实际工作中是经常遇到的，所用的方法，正如这位同学说的，手工一个一个工作表筛选 / 复制 / 粘贴，工作量大，也非常容易出错。

如果安装了 Excel 2016，那么这样的问题就不是问题了，因为我们可以使用非常强大的 Power Query 工具，快速完成这样的任务。

本章，我们结合两个例子，介绍如何使用 Power Query 工具，从当前工作簿的多个工作表中，以及从多个工作簿中的多个工作表中，快速提取满足条件的数据。

7.1　从一个工作簿的多个工作表中提取数据

案例 7-1

图 7-1 是 12 个月工资表，现在要求从这 12 个月工资表中，分别制作合同工和劳务工的工资明细表。

	A	B	C	D	E	F	G	H	I	J	K	L	M	N	O	P	Q
1	姓名	性别	合同种类	基本工资	岗位工资	工龄工资	补贴	奖金	考勤扣款	应发合计	住房公积金	养老保险	医疗保险	失业保险	个人所得税	应扣合计	实发合计
2	A001	男	合同工	6398	386	120	1295	448	100	8547	691.76	518.82	46.98	157.04	258.24	1672.84	6874.16
3	A002	男	合同工	5950	369	290	1223	410	81	8161	659.36	494.52	45.84	153.84	225.74	1579.3	6581.7
4	A005	女	合同工	4871	488	240	1292	584	16	7459	598	448.5	52.08	169.28	164.11	1431.97	6027.03
5	A006	男	合同工	4495	349	270	1385	315	62	6752	545.12	408.84	47.62	162.56	103.79	1267.93	5484.07
6	A008	男	合同工	5803	386	290	1549	410	53	8385	675.04	506.28	53.76	184.16	241.58	1660.82	6724.18
7	A010	男	合同工	3537	333	270	1268	540	29	5919	475.84	356.88	48.22	166.24	41.15	1088.33	4830.67
8	A016	女	合同工	3696	419	290	1177	219	130	5671	464.08	348.06	43.06	142.96	35.19	1033.35	4637.65
9	A003	男	劳务工	5562	372	80	994	459	0	7467	597.36	448.02	38.1	122.64	171.09	1377.21	6089.79
10	A004	男	劳务工	3582	541	190	1119	415	54	5793	467.76	350.82	45.3	141.04	38.64	1043.56	4749.44
11	A007	男	劳务工	4963	592	160	1794	457	76	7890	637.28	477.96	61.58	198.96	196.42	1572.2	6317.8
12	A009	男	劳务工	5184	547	210	1214	440	51	7544	607.6	455.7	49	153.2	172.85	1438.35	6105.65
13	A011	女	劳务工	3874	353	150	1436	336	46	6103	491.92	368.94	45.5	153.76	49.29	1109.41	4993.59
14	A012	女	劳务工	5611	354	230	1439	386	79	7941	641.6	481.2	48.18	170.72	204.93	1546.63	6394.37
15	A013	男	劳务工	5649	393	130	1519	573	189	8075	661.12	495.84	53.9	186.32	212.78	1609.96	6465.04
16	A014	女	劳务工	5637	253	110	1196	462	101	7552	612.64	459.48	41.14	149.92	173.88	1437.06	6114.94

1月　2月　**3月**　4月　5月　6月　7月　8月　9月　10月　11月　12月

图 7-1　当前工作簿中的 12 个月工资表

7.1.1　多个工作表的合并查询

步骤 01　把本工作簿中其他无关紧要的工作表删除，仅仅保留 12 个月的工资表。

步骤 02　单击"数据"→"新建查询"→"从文件"→"从工作簿"命令，如图 7-2 所示。

步骤 03　打开"导入数据"对话框，选择该工作簿，如图 7-3 所示。

图 7-2　执行"从工作簿"命令　　　　图 7-3　选择要查询数据的工作簿

步骤 04　单击"导入"按钮，打开"导航器"对话框，选择"案例7-1.xlsx[12]"，如图 7-4 所示。注意，由于是从 12 个月工作表中查询数据，因此要选择最顶端的工作簿名称，不能选择某个月名称。

图 7-4　选择"案例 7-1.xlsx[12]"

步骤 05　单击"编辑"按钮，打开"查询编辑器"窗口，如图 7-5 所示。

图 7-5　"查询编辑器"窗口

步骤 06 在"查询编辑器"窗口右侧的"查询设置"窗格中，将默认的查询名称"案例 7-1.xlsx"重命名为"合同工"，如图 7-6 所示。

图 7-6 将默认的查询名称"案例 7-1.xlsx"重命名为"合同工"

步骤 07 选择右边的三列并右击，将其删除，如图 7-7 所示。

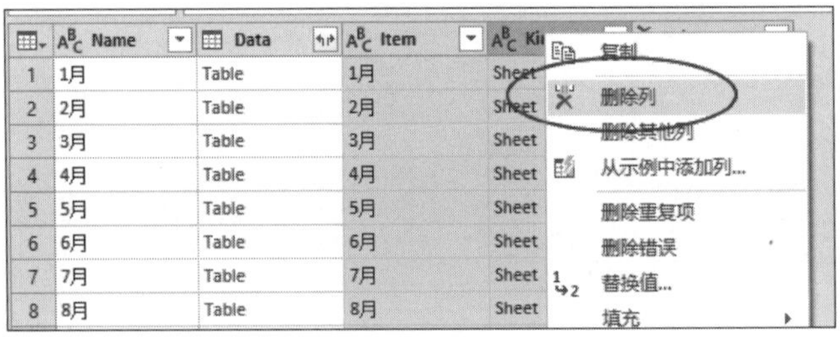

图 7-7 删除右侧的三列，保留左边的两列

这样，就得到如图 7-8 所示的结果。

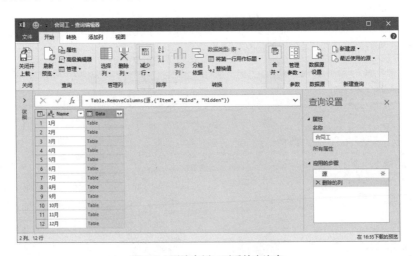

图 7-8 删除右侧三列后的查询表

步骤 08 单击字段 Data 右侧的按钮，展开一个列表，先单击右下角的蓝色字体标签"加载更多"，然后取消"使用原始列名作为前缀"复选框，如图 7-9 所示。

图 7-9　"加载更多"内容，并取消选择"使用原始列名作为前缀"复选框

步骤 09 单击"确定"按钮，得到如图 7-10 所示的查询结果。这个结果就是 12 个工作表所有数据（包括每个工作表第一行的标题）的堆积汇总。

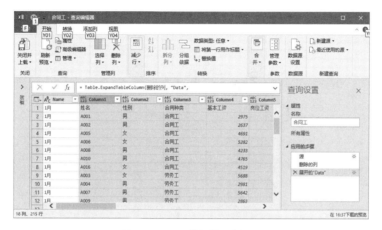

图 7-10　展开并加载所有数据

步骤 10 单击"开始"→"将第一行用作标题"命令按钮 ![将第一行用作标题]，显示正确的字段名称，如图 7-11 所示。

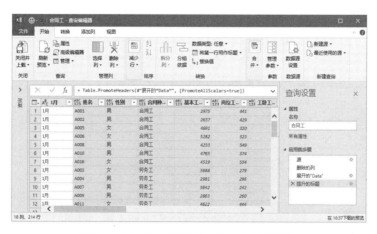

图 7-11　第一行显示真正的字段名称（列标题）

步骤 11 由于是 12 个工作表数据的堆积汇总，也就有 12 个列标题，现在已经使用了一个列标题作为查询表的标题，还剩 11 个列标题是无用的，可以通过筛选的方法将其剔除，也就是在任一字

段中，取消选择原始标题名即可，如图 7-12 所示。

步骤 12 将第一列默认的标题名字 "1 月" 重命名为 "月份"。

步骤 13 从字段 "合同类型" 中筛选 "合同工"，如图 7-13 所示。

图 7-12 筛选剔除多余的列标题数据　　　　图 7-13 筛选合同工数据

步骤 14 单击 "确定" 按钮，得到所有合同工 12 个月的工资数据，如图 7-14 所示。

图 7-14 得到所有合同工 12 个月的工资数据

步骤 15 单击 "开始" → "关闭并上载" 命令，在当前工作簿上自动新建一个工作表，并导入查询出的合同工数据，如图 7-15 所示。最后再将此工作表名称重命名为 "合同工"。

图 7-15 得到所有合同工 12 个月工资数据表

7.1.2　其他查询操作

上面是查询提取合同工的 12 个月工资数据，那么，劳务工是不是需要重新做一遍？答案是不需要，只要按照下面的简单步骤操作，就可以快速得到劳务工 12 个月的工资数据。

步骤 01　查询完成后，在工作簿右侧会出现"工作簿查询"窗格，如图 7-16 所示。

如果没有出现，可以单击"数据"→"显示查询"命令，将这个窗格显示出来，如图 7-17 所示。

图 7-16　"工作簿查询"窗格

图 7-17　单击"显示查询"命令

步骤 02　在"工作簿查询"窗格，右击"合同工"，执行"复制"命令，如图 7-18 所示，然后在窗格的空白位置右击，执行"粘贴"命令，将刚才创建的"合同工"查询复制一份，如图 7-19 所示。

图 7-18　将创建的查询"合同工"复制一份

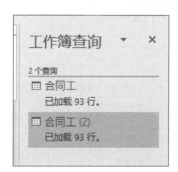
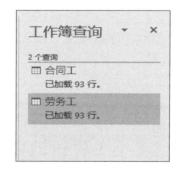

图 7-19　复制一份查询并重命名为"劳务工"

注意：当复制这个查询后，会在工作表上自动新建一个工作表，并导入查询的数据。

步骤 03　双击"劳务工"查询，打开"查询编辑器"窗口，从字段"合同类型"中筛选出"劳务工"，就得到劳务工的 12 个月工资数据，如图 7-20 所示。

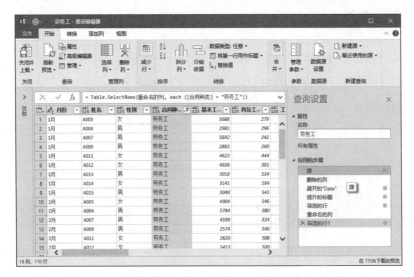

图 7-20　筛选出劳务工的工资数据

步骤 04　单击"开始"→"关闭并上载"命令，将劳务工数据导入到工作表，最后修改工作表名为"劳务工"，结果如图 7-21 所示。

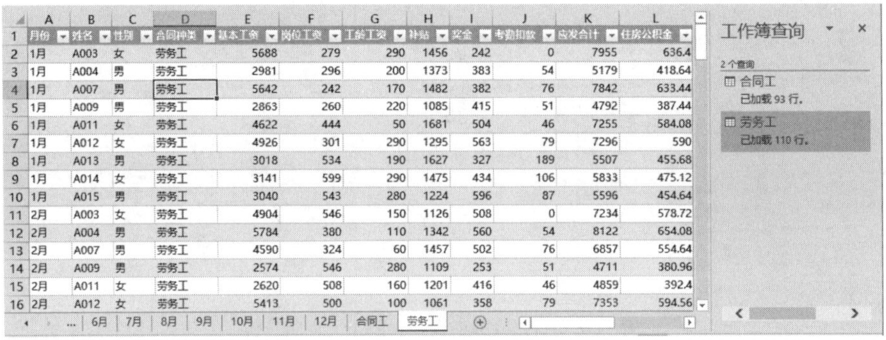

图 7-21　劳务工的 12 个月工资数据表

由于我们可以在字段中任意筛选，因此这种方法，还可以实现多条件下的数据查询和提取，非常方便。

得到的数据与每个工作表是动态链接的，当某个工作表数据变化后，只要在查询表中右击，选择"刷新"命令，即可自动更新结果。

7.2　从多个工作簿的多个工作表中提取数据

前面介绍的是从一个工作簿的多个工作表中提取数据，还是很简单的。更为复杂烦琐的情况是，从多个工作簿的多个工作表中提取数据。此时，最高效的方法，仍然是 Power Query。下面举例说明。

案例 7-2

图 7-22 是保存在一个文件夹里的 4 个分公司工作簿，每个工作簿有 12 个月工资表（图 7-23），现在要求从这 4 个工作簿合计 4×12=48 个工作表中，分别制作合同工和劳务工的工资明细表。

图 7-22　文件夹里的 4 个分公司工作簿

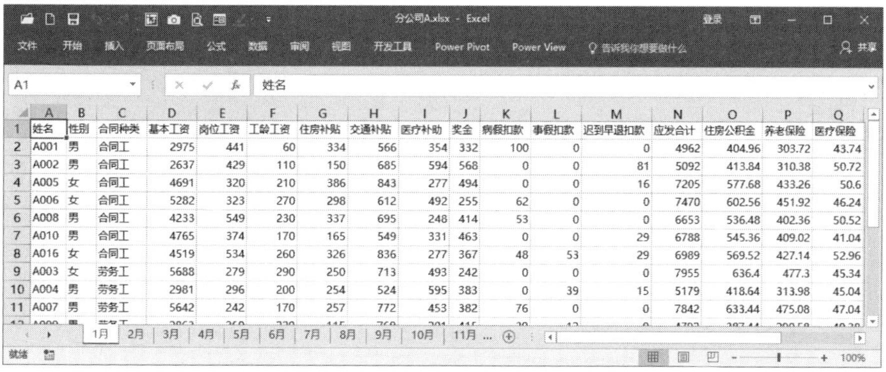

图 7-23　每个工作簿中的 12 个月工资表

7.2.1　多个工作簿的合并查询

步骤 01　首先保证这个文件夹里都是要查询的工作簿，不能有其他不相干的工作簿。并要注意，工作簿名称就是分公司的名称。

步骤 02　新建一个工作簿。

步骤 03　单击"数据"→"新建查询"→"从文件"→"从文件夹"命令，如图 7-24 所示。

步骤 04　打开"文件夹"对话框，如图 7-25 所示。

步骤 05　单击"浏览"按钮，打开"浏览文件夹"对话框，选择保存有源工作簿的文件夹，如图 7-26 所示。

图 7-24　"从文件夹"命令

图 7-25　"文件夹"对话框

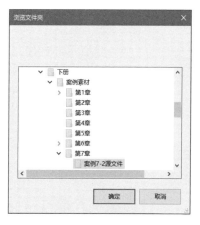

图 7-26　选择文件夹

97

步骤 06 单击"确定"按钮，返回"文件夹"对话框，如图 7-27 所示。

步骤 07 单击"确定"按钮，打开如图 7-28 所示的对话框。

图 7-27　选择了文件夹

图 7-28　显示要查询的 4 个工作簿文件

步骤 08 单击"编辑"按钮，打开查询编辑器，如图 7-29 所示。

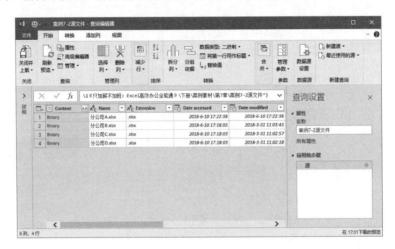

图 7-29　查询编辑器

步骤 09 保留左边的两列，删除右边的所有列。单击"添加列"→"自定义列"命令，打开"自定义列"对话框，如图 7-30 所示。

步骤 10 默认新列名，在"自定义列公式"输入框中，输入下面的公式（图 7-31，注意字母大小写，公式对大小写敏感）：

```
=Excel.Workbook([Content])
```

图 7-30　"自定义列"对话框

图 7-31　添加自定义列

步骤11 单击"确定"按钮，得到如图 7-32 所示的结果。

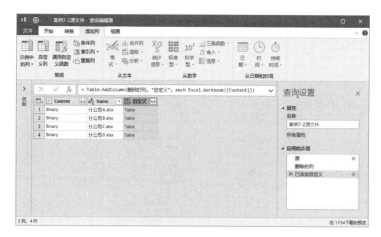

图 7-32　添加自定义列后的查询表

步骤12 删除最左侧的 Content 列。

步骤13 单击字段"自定义"右侧的 ⇄ 按钮，展开一个列表，先单击右下角的蓝色字体标签"加载更多"，然后取消选择"使用原始列名作为前缀"复选框，保留 Name 和 Data，取消其他的所有项目，如图 7-33 所示。

图 7-33　对自定义列进行筛选设置

步骤14 单击"确定"按钮，得到如图 7-34 所示的结果。

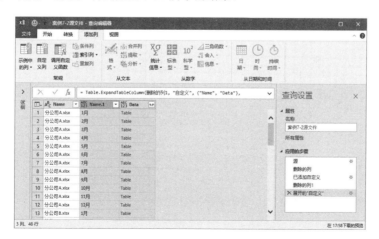

图 7-34　对自定义字段进行筛选后的结果

步骤 15 单击字段 Data 右侧的 按钮，展开所有的字段，如图 7-35 所示。

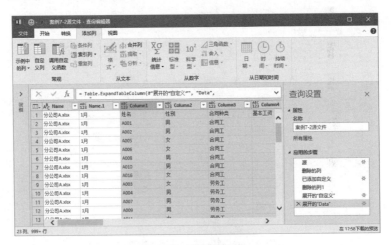

图 7-35　展开字段 Data

步骤 16 单击"将第一行用作标题"命令按钮 将第一行用作标题 ，显示正确的字段名称，并从某个字段中，取消选择其他多余的原始标题名，得到如图 7-36 所示的结果。

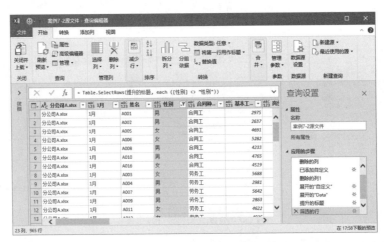

图 7-36　显示真正标题，筛选掉多余的标题

步骤 17 将第一列的默认标题"分公司 A.xlsx"修改为"分公司"，将第二列的默认标题"1 月"修改为"月份"。

步骤 18 选择第一列"分公司"，单击"转换"→"提取"→"分隔符之前的文本"命令，如图 7-37 所示，打开"分隔符之前的文本"对话框，输入分隔符句点"."，如图 7-38 所示。

图 7-37　"分隔符之前的文本"命令

图 7-38　输入分隔符句点"."

步骤 19 单击“确定”按钮，将 A 列的默认工作簿名称的扩展名去掉，保留分公司名字，如图 7-39 所示。

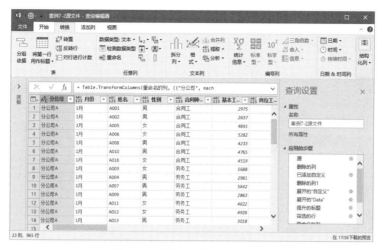

图 7-39　在第一列提取分公司名称

步骤 20 从字段“合同类型”中筛选“合同工”。

步骤 21 在右侧的“查询设置”窗格中将查询名重命名为“合同工”，如图 7-40 所示。

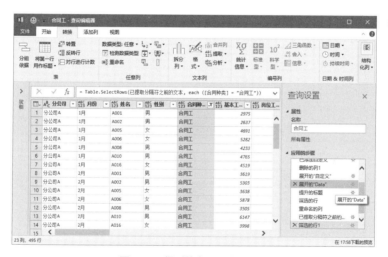

图 7-40　得到的合同工查询结果

步骤 22 单击“关闭并上载”按钮，将查询结果导入到 Excel 工作表，然后将工作表名重命名为“合同工”，如图 7-41 所示。

	A	B	C	D	E	F	G	H	I	J	K	L
1	分公司	月份	姓名	性别	合同种类	基本工资	岗位工资	工龄工资	住房补贴	交通补贴	医疗补助	奖金
2	分公司A	1月	A001	男	合同工	2975	441	60	334	566	354	332
3	分公司A	1月	A002	男	合同工	2637	429	110	150	685	594	568
4	分公司A	1月	A005	女	合同工	4691	320	210	386	843	277	494
5	分公司A	1月	A006	女	合同工	5282	323	270	298	612	492	255
6	分公司A	1月	A008	男	合同工	4233	549	230	337	695	248	414
7	分公司A	1月	A010	男	合同工	4765	374	170	165	549	331	463
8	分公司A	1月	A016	女	合同工	4519	534	260	326	836	277	367
9	分公司A	2月	A001	男	合同工	3619	330	90	343	736	414	318
10	分公司A	2月	A002	男	合同工	5303	597	90	179	568	228	377
11	分公司A	2月	A005	女	合同工	3638	312	170	377	719	541	372
12	分公司A	2月	A006	女	合同工	5878	506	120	245	682	286	555
13	分公司A	2月	A008	男	合同工	3505	307	240	212	789	372	234
14	分公司A	2月	A010	男	合同工	6147	374	250	163	609	389	534
15	分公司A	2月	A016	女	合同工	3998	204	240	358	851	227	600
16	分公司A	3月	A001	男	合同工	6398	386	120	386	683	226	448

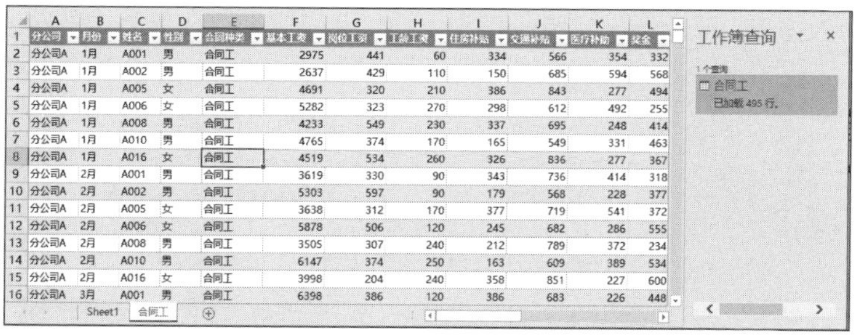

图 7-41　4 个分公司所有合同工的工资数据表

7.2.2　其他查询操作

采用前面介绍的方法，将这个查询复制一份，重命名为"劳务工"，然后打开查询编辑器，筛选劳务工，得到 4 个分公司的劳务工工资数据，如图 7-42 所示。

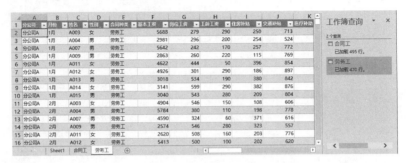

图 7-42　4 个分公司所有劳务工的工资数据表

同样，我们可以在字段中做任意的筛选，可以实现多条件下的数据查询和提取，非常方便。当某个工作簿和工作表数据变化后，只要在查询表中右击，选择"刷新"命令，就会自动更新。

第 8 章　从其他类型文件中提取部分数据

在第 6 章，我们介绍了利用 Power Query 工具从大量工作表中查询提取数据，这种方法不仅适用于 Excel 文件，还可以用于其他类型的文件，例如文本文件、数据库文件。

当数据量很大时，不建议把数据保存为 Excel 文件，可以保存为文本文件或者数据库文件，然后利用 Microsoft Query 或者 Power Query，从这样的文本文件或者数据库中查询提取数据。

8.1　从文本文件中提取数据

图 8-1 是以逗号分隔的 CSV 格式文本文件，文件名为"历年销售数据.csv"，保存历年销售数据，目前 2018 年只有前 7 个月的数据。现在要求从这个文件中，把 2017 年和 2018 年前 7 个月数据查询出来，保存到 Excel 工作表中。

图 8-1　历年销售数据，以逗号分隔的 CSV 格式文本文件

8.1.1　利用 Microsoft Query

案例 8-1

一个任何版本中都能使用的工具是 Microsoft Query，下面是利用这个工具从文本文件查找数据的主要步骤。

步骤 01 新建一个工作簿。

步骤 02 单击"数据"→"自其他来源"→"来自 Microsoft Query"命令，打开"选择数据源"对话框，如图 8-2 所示。

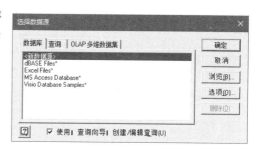

图 8-2　"选择数据源"对话框

步骤 03 选择"新数据源"，单击"确定"按钮，打开"创建新数据源"对话框，按以下步骤创建新数据源：

（1）输入数据源名称"历年销售"。

（2）从驱动程序列表中选择一个文本文件驱动程序。

（3）单击"连接"按钮，选择保存本文本文件的文件夹。

（4）选择本文本文件为默认的文本文件。

设置好的对话框如图 8-3 所示。

步骤 04 单击"确定"按钮，返回到"选择数据源"对话框，可以看到，已经创建了一个名称为"历年销售"的文本文件数据源，如图 8-4 所示。

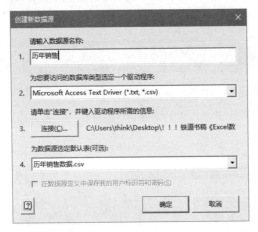

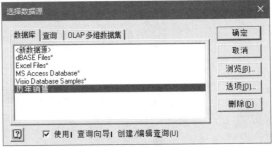

图 8-3　设置文本文件数据源　　　　　　　图 8-4　创建了文本文件的新数据源

步骤 05 选择创建的数据源，单击"确定"按钮，打开"查询向导 - 选择列"对话框，如图 8-5 所示。

步骤 06 选择左侧表的文件名，单击 ＞ 按钮，将文件的所有字段全部移至右侧的查询结果中，如图 8-6 所示。

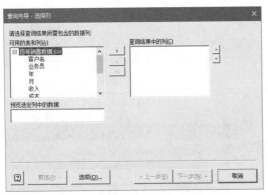

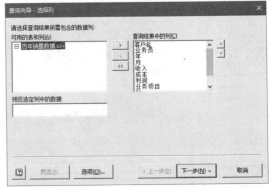

图 8-5　"查询向导 - 选择列"对话框　　　图 8-6　将文件的所有字段移至右侧的查询结果列表中

步骤 07 单击"下一步"按钮，打开"查询向导 - 筛选数据"对话框，先在左侧选择"年"，在右侧筛选"等于 2017 年或等于 2018 年"，注意这两个条件是或关系，也就是都需要，如图 8-7 所示。

步骤 08 在左侧选择"月",筛选前 7 个月的数据,如图 8-8 所示。注意,这 7 个月也是或关系。

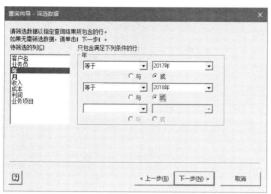

图 8-7　筛选"年"字段

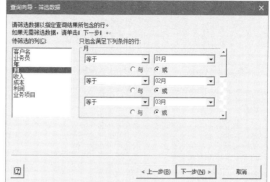

图 8-8　筛选"月"字段

步骤 09 单击"下一步"按钮,打开"查询向导 - 排序顺序"对话框,保持默认,如图 8-9 所示。

步骤 10 单击"下一步"按钮,打开"查询向导 - 完成"对话框,保持默认,如图 8-10 所示。

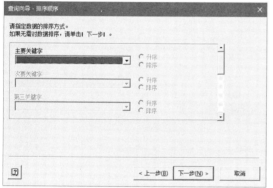

图 8-9　保持默认设置,不进行排序

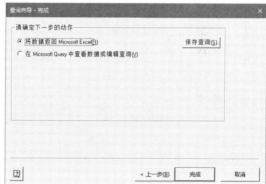

图 8-10　保持默认设置

步骤 11 单击"完成"按钮,打开"导入数据"对话框,选择"表"和"新工作表",如图 8-11 所示。

步骤 12 单击"确定"按钮,得到需要的数据,如图 8-12 所示。

	A	B	C	D	E	F	G	H
1	客户名	业务员	年	月	收入	成本	利润	业务项目
2	客户16	A007	2017年	01月	71	5	66	进口业务
3	客户16	A008	2017年	01月	61	1	60	进口业务
4	客户16	A009	2017年	01月	60	1	59	进口业务
5	客户16	A010	2017年	01月	368	181	187	进口业务
6	客户16	A011	2017年	01月	63	4	59	进口业务
7	客户16	A012	2017年	01月	450	144	306	进口业务
8	客户16	A013	2017年	01月	531	192	339	进口业务
9	客户16	A009	2017年	01月	110	54	56	进口业务
10	客户16	A010	2017年	01月	426	246	180	进口业务
11	客户16	A011	2017年	01月	339	152	187	进口业务
12	客户16	A012	2017年	01月	125	49	76	进口业务
13	客户16	A013	2017年	01月	799	490	309	进口业务
14	客户16	A001	2017年	01月	293	159	134	进口业务
15	客户16	A004	2017年	01月	689	423	266	进口业务
16	客户16	A005	2017年	01月	60	6	54	进口业务

图 8-11　选择数据显示方式和保存位置

图 8-12　从文本文件中提取的数据

尽管 Microsoft Query 是一个通用的工具，在任何版本中都可以使用，但是操作起来并不方便，而且也无法返回查询向导里修改查询，这点要特别注意。

8.1.2 利用 Power Query

Power Query 方法比 Microsoft Query 要简单得多，操作起来也更加方便，更值得一提的是，我们可以随时打开查询编辑器来修改查询。

案例 8-2

以上面的文本文件为例，下面是利用 Power Query 查询文本文件数据的主要步骤。

步骤 01 新建一个工作簿。

步骤 02 单击"数据"→"新建查询"→"从文件"→"从文本"（或者"从 CSV"）命令。

步骤 03 打开"导入数据"对话框，从文件夹里选择该文本文件，如图 8-13 所示。

图 8-13　选择文本文件

步骤 04 单击"导入"按钮，打开文本文件的分列对话框，如图 8-14 所示，可以看到，Power Query 会自动对文本文件进行分列。如果发现分列结果不正确，可以重新选择分隔符。

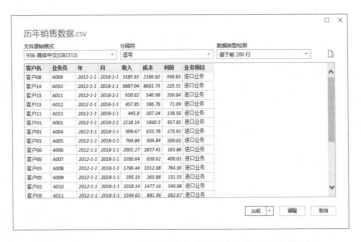

图 8-14　Power Query 会自动对文本文件进行分列

步骤 05 单击"编辑"按钮，打开"查询编辑器"窗口，如图 8-15 所示。

图 8-15　"查询编辑器"窗口

步骤 06 Power Query 会自动把年份和月份数据转换为日期格式，这是不对的，因此需要还原为原来的格式数据，只需要单击右侧"查询设置"窗格中的"更改的类型"左侧的删除按钮 ✕ 更改的类型 即可，得到正确的数据，如图 8-16 所示。

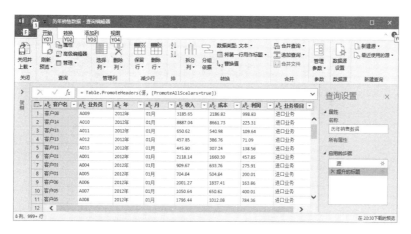

图 8-16　删除被修改的数据类型，恢复原始的数据

步骤 07 分别从字段"年"和"月"中筛选年份和月份，如图 8-17 和图 8-18 所示。

图 8-17　筛选年份

图 8-18　筛选月份

步骤 08 单击"关闭并上载"按钮，得到查询的数据，如图 8-19 所示。

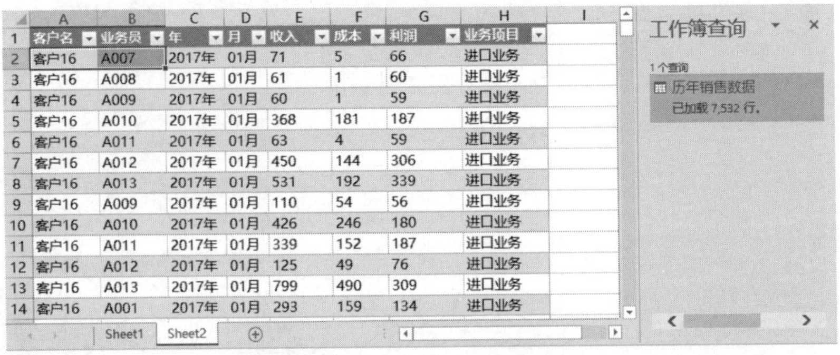

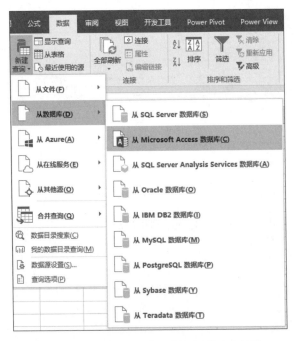

图 8-19　从文本文件提取的结果

8.2　从其他数据库中提取数据

不论是利用 Microsoft Query，还是利用 Power Query，从数据库中查询提取满足条件的数据，方法和步骤是很简单的，执行相关命令，然后按照向导操作即可。

这其中，最简单的方法是 Power Query，其命令如图 8-20 所示。

图 8-20　Power Query 的"从数据库"命令选项

感兴趣的读者，可以自己用数据库数据进行练习。

03

第 3 部分

数据分析与挖掘

为什么要学习 Excel？很多人的回答是，提升日常数据处理能力，提升办公效率。然而，很多人仅仅是学习了一些小技巧，学习了几个函数，学习了如何操作透视表，但是在数据分析方面，仍处于迷茫状态。

其实，Excel 的强大之处不在于小技巧、快捷键之类的小玩闹，而是对数据的挖掘和分析，从数据中对企业的经营进行诊断，发现问题，分析问题，解决问题，为领导提交有说服力的分析报告。这样，除了需要我们灵活使用各种数据处理和数据分析工具外，还需要有一个正确的数据分析思路。

数据分析的第一步，是采集数据，这样的工作，我们在上册和本册前面的有关章节已经介绍过了。在分析数据的具体过程中，逻辑思路是非常重要的。首先要明确，分析报告给谁做，做什么，怎么做。具体数据分析工具的使用，无非就是函数、数据透视表、图表以及 Power 工具。常用函数我们在上册已经做了详细介绍，本篇中，我们将介绍其他数据分析工具的使用方法，以及制作有说服力的分析报告需关注的几个问题。

第 9 章 数据分析是对数据的思考

数据分析的目的，不是为了汇总而汇总，也不是为了计算而计算。数据分析的目的，是为了发现问题、分析问题、解决问题，给领导提交一份有说服力的分析报告。

数据分析是从原始数据的阅读开始，找出影响企业关键指标的各个因素，逐级展开，逐次分析，挖掘提升公司业绩的有效方法，寻找盈利的潜在驱动因素。

9.1 案例剖析：毛利预算分析

每年年底，要汇总大量的数据，要进行大量的计算，要制作大量的报告，要花大量的心血制作PPT。然而，大量的时间、精力、心血，却在最后 3 分钟的汇报上，一笔勾销！领导极不满意的眼神，领导批评的话语，甚至同事的哈哈，都给自己带来巨大的压力：我的辛苦有谁知？

9.1.1 失败的分析报告

图 9-1 是对 2017 年各个产品实际毛利的汇总结果，使用 SUMIF 函数从原始销售数据中汇总即可。

很多人会把此表数据做成图 9-2 所示的 PPT。然而，你不想想，这样的一个表格、一个图表，你究竟想给领导看什么？尤其是 PPT 中右边的图表，你到底在说什么？说预算执行情况？说清楚了吗？

2017年毛利预算分析（万元）

产品	预算	实际	偏差	执行率
产品1	794	668	-126	84.13%
产品2	589	795	206	134.97%
产品3	531	893	362	168.17%
产品4	825	473	-352	57.33%
产品5	484	295	-189	60.95%
产品6	847	438	-409	51.71%
产品7	841	564	-277	67.06%
合计	4911	4126	-785	84.02%

图 9-1　各个产品的毛利预算达成汇总

图 9-2　失败的分析报告

对于预算分析，核心是分析预算完成情况如何：完成率多少？偏差有多大？造成这个偏差的原因是什么？下一步如何解决这个问题？正如我在一次网络直播预算分析课堂上讲的，预算编制很累，预算分析也不轻松！

9.1.2　醒目标识需要特别关注的异常数据

使用自定义格式，把毫无生气的表格，变得生动起来，让别人一眼看出哪些产品预算超额完成，哪些有很大的差距。

如图 9-3 所示的表格，报表阅读者可以一眼看出，企业毛利预算达成率为 84.02%，7 个产品中，除了产品 2 和产品 3 超额完成外，其他几个产品完成得都不十分理想。

2017年毛利预算分析（万元）				
产品	预算	实际	偏差	执行率
产品1	794	668	▼126	▼84.13%
产品2	589	795	▲206	▲134.97%
产品3	531	893	▲362	▲168.17%
产品4	825	473	▼352	▼57.33%
产品5	484	295	▼189	▼60.95%
产品6	847	438	▼409	▼51.71%
产品7	841	564	▼277	▼67.06%
合计	4911	4126	▼785	▼84.02%

图 9-3　醒目标注异常数据

9.1.3　用仪表盘直观表达出整体预算完成情况

在上述的汇总表中，领导先关注整体毛利的达成情况，也就是底部合计数，如果仅仅是把这一行数据用文字描述出来，就毫无生气，且不直观了，不妨绘制如图 9-4 所示的仪表盘，让领导一眼看出企业的整体经营情况。

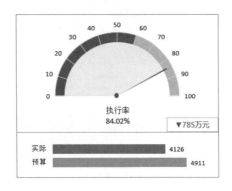

图 9-4　毛利整体情况完成仪表盘

9.1.4　分析各个产品毛利预算偏差影响

2017 年毛利预算达成率 84.02%，未达标 785 万元，那么各个产品的影响程度如何？从前面的表格可以看出影响大小，但更重要的是要绘制直观的因素分析图，一眼看出各个产品的影响程度，如图 9-5 所示。

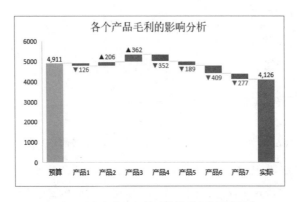

图 9-5　分析各个产品的预算偏差及其影响程度

9.1.5　分析各个产品销量、单价、成本对毛利预算偏差影响

分析某个产品毛利的销量、单价、成本因素，找出毛利偏差是因为销量引起的，还是产品价格发生了很大变化引起的，还是产品成本变化造成的。

可以看出，产品 06 毛利预算达成率仅为 52% 左右，主要是销量大幅下滑引起的，如图 9-6 所示。

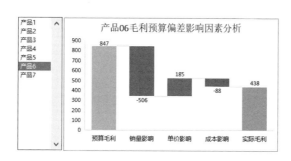

图 9-6　分析指定产品的毛利预算偏差的销量、单价、成本影响

9.1.6　进一步分析问题产品

再分析产品 06 的销量为什么远远没有达成预算目标？是市场萎缩？是客户流失？是业务员问题？是营销部领导问题？是公司产品规划问题？等等，这样一层一层地分析，直至找出问题原因所在，并提出解决方案。

9.2 **利用价值树分析企业经营**

善于解决问题的能力，通常是缜密而又系统的思维产物。对于企业经营而言，影响是多方面的，我们需要找出目标（或指标）之间的对应逻辑关系，以及影响这些目标（指标）的各个因素，逐级展开，逐次分析，层层提问，而后深入寻找答案，挖掘提升公司业绩的有效方法，寻找盈利的潜在驱动因素，这就是价值树分析。

由于企业经营的可变性和实时性，利用 Excel 建立与系统高效整合的自动化价值树分析模型，实时监控主要经营目标（或指标）达成情况，及时采取正确措施进行纠偏。

9.2.1　价值树的原理

价值树分析，在于树根、树枝与树叶的构建，以及分解方式。

树根：关键指标，是企业经营的根本性指标和经营业绩的最终体现。

树枝：影响关键指标的各个因素，逐级展开，逐次分析。

树叶：每项假设和依据作为制定经营策略的依据。

一个价值树有多种分解方式，具体采用何种方式，应以有利于分析企业业务构成、深度挖掘企业经营潜力为标准。

价值树不仅仅是对经营指标的简单分解，更应该是挖掘提升企业经营业绩的驱动因素和举措，如图 9-7 所示。

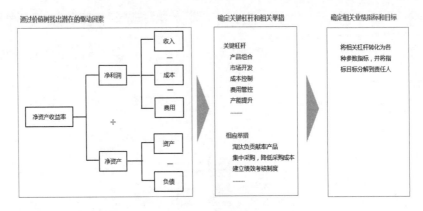

图 9-7 价值树

9.2.2 营业利润价值树分析

营业利润的分析，可以依照计算逻辑流程（营业利润＝营业收入－营业成本－三大费用－营业税金及附加）进行分解，也可以按照营业利润的项目来源（营业利润＝产品 A ＋产品 B ＋产品 C ＋…）进行分解。

图 9-8 是按照计算逻辑流程进行分解的示意图。从营业利润入手，分析营业收入、营业成本、三大费用、营业税金及附加的影响，再往下分解，分析各个产品的影响、直接材料的影响等，找到影响营业利润目标达成的主要因素。

每个分析节点，都是一个简单的柱形图，表达目标和完成的对比。这种图表并不难画，先画好第一个柱形图，然后通过复制—修改数据区域的方法，快速得到各自的图表。

绘图数据，可以使用函数直接用系统导出的原始数据自动汇总计算。

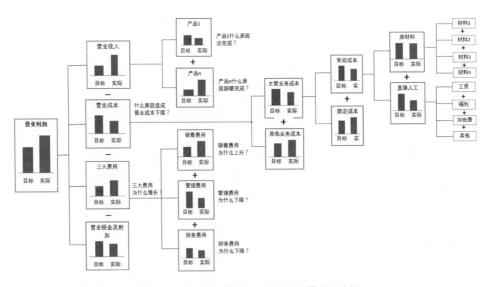

图 9-8 营业利润价值树——按项目计算流程分解

9.2.3 毛利价值树分析——依照计算逻辑流程

图 9-9 是依照计算逻辑流程制作的毛利价值树分析，该模板的数据源是本年度的销售预算和

本年度实际销售明细，利用函数汇总计算得到各个产品预算执行情况，主要使用 MATCH 函数、OFFSET 函数和 SUM 函数，并对各个分析节点的数据进行绘图分析。

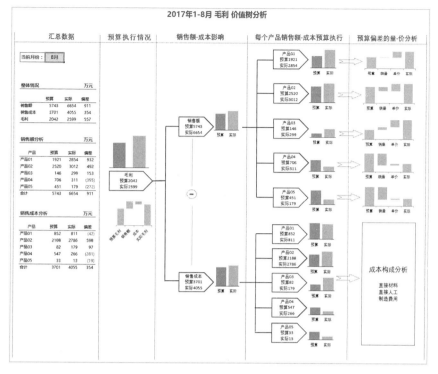

图 9-9　毛利价值树分析——依照计算逻辑流程

9.2.4　毛利价值树分析——依照业务单元（详细）

依据每个产品毛利对企业总毛利的贡献进行分解，依次分析各个产品毛利完成情况以及销售量、单价、单位成本的影响，如图 9-10 所示。

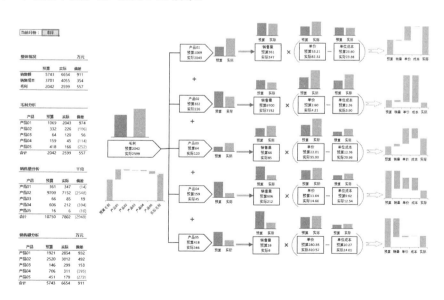

图 9-10　毛利价值树分析——依照业务单元

9.2.5　毛利价值树分析——依照业务单元（简略）

或者，仅仅对每个产品的毛利执行情况进行分析，并说明达标或未达标的原因，如图 9-11
所示。

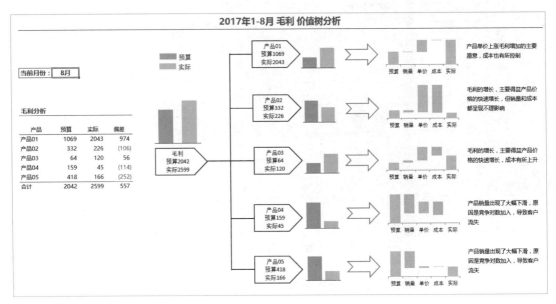

图 9-11　毛利价值树分析——依照业务单元（简略）

9.2.6　净利润率价值树分析

对损益表的各个项目预算执行情况进行分析，最终了解影响净利润率的主要原因，如图 9-12
所示。这里我们可以任选月份，查看当月或累计的分析结果。

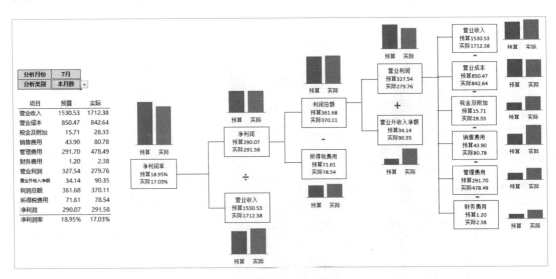

图 9-12　净利润率价值树分析

9.2.7　净资产收益率价值树分析

将损益表和资产负债表结合起来，制作净资产收益率的价值树，如图 9-13 所示。

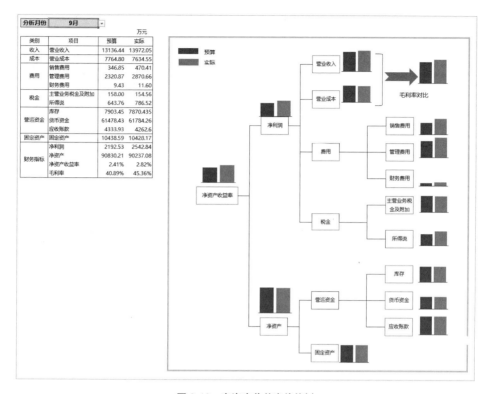

类别	项目	预算	实际
收入	营业收入	13136.44	13972.05
成本	营业成本	7764.80	7634.55
费用	销售费用	346.85	470.41
	管理费用	2320.87	2870.66
	财务费用	9.43	11.60
税金	主营业务税金及附加	158.00	154.56
	所得说	643.76	786.52
营运资金	库存	7903.45	7870.435
	货币资金	61478.43	61784.26
	应收账款	4333.93	4262.6
固定资产	固定资产	10438.59	10428.17
财务指标	净利润	2192.53	2542.84
	净资产	90830.21	90237.08
	净资产收益率	2.41%	2.82%
	毛利率	40.89%	45.36%

图 9-13　净资产收益率价值树

第 10 章 管理者驾驶舱，一目了然的经营分析与决策报告

数据分析的目的，是为了发现问题、分析问题、解决问题，以领导最关心的几个 KPI 为对象，通过一系列的汇总计算和分析，用直观的图形表达出来，做成既清晰易读又说明问题的分析报告，并为企业经营决策提供参考依据，这就是管理者驾驶舱。

本章给大家展示几个利用 Excel 制作的数据分析仪表盘的示例，详细制作过程不再介绍，仅仅是为了启发大家的思路、了解更多的 Excel 实际应用，而不是一些人想的那样，Excel 只是用来加减乘除的。

10.1 经营成果分析驾驶舱仪表盘示例

经营成果分析驾驶舱，是对损益表主要项目进行分析，以净利润为主要指标，进行同比分析、环比分析、预算执行分析等，让领导一目了然地知道，影响净利润的因素发生在哪个项目，发生在哪个月份。

分析的数据是去年各月的损益表、今年的预算表和今年各月的损益表，如图 10-1 所示。

项　目	本月数	累计数
一、主营业务收入	624020	1205172
减：主营业务成本	348395	603820
主营业务税金及附加	97926	170963
二、主营业务利润	177699	430389
加：其他业务利润	7132	13765
减：营业费用	15119	20362
管理费用	16023	30032
财务费用	15691	20738
三、营业利润	137998	373022
加：补贴收入	14112	20435
营业外收入	26091	31882
减：营业外支出	4559	8993
四、利润总额	173642	416346
减：所得税	80401	96473
五、净利润	93241	319873

1月　2月　3月　4月 …

项　目	1月	2月	3月	4月	5月	6月	7月	8月	9月	10月
一、主营业务收入	844898	954958	959726	880381	825611	740222	929894	737154	813348	720040
减：主营业务成本	215419	149233	292235	125355	245221	185595	139742	122884	190560	165712
主营业务税金及附加	61145	94526	65089	105560	81117	112855	67730	111532	89557	101580
二、主营业务利润	568334	711199	602402	649466	499273	441772	722422	502738	533231	452748
加：其他业务利润	3868	4302	4401	5669	6904	2186	4578	6429	7067	6624
减：营业费用	4172	5907	11841	5816	11758	9352	10284	7212	5249	9157
管理费用	17548	15231	15685	17749	18726	15809	15124	15193	14829	15926
财务费用	4111	8479	10357	11692	8660	6957	10132	7720	8299	7773
三、营业利润	546371	685884	568920	619878	467033	411840	691460	479042	511921	426516
加：补贴收入	1397	1004	6296	2725	7918	3670	3868	2005	2037	1423
营业外收入	3210	1521	1613	4407	4067	3961	4123	3161	2333	5719
减：营业外支出	1633	1553	1738	2565	1798	1117	2900	2056	2249	1969
四、利润总额	549345	686856	575091	624445	477220	418354	696551	482152	514042	431689
减：所得税	78052	63298	77393	78587	61092	62281	79031	75540	61978	76050
五、净利润	471293	623558	497698	545858	416128	356073	617520	406612	452064	355639

1月　2月　3月　4月　5月　今年预算　去年实际

图 10-1　原始数据

由于得到的是今年各个月的损益表，因此首先使用 INDIRECT 函数将各月数据滚动汇总，得到一张结构与去年和预算完全一样的今年汇总表，如图 10-2 所示。

项　目	1月	2月	3月	4月	5月	6月	7月	8月	9月	10月	11月	12月	全年
一、主营业务收入	581152	624020	716642	1085962	1285962								4293738
减：主营业务成本	255425	348395	432595	224308	738532								1999255
主营业务税金及附加	73037	97926	85719	75742	47472								379896
二、主营业务利润	252690	177699	198328	785912	499958								1914587
加：其他业务利润	6633	7132	65860	5947	3244								88816
减：营业费用	5243	15119	3265	6908	8473								39008
管理费用	14009	16023	87557	25631	28473								171693
财务费用	5047	15691	69794	5407	3753								99692
三、营业利润	235024	137998	103572	753913	462503								1693010
加：补贴收入	6323	14112	23923	3684	1003								49045
营业外收入	5791	26091	74659	3062	948								110551
减：营业外支出	4434	4559	6911	2908	288								19100
四、利润总额	242704	173642	195243	757751	464166								1833506
减：所得税	16072	80401	16251	124657	15733								253114
五、净利润	226632	93241	178992	633094	448433								1580392

1月　2月　3月　4月　5月　今年预算　去年实际　今年实际

图 10-2　今年各月损益表的滚动汇总

这样，我们就有了 3 张要进行分析的数据表：去年实际、今年实际、今年预算，下面以这 3 张工作表数据为基础，制作经营成果仪表盘。

10.1.1　预算执行分析仪表盘

首先分析预算执行情况，包括累计净利润的预算完成情况（达成率、差异以及影响因素分析），分析报告如图 10-3 所示。

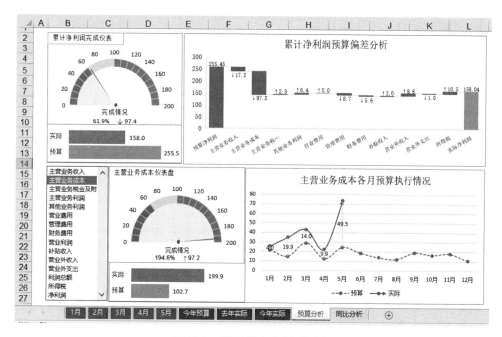

图 10-3　利润预算完成分析仪表盘

第一部分是累计净利润完成仪表盘，直观看出累计净利润完成情况，以及各个项目对净利润的影响程度。

第二部分是分析损益表的各个项目的预算达成情况，以及在各个月的预算执行情况。

通过这个仪表盘，可以直观地看出，1~5 月累计净利润预算执行率仅为 62%，主要原因是主营业务成本大幅超出预算，而且每个月都是超预算的，尤其是 5 月份，主营业务成本大幅增长，超预算近 2 倍。因此，如何控制主营业务成本的快速增长，是今后的主要目标了。

10.1.2　同比分析仪表盘

同比分析，就是对净利润及其各个影响因素进行两年的比较分析，以及每个项目在各个月的同比分析，了解两年经营业绩的同比增长情况，找出原因，及时调整预计目标。

图 10-4 是同比分析仪表盘。可见，1~5 月净利润同比下降 42% 左右，主要是主营业务成本同比大幅上升引起的。

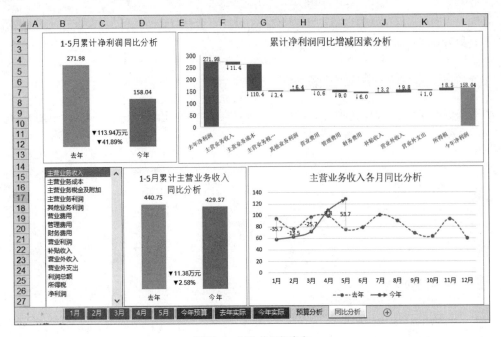

图 10-4　同比分析仪表盘

10.2　销售分析驾驶舱仪表盘示例

销售分析，是企业数据分析的重要内容之一，利润的来源是销售收入，因此需要分析销售的预算达成、同比的增长情况、客户的分布情况、地区分布情况、产品的销售情况、产品盈利能力、业务员的业绩评估，等等。

可以使用函数制作动态的销售分析仪表盘，也可以使用数据透视表制作直观而又高效的准 BI 模板，或者使用 VBA 开发个性化的销售分析平台。

10.2.1　使用数据透视表建立简单的销售分析仪表盘

图 10-5 是使用"透视表＋切片器"制作的销售分析仪表盘，通过选择不同的产品、分公司，对销售进行结构分析、排名分析、趋势分析。

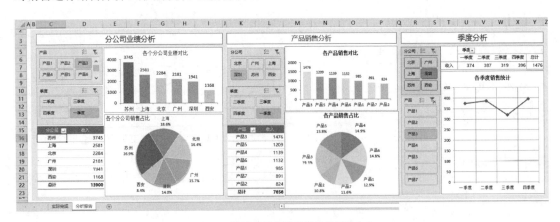

图 10-5　使用透视表构建销售分析仪表盘

10.2.2　使用函数建立自动化销售分析仪表盘

图 10-6 和图 10-7 所示的示例就是利用函数，从销售明细表自动计算，分析销量的预算完成情况和同比增减情况。原始表格是两年的销售明细和今年的产品销售预算表。

由于是直接从明细表汇总各个产品的销量、销售额、销售成本和毛利，并且计算当期累计值，因此在这个模板中需要使用 SUMIF、SUMIFS、MATCH、INDEX、OFFSET、VLOOKUP、IFERROR 等函数。这种使用函数制作的模板是自动滚动汇总的，只要把今年的销售明细导出来，就会自动进行计算。

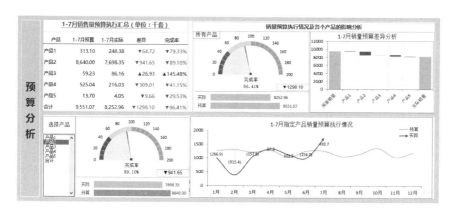

图 10-6　产品销量预算分析仪表盘

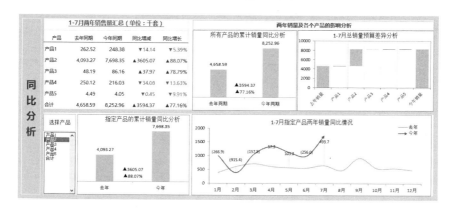

图 10-7　产品销量同比分析仪表盘

10.2.3　联合使用函数和透视表建立销售分析仪表盘

由于我们从系统能够直接导入两年的销售数据，外面还可以建立自动化的客户排名分析模板，以及两年客户流动分析模板。这两个模板，要联合使用函数、透视表和图表了。其中两年数据可以使用 Power Query 进行汇总，也可以使用现有链接 +SQL 的方法来自动汇总，当然最简单的方法是手工复制粘贴，把两年的数据归集到一张工作表上，这样做也不费什么事，反而把看似复杂的问题简化了。

图 10-8 就是客户排名分析，即对当年的前 N 大客户进行排名，同时对比显示该客户去年的数据，这样可以看出该客户是存量客户，还是新增客户。模板的制作是对两年归集数据先制作数据透

视表，然后将月份选择为当年的实际月份数，这样才能进行同比分析，然后对当年的数据进行排名，找出前 N 大客户来。

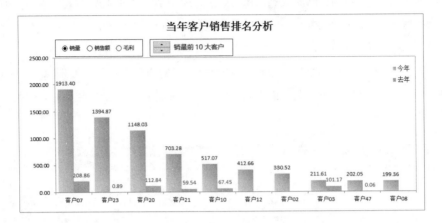

图 10-8　客户排名分析

在这个排名分析图表上，可以直观地看出前 N 大客户，然后就可以针对这些客户，分析其产品结构，此时也是联合使用函数和透视表制作动态分析模板。图 10-9 和图 10-10 就是把这两个图表组合到一起的联合分析图表。

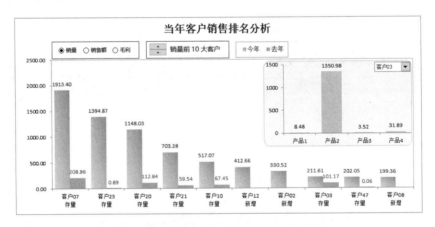

图 10-9　客户销量排名及客户产品结构分析图

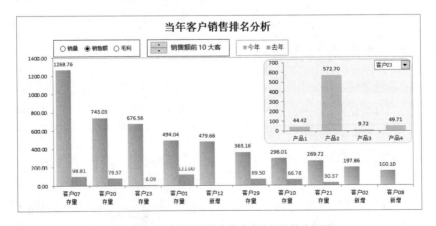

图 10-10　客户销售额排名及客户产品结构分析图

10.2.4　利用 VBA 自动对客户进行排名

当数据量很大时，使用函数制作分析仪表盘就会降低速度。此时，可以使用 VBA 高效处理数据。图 10-11 就是利用 VBA 来对当年客户进行排名分析的模板，通过 SQL 语句快速实现汇总并排名，这可以使用 SQL 中的 SUM 函数、GROUP BY 子句、TOP 属性词、GROUP BY 子句构建查找语句。比如，要对字段"客户简称"按照字段"销量"进行合计汇总，降序排序，提取前 10 大客户，语句如下：

select top 10 客户简称,sum(销量) as 销量 from [销售明细$] group by 客户简称 order by sum(销量) desc

图 10-12 是利用 VBA 制作的客户销售排名分析模板，通过组合框选择要排名的项目，通过数值调节钮指定客户数，就自动得到客户排名分析报表和图表。

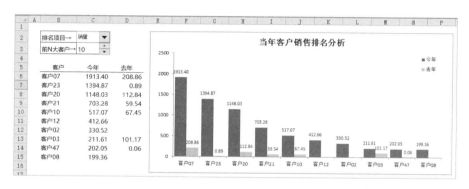

图 10-11　VBA 制作的排名分析报告

10.3　人工成本分析驾驶舱仪表盘示例

人工成本分析，包括环比分析、预算分析、同比分析，以及成本结构分析，其源数据主要就是历年的工资表。由于工资表的保存是按月的，因此需要建立滚动的人工成本分析模板，以实现人工成本的实时跟踪和管控。

人工成本跟踪分析仪表盘，要根据企业的实际情况来制作，基本上是要使用函数来制作自动化的跟踪分析模板。图 10-12 和图 10-13 就是一个人工成本跟踪分析仪表盘的示例。

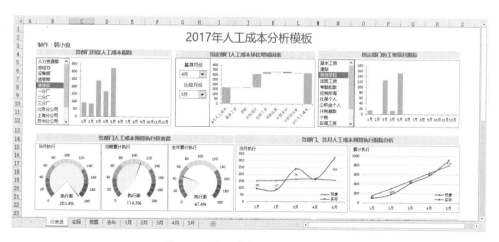

图 10-12　人工成本跟踪分析仪表盘 1

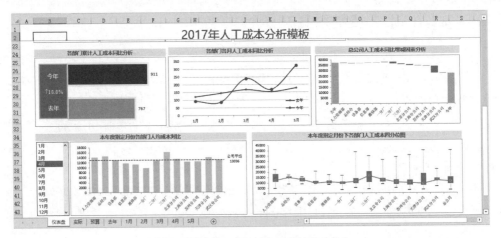

图 10-13　人工成本跟踪分析仪表盘 2

10.4　利用 Power 工具建立经营分析仪表盘

Excel 2016 已经为我们提供了一套强大的数据分析工具：Power Pivot、Power Query、Power Query、Power BI，利用这几个工具，可以与企业管理软件无缝对接，实现数据的自动化采集与分析，制作各种经营分析仪表盘。关于这几个工具，本书最后一章将为大家做个概述，详细应用请参考相关专著。

图 10-14 是一个利用 Power View 制作的地区销售分析仪表盘。

图 10-14　地区销售报告

第 11 章 智能表格，日常数据的基本分析

你可能经常干这样的事情吧：一个表单中，某几列是公式，但是日常工作中经常会在表单中插入一行，这样插入的行是空的，没有公式，只好再把上面的公式往下拉拉。还有这样的情况：希望在表单的底部计算合计数，但是数据行不断往下移动增加，怎么办？每次数据增加了都要修改一下公式，有人说，我在第 1000 行来计算合计总行了吧，行够用了吧？

Excel 提供了一个数据管理和分析的强大工具：智能表格，用起来非常方便灵活。智能表格，在 Excel 2003 中称为列表，在 Excel 2007 中称为表，在 Excel 2010 后的版本中称为表格，很不起眼的工具，就在数据透视表工具旁边，只要单击此按钮，一个普通的表单就飞升上神了，它的数据维护和数据分析，将出现意想不到的神奇效果。

本章，我们就来了解和使用这个神奇的工具吧。

11.1 智能表格的创建与维护

11.1.1 创建智能表格

案例 11–1

创建智能表格非常简单，单击表单中的某个单元格，然后单击图 11-1 所示的“表格”按钮，就将普通的表单区域转换为了智能表格，如图 11-2 和图 11-3 所示。

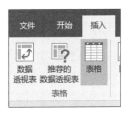

图 11-1 智能表格工具

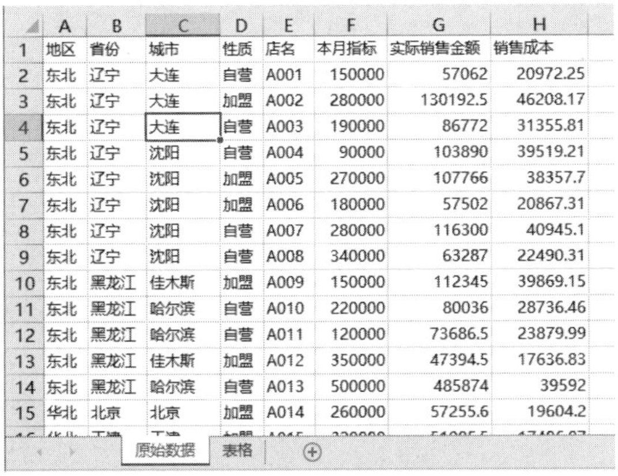

地区	省份	城市	性质	店名	本月指标	实际销售金额	销售成本
东北	辽宁	大连	自营	A001	150000	57062	20972.25
东北	辽宁	大连	加盟	A002	280000	130192.5	46208.17
东北	辽宁	大连	自营	A003	190000	86772	31355.81
东北	辽宁	沈阳	自营	A004	90000	103890	39519.21
东北	辽宁	沈阳	加盟	A005	270000	107766	38357.7
东北	辽宁	沈阳	加盟	A006	180000	57502	20867.31
东北	辽宁	沈阳	自营	A007	280000	116300	40945.1
东北	辽宁	沈阳	自营	A008	340000	63287	22490.31
东北	黑龙江	佳木斯	加盟	A009	150000	112345	39869.15
东北	黑龙江	哈尔滨	自营	A010	220000	80036	28736.46
东北	黑龙江	哈尔滨	自营	A011	120000	73686.5	23879.99
东北	黑龙江	佳木斯	加盟	A012	350000	47394.5	17636.83
东北	黑龙江	哈尔滨	自营	A013	500000	485874	39592
华北	北京	北京	加盟	A014	260000	57255.6	19604.2

图 11-2 普通的表单

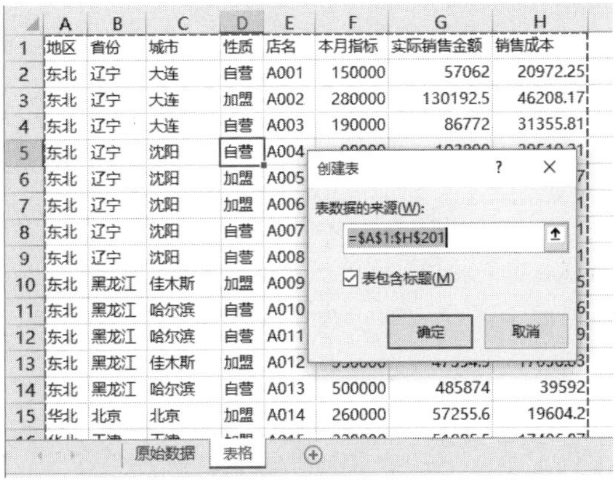

图 11-3 准备创建表格

表格创建后如图 11-4 所示，第一行的标题是固定不动的，当往下滚动垂直滚动条时，第一行标题被锁定在了列标的位置，如图 11-5 所示。

图 11-4 创建的表格	图 11-5 第一行标题位置固定

11.1.2 智能表格的格式化

创建智能表格后，会在功能区出现一个"设计"选项卡，其中有如图 11-6 所示的功能组，用于对智能表格进行设计。

图 11-6 智能表格的"设计"工具

（1）属性：用于修改表格名称。默认情况下，创建的第一个智能表格名称是"表1"，我们也可以重命名为另一个名称。

此功能组中，还可以单击"调整表格大小"，修改智能表格的数据范围。

（2）工具：有 4 个按钮，分别是通过数据透视表汇总、删除重复值、转换为区域（就是把智能表格恢复为普通的数据区域）、插入切片器。

（3）外部表数据：这个只有在智能表格是通过外部数据查询得到时才能用。

（4）表格样式选项：用于对表格的样式进行设置，比如在表格底部添加汇总行，镶边框等，是否显示筛选按钮。

（5）表格样式：用于设计表格的样式，有浅色、中等深浅、深色三种样式可供选择套用。

图 11-7 就是对表格的样式进行了设置的效果。

图 11-7 设计表格样式

11.1.3 手工调整表格大小

表格区域的右下角单元格，其右下角有一个小标记，鼠标对准此标记，按住左键拖动鼠标，可以手工扩展或缩小表格的大小，图 11-8 就是把表格区域缩减到 G 列和 190 行。

	地区	省份	城市	性质	店名	本月指标	实际销售金额	H
183	西北	内蒙古	呼和浩特	加盟	A182	330000	73663.5	26525.95
184	西北	内蒙古	呼和浩特	加盟	A183	200000	42953.5	15441.06
185	西北	陕西	宝鸡	加盟	A184	250000	53222.5	19271.22
186	西北	陕西	延安	加盟	A185	390000	81474.5	28245.85
187	西北	甘肃	兰州	加盟	A186	400000	50978	18331.7
188	西北	陕西	西安	自营	A187	320000	45495	15222.54
189	西南	四川	成都	自营	A188	110000	102173	37869.18
190	西南	四川	成都	自营	A189	200000	103908	40502.56
191	西南	四川	成都	自营	A190	100000	116719.2	45129.1
192	西南	四川	成都	自营	A191	370000	33480.5	9013.31
193	西南	四川	成都	自营	A192	270000	125187	45645.87
194	西南	重庆	重庆	自营	A193	120000	62012	22574.1
195	西南	重庆	重庆	自营	A194	190000	22594.1	9914.22
196	西南	重庆	重庆	自营	A195	330000	108316	38732.25
197	西南	重庆	重庆	自营	A196	140000	85770.5	31126.64
198	西南	重庆	重庆	自营	A197	140000	15499	4637.82
199	西南	贵州	贵阳	加盟	A198	150000	60446	19841.12
200	西南	云南	昆明	加盟	A199	100000	108658	32389.82
201	西南	重庆	重庆	自营	A200	170000	64530	23309.43
202								

图 11-8　手工调整表格大小

11.1.4　为表格添加列、插入行

为表格添加列有两种方法：如果是在表格内部，直接采用普通的方法插入列，也可以在表格里右击，执行"插入"命令下的相关命令，如图 11-9 所示，即可为表格插入新列或新行。图 11-10 就是在"销售成本"字段右侧插入了一列。

图 11-9　"插入"命令

图 11-10　在表格右侧插入一列

将默认的列标题"列 1"修改为"毛利"，在单元格 J2 中输入公式，即可得到整列的计算公式，每个单元格的公式都是一样的，它引用的不是单元格地址，而是字段名称，效果如图 11-11 所示。

=[@ 实际销售金额]–[@ 销售成本]

	A	B	C	D	E	F	G	H	I
1	地区	省份	城市	性质	店名	本月指标	实际销售金额	销售成本	毛利
2	东北	辽宁	大连	自营	A001	150000	57062	20972.25	36089.75
3	东北	辽宁	大连	加盟	A002	280000	130192.5	46208.17	83984.33
4	东北	辽宁	大连	自营	A003	190000	86772	31355.81	55416.19
5	东北	辽宁	沈阳	自营	A004	90000	103890	39519.21	64370.79
6	东北	辽宁	沈阳	加盟	A005	270000	107766	38357.7	69408.3
7	东北	辽宁	沈阳	加盟	A006	180000	57502	20867.31	36634.69
8	东北	辽宁	沈阳	自营	A007	280000	116300	40945.1	75354.9
9	东北	辽宁	沈阳	自营	A008	340000	63287	22490.31	40796.69
10	东北	黑龙江	佳木斯	加盟	A009	150000	112345	39869.15	72475.85
11	东北	黑龙江	哈尔滨	自营	A010	220000	80036	28736.46	51299.54
12	东北	黑龙江	哈尔滨	自营	A011	120000	73686.5	23879.99	49806.51
13	东北	黑龙江	佳木斯	加盟	A012	350000	47394.5	17636.83	29757.67
14	东北	黑龙江	哈尔滨	自营	A013	500000	485874	39592	446282
15	华北	北京	北京	加盟	A014	260000	57255.6	19604.2	37651.4

图 11-11　在表格右侧插入了"毛利"列

为表格插入行也很简单，采用常规的插入行命令即可。图 11-12 是在表格内部插入了一行，如果表格某列有公式，那么这列的公式会自动复制到本空行的单元格。

图 11-12　在表格的内部插入了一行，公式自动复制下来

11.1.5　删除表格的列或行

删除表格的列或行很简单，可以用普通的方法，也可以用右键快捷菜单命令，如图 11-13 所示。

图 11-13　删除表格的列或行

11.2　利用智能表格快速分析数据

智能表格分析数据的方式非常灵活，又非常简单，容易掌握，下面介绍几个常用的分析方法和技巧。

11.2.1　为表格添加汇总行

单击"设计"选项卡里的"汇总行"复选框，就会在表格底部插入一个汇总行，默认情况下，只是在最右边的列下有汇总数据，如果是数字字段，默认是求和，如果是文本字段，默认是计数。这个汇总公式使用了 SUBTOTAL 函数，引用了字段名称，如图 11-14 所示。

如果不再想要这个汇总行了，就取消选择"设计"选项卡中的"汇总行"复选框。

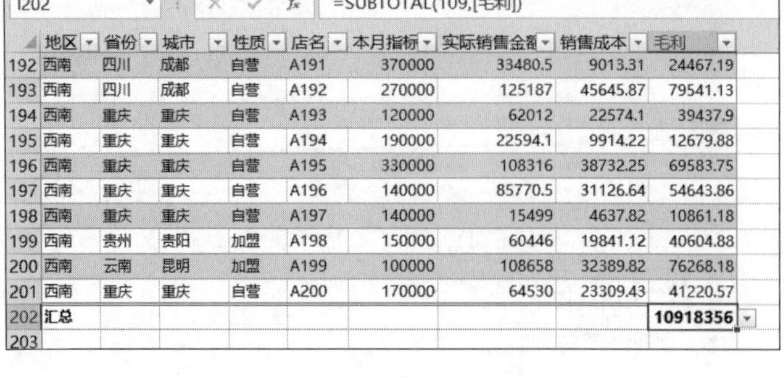

图 11-14　表格底部插入的汇总行

单击汇总行的某个单元格，右侧出现下拉框箭头，单击即可展开汇总计算方式，如图 11-15 所示，可以对不同的列选择不同的汇总计算，从而进行不同的计算分析，如图 11-16 所示。

图 11-15　为汇总行设置计算方式

图 11-16　为汇总行的不同列设置不同的计算结果

11.2.2　使用切片器筛选数据

可以为智能表格插入切片器，并用切片器来控制筛选，非常方便。方法是：单击"设计"选项卡里的"插入切片器"按钮，或单击功能区的"插入"→"切片器"按钮，打开"插入切片器"对话框，选择字段即可，如图 11-17 所示。

这样，就得到相应的切片器，如图 11-18 所示。

图 11-17　选择要控制的字段

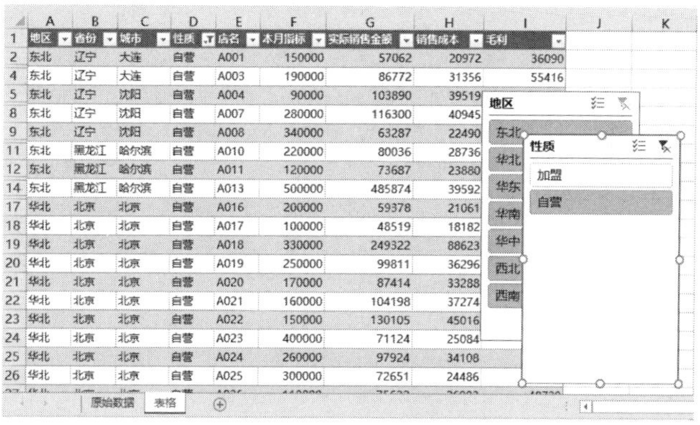

图 11-18　插入的切片器

当选择某个切片器，在功能区就会出现一个"选项"选项卡，用来对切片器进行设置，比如样式、名称、大小、切片器项目列数，如图 11-19 所示。

图 11-19　切片器的设置工具

设置切片器的格式、调整大小，把它们重新排列调整，得到如图 11-20 所示的效果，只要单击切片器里的某个项目，表格的数据就自动筛选出来，而底部的汇总行数据也随之改变（因为使用的是 SUBTOTAL 函数）。

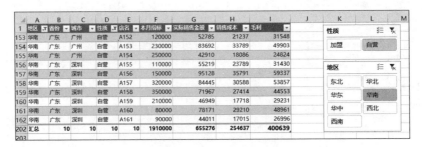

图 11-20　使用切片器控制筛选

11.2.3　使用快速分析工具来分析表格

在表格里右击，选择"快速分析"命令，或者选择表格区域，单击区域右下角的标记，就会出现一个快速分析工具箱，如图 11-21 所示，利用这个工具箱里的工具，可以快速对数据进行各种分析。

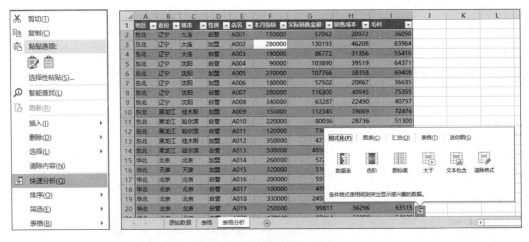

图 11-21　对表格进行快速分析

第 12 章　固定格式报表：函数的综合运用

函数是 Excel 核心工具之一，用在 Excel 的方方面面，而不仅仅是日常数据的基本计算和处理。在数据分析中，函数更是一个能打敢冲的猛将，但是如何用好这员猛将，换句话说，如何灵活使用这些函数来制作各种分析报告，是我们每一个职场管理者需要下功夫去认真学习和总结的。

很多固定格式的数据分析报告，数据透视表是无法完成的，需要使用函数来解决，这些函数主要是逻辑判断函数、分类汇总函数、查找引用函数以及其他一些辅助函数。本章中，我们就介绍一个综合运用函数制作固定格式报表的实际案例。

12.1　示例数据

案例 12-1

在《告别无效学习：大神教你玩转 Excel》中我们给大家出了一道综合练习题，基础数据是从 K3 导入的两年销售明细数据，以及手工设计的各个产品今年的预算表，如图 12-1~ 图 12-3 所示。

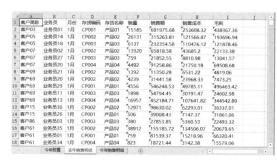

图 12-1　去年销售明细

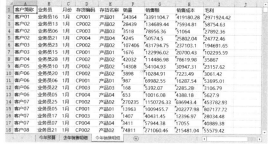

图 12-2　今年销售明细

图 12-3　今年各个产品预算表

现在要求：

（1）制作去年各个产品汇总表。

（2）制作今年各个产品汇总表。

（3）制作指定月份、指定项目的各个产品当月和累计预算执行汇总表。

（4）制作指定产品、指定项目的各月预算执行汇总表。

由于这些报告要求固定格式，因此使用函数是最好的选择。

12.2 从原始数据直接制作底稿

首先，从系统导出的数据表单中，销量、销售额等数据是文本型数字，必须先转换为纯数字才能进行汇总。可以使用智能标记的方法快速转换。

12.2.1 从原始数据表单中直接汇总计算

为了分析各个产品的预算执行情况，我们需要从两年原始数据中，按照预算表格的格式，直接汇总各个产品的销售数据。由于是汇总各个产品各个月的数据，属于多条件求和，因此需要使用SUMIFS函数。

图12-4是今年各个产品销售汇总表。产品01各个单元格的公式如下，其他产品的公式可以复制得到。

单元格B4：=SUMIFS(今年销售明细!$F:$F,今年销售明细!$E:$E,$A3,今年销售明细!$C:C,B2)

单元格B5：=IFERROR(B6/B4,"")

单元格B6：=SUMIFS(今年销售明细!$G:$G,今年销售明细!$E:$E,$A3,今年销售明细!$C:C,B2)

单元格B7：=IFERROR(B8/B4,"")

单元格B8：=SUMIFS(今年销售明细!$H:$H,今年销售明细!$E:$E,$A3,今年销售明细!$C:C,B2)

单元格B9：=SUMIFS(今年销售明细!$I:$I,今年销售明细!$E:$E,$A3,今年销售明细!$C:C,B2)

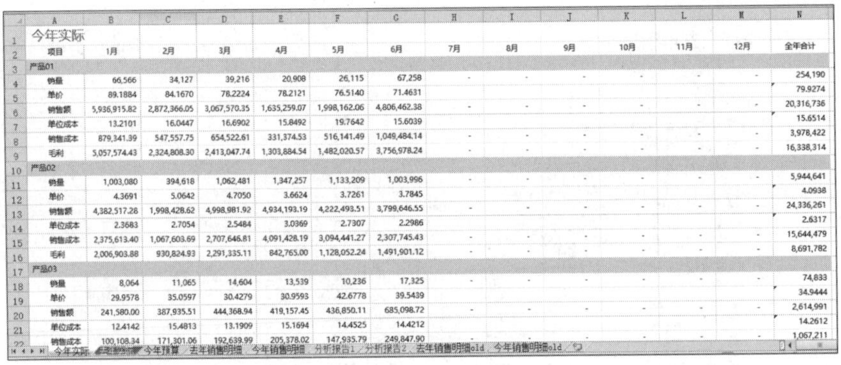

今年实际

项目	1月	2月	3月	4月	5月	6月	7月	8月	9月	10月	11月	12月	全年合计
产品01													
销量	66,566	34,127	39,216	20,908	26,115	67,258	-	-	-	-	-	-	254,190
单价	89.1884	84.1670	78.2224	78.2121	76.5140	71.4631							79.9274
销售额	5,936,915.82	2,872,366.05	3,067,570.35	1,635,259.07	1,998,162.06	4,806,462.38	-	-	-	-	-	-	20,316,736
单位成本	13.2101	16.0447	16.6902	15.8492	19.7642	15.6039							15.6514
销售成本	879,341.39	547,557.75	654,522.61	331,374.53	516,141.49	1,049,484.14	-	-	-	-	-	-	3,978,422
毛利	5,057,574.43	2,324,808.30	2,413,047.74	1,303,884.54	1,482,020.57	3,756,978.24	-	-	-	-	-	-	16,338,314
产品02													
销量	1,003,080	394,618	1,062,481	1,347,257	1,133,209	1,003,996	-	-	-	-	-	-	5,944,641
单价	4.3691	5.0642	4.7050	3.6624	3.7261	3.7845							4.0938
销售额	4,382,517.28	1,998,428.62	4,998,981.92	4,934,193.19	4,222,493.51	3,799,646.55	-	-	-	-	-	-	24,336,261
单位成本	2.3683	2.7054	2.5484	3.0369	2.7307	2.2986							2.6317
销售成本	2,375,613.40	1,067,603.69	2,707,646.81	4,091,428.19	3,094,441.27	2,307,745.43	-	-	-	-	-	-	15,644,479
毛利	2,006,903.88	930,824.93	2,291,335.11	842,765.00	1,128,052.24	1,491,901.12	-	-	-	-	-	-	8,691,782
产品03													
销量	8,064	11,065	14,604	13,539	10,236	17,325	-	-	-	-	-	-	74,833
单价	29.9578	35.0597	30.4279	30.9593	42.6778	39.5439							34.9444
销售额	241,580.00	387,935.51	444,368.94	419,157.45	436,850.11	685,098.72	-	-	-	-	-	-	2,614,991
单位成本	12.4142	15.4813	13.1909	15.1694	14.4525	14.4212							14.2612
销售成本	100,108.34	171,301.06	192,639.99	205,378.02	147,935.79	249,847.90	-	-	-	-	-	-	1,067,211

图12-4 今年各个产品销售汇总表

12.2.2 快速得到结构相同的汇总表

去年各个产品的汇总表不需要重新设计，将做好的今年汇总表复制一份，然后使用查找替换的方法，将公式中的工作表名“今年销售明细”替换为“去年销售明细”即可。图 12-5 是去年各个产品销售汇总表。

去年实际

项目	1月	2月	3月	4月	5月	6月	7月	8月	9月	10月	11月	12月	全年合计
产品01													
销量	38,849	15,692	28,093	62,007	48,467	50,111	19,298	65,423	43,087	48,720	16,389	39,229	475,365
单价	75.1281	89.5748	69.2671	64.9916	64.4361	48.5471	82.2779	40.5878	64.4791	59.6483	92.4799	46.1305	61.2343
销售额	2,918,652.72	1,405,608.22	1,945,920.68	4,029,936.42	3,123,022.97	2,432,743.31	1,587,799.79	2,655,378.43	2,778,209.31	2,906,063.03	1,515,653.75	1,809,652.09	29,108,641
单位成本	17.2146	19.2911	18.4585	14.2027	17.3301	16.1173	18.7228	15.4370	15.7202	14.7677	15.8653	14.3715	16.0091
销售成本	668,771.78	302,715.66	518,553.85	880,666.61	839,938.94	807,652.54	361,311.75	1,009,935.38	677,336.33	719,481.13	260,016.31	563,779.43	7,610,160
毛利	2,249,880.94	1,102,892.56	1,427,366.83	3,149,269.81	2,283,084.03	1,625,090.77	1,226,488.04	1,645,443.05	2,100,872.98	2,186,581.90	1,255,637.44	1,245,872.66	21,498,481
产品02													
销量	386,087	606,845	711,499	610,895	571,033	558,377	648,541	473,216	916,878	540,408	541,609	477,767	7,043,155
单价	5.9215	5.8403	5.6321	5.2376	5.7319	4.8885	4.2593	4.2104	4.3885	4.5784	3.8595	4.9738	4.9352
销售额	2,286,233.39	3,544,157.51	4,007,235.86	3,199,604.73	3,273,120.65	2,729,611.85	2,762,358.06	1,992,430.73	4,023,739.44	2,474,230.55	2,090,343.19	2,376,318.08	34,759,384
单位成本	4.2597	3.8972	5.0311	4.4372	3.6647	3.1076	3.6559	3.5139	3.2443	3.3897	3.1284	3.0665	3.7096
销售成本	1,644,633.97	2,364,977.71	3,579,598.90	2,710,639.20	2,092,638.36	1,735,208.35	2,371,015.98	1,662,810.44	2,974,598.89	1,831,821.03	1,694,357.45	1,465,087.14	26,127,387
毛利	641,599.42	1,179,179.80	427,636.96	488,965.53	1,180,482.29	994,403.50	391,342.08	329,620.29	1,049,140.55	642,409.52	395,985.74	911,230.94	8,631,997
产品03													
销量	11,136	8,606	4,747	3,670	7,086	7,254	5,695	13,035	9,932	6,454	15,693	12,466	105,774
单价	35.8785	32.1913	35.9069	38.7301	37.7249	37.8627	33.8013	35.9461	30.7045	37.9624	58.2690	54.0543	40.9403
销售额	399,542.90	277,038.16	170,449.87	142,139.42	267,318.65	274,655.74	192,498.15	468,557.80	304,957.23	245,009.49	914,415.08	673,841.32	4,330,424
单位成本	15.9626	13.0519	22.2215	19.3408	12.4691	14.7762	11.8145	10.2385	9.6964	10.9598	13.2866	9.5097	12.8286
销售成本	177,759.96	112,324.58	105,485.28	70,980.77	88,356.25	107,186.80	67,283.84	133,458.61	96,304.62	70,734.29	208,505.96	118,547.72	1,356,929

图 12-5　去年各个产品销售汇总表

12.3 从底稿中直接进行计算分析

有了今年和去年的销售汇总底稿，以及今年的预算表，我们可以在这 3 个表格的基础上，制作各种分析报告。

12.3.1　分析各个产品指定项目的当月数和累计数

设计如图 12-6 所示的分析报告，本报告的目的是分析各个产品当月和累计的预算执行情况及同比增长情况。

分析指标	销售额
分析月份	5月

当月

产品	本月预算	本月实际	本月差异	本月完成率	上年同月	同比增加	同比增长率
产品01							
产品02							
产品03							
产品04							
产品05							
产品06							
产品07							
产品08							
产品09							
产品10							
合计							

分析指标	销售额
分析月份	5月

累计

产品	累计预算	累计实际	累计差异	累计完成率	上年同期	同比增加	同比增长率
产品01							
产品02							
产品03							
产品04							
产品05							
产品06							
产品07							
产品08							
产品09							
产品10							
合计							

图 12-6　指定月份、指定项目下，各个产品当月和累计预算执行汇总表

单元格 C2 是指定要分析的项目（销售额、销售成本和毛利），单元格 C3 是指定要分析的月份。

各个产品当月数的提取，可以联合使用查找函数 INDEX 和 MATCH 函数，也可以使用 HLOOKUP 函数和 MATCH 函数。

下面是产品 01 指定月份、指定项目的当月预算数的查找公式，为了更好地理解函数的综合运用，这里给出了两个解决方案。

方案 1：联合使用 INDEX 函数和 MATCH 函数，单元格 C6 公式如下。

```
=INDEX(
```

```
今年预算 !$B$2:$M$72,
MATCH($B6, 今年预算!$A$2:$A$72,0)+MATCH($C$2, 今年预算!$A$4:$A$9,0),
MATCH($C$3, 今年预算!$B$2:$M$2,0)
)/10000
```

方案 2：联合使用 HLOOKUP 函数和 MATCH 函数，单元格 C6 公式如下。

```
=HLOOKUP(
$C$3,
今年预算!$B$2:$M$72,
MATCH($B6, 今年预算!$A$2:$A$72,0)+MATCH($C$2, 今年预算!$A$4:$A$9,0),
0)
/10000
```

指定项目、指定月份的累计数计算，需要联合使用 OFFSET 函数和 MATCH 函数获取动态区域，然后再用 SUM 函数对这个区域求和。

产品 01 的累计预算（单元格 L6）公式为：

```
=SUM(OFFSET(今年预算!$B$2,MATCH($B6, 今年预算 !$A$2:$A$72,0)+MATCH($C$2, 今年预算 !$A$4:$A$9,0)-1,,1,MATCH($C$3, 今年预算 !$B$2:$M$2,0)))/10000
```

最后对单元格设置自定义数字格式，醒目标识预算执行情况和同比增减情况，就得到如图 12-7 所示的结果。

分析指标	销售额
分析月份	5月

当月：万元

产品	本月预算	本月实际	本月差异	本月完成率	上年同月	同比增加	同比增长率
产品01	209.93	199.82	▼10.11	▼95.2%	312.30	▼112.48	▼36.0%
产品02	253.77	422.25	▲168.48	▲166.4%	327.31	▲94.94	▲29.0%
产品03	14.36	43.69	▲29.33	▲304.2%	26.73	▲16.96	▲63.4%
产品04	93.20	39.63	▼53.57	▼42.5%	48.05	▼8.42	▼17.5%
产品05	54.61	24.62	▼29.99	▼45.1%	8.61	▲16.01	▲185.9%
产品06	16.80	6.98	▼9.82	▼41.5%	3.24	▲3.74	▲115.4%
产品07	17.33	-	▼17.33	▼0.0%	1.29	▼1.29	▼100.0%
产品08	38.10	6.02	▼32.08	▼15.8%	9.83	▼3.81	▼38.8%
产品09	21.10	47.03	▲25.93	▲222.9%	22.50	▲24.53	▲109.0%
产品10	23.95	4.77	▼19.18	▼19.9%	7.64	▼2.87	▼37.6%
合计	743.15	794.81	▲51.66	▲107.0%	767.50	▲27.31	▲3.6%

分析指标	销售额
分析月份	5月

累计：万元

产品	累计预算	累计实际	累计差异	累计完成率	上年同期	同比增加	同比增长率
产品01	1,129.69	1,551.03	▲421.34	▲137.3%	1,342.31	▲208.72	▲15.5%
产品02	1,611.31	2,053.66	▲442.35	▲127.5%	1,631.04	▲422.62	▲25.9%
产品03	93.27	192.99	▲99.72	▲206.9%	125.65	▲67.34	▲53.6%
产品04	425.22	209.64	▼215.58	▼49.3%	392.63	▼182.99	▼46.6%
产品05	251.84	105.15	▼146.69	▼41.8%	50.67	▲54.48	▲107.5%
产品06	91.08	14.76	▼76.32	▼16.2%	14.91	▼0.15	▼1.0%
产品07	73.74	2.27	▼71.47	▼3.1%	5.95	▼3.68	▼61.8%
产品08	128.91	75.58	▼53.33	▼58.6%	25.75	▲49.83	▲193.5%
产品09	99.14	69.35	▼29.79	▼70.0%	90.55	▼21.20	▼23.4%
产品10	105.20	7.48	▼97.72	▼7.1%	15.47	▼7.99	▼51.6%
合计	4,009.40	4,281.91	▲272.51	▲106.8%	3,694.93	▲586.98	▲15.9%

图 12-7　预算和同期汇总分析报告

12.3.2　分析指定产品、指定项目的各月预算执行情况

上面是分析指定月份的各个产品的预算执行情况和同比增长情况。现在要求分析指定产品、指定项目（销售额、销售成本和毛利）的各个月预算执行情况和同比增减情况，设计分析报告如图 12-8 所示。

分析指标	销售额
分析产品	产品05

单位：万元

月份	预算分析				同比分析		
	本月预算	本月实际	本月差异	本月完成率	上年同月	同比增加	同比增长率
1月							
2月							
3月							
4月							
5月							
6月							
7月							
8月							
9月							
10月							
11月							
12月							
合计							

图 12-8　指定产品、指定项目的各月预算执行情况和同比分析框架

这个报告，仍然需要使用查找函数，最好理解的是联合使用 INDEX 函数和 MATCH 函数。不过，由于 2018 年的销售数据不是全年的，因此需要对月份进行判断，仅仅计算截止到目前月份的数据。为此，先定义一个名称“月份数”，其引用公式为：

=MAX(IFERROR(1*SUBSTITUTE(今年销售明细 !$C$2:$C$5000,"月",""),""))

这样，1 月份的计算公式如下。

单元格 C7：=IF(ROW(A1)<= 月份数 ,INDEX(今年预算 !$B$2:$M$72,MATCH($C$3, 今年预算 !$A$2:$A$72,0)+MATCH($C$2, 今年预算 !$A$4:$A$9,0),MATCH($B7, 今年预算 !$B$2:$M$2,0))/10000,"")

单元格 D7：=IF(ROW(A1)<= 月份数 ,INDEX(今年实际 !$B$2:$M$72,MATCH($C$3, 今年实际 !$A$2:$A$72,0)+MATCH($C$2, 今年实际 !$A$4:$A$9,0),MATCH($B7, 今年实际 !$B$2:$M$2,0))/10000,"")

单元格 E7：=IFERROR(D7-C7,"")

单元格 F7：=IFERROR(D7/C7,"")

单元格 G7：=IF(ROW(A1)<= 月份数 ,INDEX(去年实际 !$B$2:$M$72,MATCH($C$3, 去年实际 !$A$2:$A$72,0)+MATCH($C$2, 去年实际 !$A$4:$A$9,0),MATCH($B7, 去年实际 !$B$2:$M$2,0))/10000,"")

单元格 H7：=IFERROR(G7-F7,"")

单元格 I7：=IFERROR(H7/G7,"")

最终效果如图 12-9 所示。

月份	预算分析				同比分析		
	本月预算	本月实际	本月差异	本月完成率	上年同月	同比增加	同比增长率
1月	42.27	9.32	▼32.95	▼22.0%	6.01	▲5.79	▲96.3%
2月	40.96	43.27	▲2.31	▲105.6%	-	▼1.06	
3月	60.90	14.69	▼46.21	▼24.1%	27.02	▲26.78	▲99.1%
4月	53.10	13.24	▼39.86	▼24.9%	9.02	▲8.77	▲97.2%
5月	54.61	24.62	▼29.99	▼45.1%	8.61	▲8.16	▲94.8%
6月	59.18	18.94	▼40.24	▼32.0%	9.15	▲8.83	▲96.5%
7月							
8月							
9月							
10月							
11月							
12月							
合计	311.02	124.08	▼186.94	▼39.9%	59.81	▲57.27	▲95.8%

分析指标 销售额
分析产品 产品05
单位：万元

图 12-9 指定产品各月预算执行情况和同比分析

多维汇总分析，数据透视表工具的灵活运用

数据透视表是 Excel 中易学好用的高效数据处理分析工具，用于对数据表单进行快速分类汇总计算，以及对海量的数据进行多维度的分析，可以迅速得到需要的分析报表。

很多人对透视表的应用，仅仅是一个简单的汇总计算而已，并没有把透视表灵活运用起来。本章，我们将透视表的创建、美化、分析数据的基本方法，进行详细而又有重点的介绍。

13.1 制作数据透视表的常用方法

数据源的来源不同，制作数据透视表的方法也各不相同。我们既可以用一个表格数据制作数据透视表，也可以用多个表格数据制作数据透视表。数据源可以是 Excel 表格，也可以是数据库表，甚至是文本文件。

13.1.1 以一个表格数据创建数据透视表

在实际工作中，我们遇到最多的情况是以一个工作表数据来创建数据透视表，这是最简单的情况，也是最常见的情况。

案例 13-1

图 13-1 是各个店铺的销售月报数据汇总，现在要求制作数据透视表来分析各个店铺本月的销售情况。

	A	B	C	D	E	F	G	H	I
1	地区	省份	城市	性质	店名	本月指标	实际销售金额	销售成本	
2	东北	辽宁	大连	自营	AAAA-001	150000	57062.00	20972.25	
3	东北	辽宁	大连	自营	AAAA-002	280000	130192.50	46208.17	
4	东北	辽宁	大连	自营	AAAA-003	190000	86772.00	31355.81	
5	东北	辽宁	沈阳	自营	AAAA-004	90000	103890.00	39519.21	
6	东北	辽宁	沈阳	自营	AAAA-005	270000	107766.00	38357.70	
7	东北	辽宁	沈阳	自营	AAAA-006	180000	57502.00	20867.31	
8	东北	辽宁	沈阳	自营	AAAA-007	280000	116300.00	40945.10	
9	东北	辽宁	沈阳	自营	AAAA-008	340000	63287.00	22490.31	
10	东北	辽宁	沈阳	自营	AAAA-009	150000	112345.00	39869.15	
11	东北	辽宁	沈阳	自营	AAAA-010	220000	80038.00	28736.46	
12	东北	辽宁	沈阳	自营	AAAA-011	120000	73686.50	23879.99	
13	东北	黑龙江	齐齐哈尔	加盟	AAAA-012	350000	47394.50	17636.83	
14	东北	黑龙江	哈尔滨	自营	AAAA-013	400000	89999.00	577495.00	
15	华北	北京	北京	自营	AAAA-013	260000	57255.60	19604.20	
16	华北	天津	天津	加盟	AAAA-014	320000	51085.50	17406.07	
17	华北	北京	北京	自营	AAAA-015	200000	59378.00	21060.84	

图 13-1 基础数据表

步骤 01 单击数据区域的任意单元格。

步骤 02 单击"插入"选项卡的"数据透视表"命令，如图 13-2 所示，打开"创建数据透视表"对话框，系统会自动选择整个数据区域作为数据透视表的数据源，如图 13-3 所示。

图 13-2 "数据透视表"命令	图 13-3 "创建数据透视表"对话框

步骤 03 在此对话框中，保持默认设置，单击"确定"按钮，得到空白的数据透视表，如图 13-4 所示。

图 13-4 空白数据透视表

步骤 04 在工作表右侧"数据透视表字段"的 5 个小窗格里进行操作，对数据透视表进行布局，布局的方法是从上部的字段列表中拖动某个字段到下面的 4 个窗格里，就得到需要的数据透视表，图 13-5 就是一个示例。

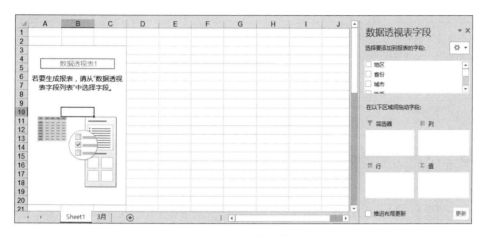

图 13-5 布局字段后得到的数据透视表

如果单击"推荐的数据透视表"命令，打开"推荐的数据透视表"对话框，如图 13-6 所示，然后从几个推荐的数据透视表结构中选择一个，那么就会得到一个布局好的数据透视表，省去了常规的字段布局过程。

图 13-6　推荐的几个数据透视表

13.1.2　以多个二维表格数据创建数据透视表

如果数据源是多个二维表格，也就是数据区域的第一行和第一列是文本，从第二行和第二列开始都是数字，现在要求把这些工作表数据汇总起来并进行分析，此时使用多重合并计算数据区域透视表是最好的方法。这种方法，我们在第 2 章做了详细介绍，此处不再赘述。

13.1.3　以多个一维表单数据创建数据透视表

对于多个一维数据表单，要以这些工作表数据制作数据透视表，最简单的方法是利用现有连接 +SQL 语句的方法，或者使用 Power Query 方法。

在第 1 章中，我们介绍了利用现有连接 +SQL 数据查询汇总大量一维工作表的例子，其中在最后一步的"导入数据"对话框中，我们选择了数据的显示方式为"表"。

如果想要以这些工作表数据制作数据透视表，则需要在最后一步的"导入数据"对话框中，选择"数据透视表"，如图 13-7 所示。其他的操作步骤是完全一样的，感兴趣的读者请自行练习。

Power Query+Power Pivot 方法，就是先用 Power Query 对这些工作表（工作簿）数据进行汇总，在最后一步加载数据时，执行"关闭并上载至"命令，将查询汇总的结果加载为数据模型，如图 13-8 所示，然后用 Power Pivot 创建数据透视表。

图 13-7　选择"数据透视表"

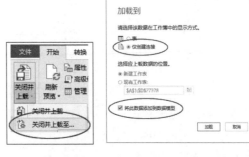

图 13-8　将查询汇总的数据加载为连接和数据模型

13.1.4　在不打开工作簿的情况下创建数据透视表

制作透视表，不见得非要在当前工作簿上进行，也可以不打开源工作簿，而直接把透视表做在一个新文档里。此时，可以使用"现有连接"工具，或者使用 Power Query 工具。

以前面的"案例 13-1"文件为例，对该工作簿中的"基础数据"工作表制作透视表，但不允许打开该文件。使用"现有连接"工具的主要步骤如下。

步骤 01 新建一个工作簿，单击"数据"选项卡下的"现有连接"命令，如图 13-9 所示。

步骤 02 打开"现有连接"对话框，如图 13-10 所示，单击左下角的"浏览更多"按钮，打开"选取数据源"对话框，从保存源数据文件的文件夹里选择该工作簿，如图 13-11 所示。

图 13-9　"现有连接"命令

图 13-10　"现有连接"对话框

图 13-11　选择要制作透视表的源数据工作簿文件

步骤 03 单击"打开"按钮，打开"选择表格"对话框，选择要制作透视表的工作表，如图 13-12 所示。

步骤 04 单击"确定"按钮，打开"导入数据"对话框，选择"数据透视表"单选按钮，如图 13-13 所示。

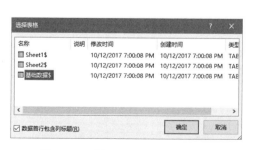

图 13-12　选择要制作透视表的工作表

图 13-13　选择"数据透视表"

步骤 05 单击"确定"按钮，就在当前文档上创建了一个以另外一个工作簿数据为数据源的透视表。

这种方法创建的数据透视表，实质上是通过数据库查询来完成的，透视表工作簿与源数据工作簿是动态链接的，如果源数据工作簿数据发生了增减变化，只要刷新透视表，即可得到最新的汇总报告。

13.1.5　以表格的部分数据创建数据透视表

如果拿到手里的表格有数十万行、几十上百列数据，现在要将这些数据进行透视分析，你会怎么做？直接在当前工作簿上创建透视表，这是大多数人的做法，但是等待你的是运算速度奇慢，让你发狂。其实，在这么巨大的数据量下，并不是所有的数据都需要用来分析，我们关心的也许就是满足条件的那些行数据以及那些列数据，此时，最简单的方法是利用 Query 工具先筛选数据，然后再制作数据透视表。

当数据量很大时，可以使用 Power Query 方法创建数据模型，然后使用 Power Pivot 创建数据透视表。

13.2　布局数据透视表

数据透视表的主要功能，就是把杂乱的流水数据，按照类别汇总分析，制作分析报告，因此在创建透视表后，对透视表进行布局是非常重要的。实际上，布局透视表的过程，就是你对数据的思考过程，就是制作分析报告的过程。

13.2.1　"数据透视表字段"窗格

当创建数据透视表后，会在工作表的右侧出现一个"数据透视表字段"窗格，如图 13-14 所示。默认情况下，这个窗格有 5 个小窗格，分别是字段列表、筛选器、列、行、数值。

"数据透视表字段"窗格的各个部分的功能说明如下。

字段列表：列示数据源中所有的字段名称，也就是数据区域的列标题。如果用户定义了计算字段，也出现在此列表中。

筛选器：俗称页字段，用于对整个透视表进行筛选，制作指定项目的报表。

列：又称列字段，用于在列方向布局字段的项目，也就是制作报表的列标题。

行：又称行字段，用于在行方向布局字段的项目，也就是制作报表的行标题。

值：又称值字段，用于汇总计算指定的字段，比如把字段"实际销售金额"拖放到值窗格内，就对该字段进行汇总计算。一般情况下，如果是数值型字段，汇总计算方式自动是求和，如果是文本型字段，汇总计算方式自动是计数。

图 13-14　数据透视表字段窗格

13.2.2　数据透视表布局的几种方法

数据透视表布局是在"数据透视表字段"窗格中拖放字段完成的，也就是按住某个字段，将其拖放到筛选器、列、行、值这 4 小窗格中。

也可以在字段列表中直接点击勾选某个字段，当该字段是文本型字段时，就会自动放置于行窗格中；如果是数值型字段，就会自动放置于值窗格中，不过要注意的是，如果某个值字段中含有空单元格，那么该字段会被处理成文本型字段，而被自动放置于行窗格中。

如果想要重新布局透视表，可以在字段列表中取消所有字段的选择（取消打钩），或者直接拖出小窗格，或者在"分析"选项卡中，单击"清除"按钮下的"全部清除"命令。

每次拖放字段时，数据透视表都会对所有的字段重新计算一遍，当数据源的数据量很大时，这样的布局非常耗时，此时可以勾选"数据透视表字段"窗格底部的"推迟布局更新"复选框，当所有字段都布局完毕后，再单击旁边的"更新"按钮，对所有的字段统一计算，这样可以节省大量时间。

13.2.3　数据透视表工具

当创建数据透视表后，会在功能区出现一个"数据透视表工具"，它有两个选项卡："分析"和"设计"，如图 13-15 和图 13-16 所示，这里有很多工具，用于对透视表进行设计、布局、分析数据。

图 13-15　"数据透视表工具"的"分析"选项卡

图 13-16　"数据透视表工具"的"设计"选项卡

13.3　美化数据透视表

制作的基本数据透视表，无论是外观样式，还是内部结构，都是比较难看的，因此需要进一步设计和美化，包括设计报表样式、设置报表显示方式、设置字段、合并单元格、修改名称、项目排序等。

13.3.1　设计透视表的样式

美化的第一步，是设计透视表的样式，即在"设计"选项卡中，单击右侧的"数据透视表样式"下拉框，展开数据透视表样式列表，从中选择喜欢的样式，如图 13-17 所示。

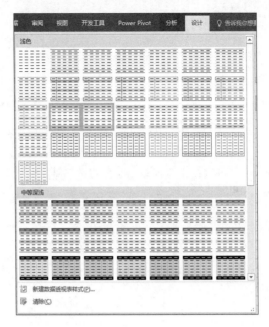

图 13-17　数据透视表样式列表

如果不想使用数据透视表的默认样式，直接单击该列表底部的"清除"命令，清除默认的格式，恢复普通的表格样式。

13.3.2　设计透视表的布局

所谓数据透视表的布局，就是如何设置报表的架构、是否显示分类汇总、是否显示总计、是否插入空行、是否重复显示字段的项目，等等。设置的方法是在"设计"选项卡的"布局"功能组中进行，如图 13-18 所示。

数据透视表的布局有 3 种：以压缩形式显示、以大纲形式显示和以表格形式显示，它们的切换是在"设计"选项卡中"报表布局"的命令中完成的，如图 13-19 所示。

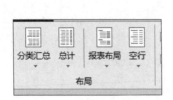

图 13-18　"布局"命令组

图 13-19　设置数据透视表的报表布局

在默认情况下，数据透视表的布局方式是压缩形式，也就是如果有多个行字段，就会被压缩在一列里显示，此时最明显的标志就是行字段和列字段并不是真正的字段名称，而是默认的"行标签""列标签"。这种压缩布局方式，在列字段较少（比如仅仅两个字段）的情况下是很直观的，因

142

为它是以树状结构来显示各层的关系，但是，如果列字段较多，这种布局就显得非常乱了。

以大纲形式显示报表，会将多个列字段分成几列显示，同时其字段名称不再是默认的"列标签"，而是具体的字段名称，但每个字段的分类汇总（也就是常说的小计）会显示在该字段明细项目的顶部。

以表格形式显示报表，就是经典的数据透视表格式，会将多个列字段分成几列显示，同时其字段名称不再是默认的"列标签"，但每个字段的分类汇总（也就是常说的小计）会显示在该字段明细项目的底部。

13.3.3　重复 / 不重复项目标签

如果行区域里有两个以上字段，外面的字段下的项目仅仅显示一个（在顶部），此时，如果使用普通的函数从数据透视表中抓取数据，就变得不方便了。不过，我们可以重复显示该字段的项目，只要执行"重复所有项目标签"命令即可。如图 13-20 和图 13-21 所示。

如果要恢复默认的项目标签显示，就执行"不重复项目标签"命令。

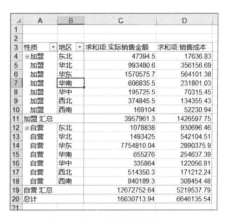

图 13-20　默认情况下的项目显示　　　　　图 13-21　重复显示项目

13.3.4　显示 / 隐藏报表的行总计和列总计

默认情况下，在透视表的最下面有一个总计，称为列总计，就是每列项目的合计数，不论有多少个行字段，这个总计总是显示为"总计"字样。

在右侧也有总计，称为行总计，就是每一行项目的合计，如果列字段只有一个字段，那么这个总计就显示为"总计"字样；如果列字段有多个，那么总计的名称不再显示为"总计"，而是显示为"求和项：*** 汇总"、"计数项：*** 汇总"的字样。

列总计和行总计是整个报表的每个字段项目的合计，我们可以显示它们，也可以不显示它们，显示或不显示的方法有很多，比如在"设计"选项卡下的"总计"命令中进行设置（图 13-22），也可以在"数据透视表选项"对话框中的"汇总和筛选"选项卡中进行设置（图 13-23）。

如果仅仅是不显示透视表的两个总计，那么就可以使用快捷键命令，即对准总计所在单元格右击，执行快捷菜单中的"删除总计"命令，如图 13-24 所示。

图 13-22   "总计"菜单   图 13-23   "数据透视表选项"对话框   图 13-24   快捷菜单

13.3.5　合并项目标签单元格

为了让报表更加美观，可以将字段项目标签合并居中，方法是：在透视表上右击，执行"数据透视表选项"命令，打开"数据透视表选项"对话框，选择"合并且居中排列带标签的单元格"复选框，如图 13-25 和图 13-26 所示。

图 13-25   准备合并标签

图 13-26   合并标签

13.3.6　修改值字段名称

在默认情况下，值字段的默认名称是"求和项：***"或"计数项：***"等，这样的名称很难看，最好修改为直观的名称。修改的方法很简单：在单元格直接修改即可。但需要注意的是，修改后的新名称不能与原有字段名称重名。如果非要使用原来的字段名称，可以把"求和项："替换为一个空格，这样看起来似乎还是原来的字段名称。图 13-27 就是修改值字段名称后的数据透视表。

图 13-27   修改字段名称后的透视表

13.3.7　设置值字段的汇总依据

在默认情况下，如果是数值型字段，汇总依据是求和；如果是文本型字段，汇总依据是计数。但是，如果某列是数值型字段，该列存在空单元格，那么透视表会自动把该字段汇总依据设置为计数。此时，就需要重新设置值字段的汇总依据了。方法很简单，在该字段位置右击，执行快捷菜单中"值汇总依据"下的相关命令即可，如图 13-28 所示。

图 13-28　快捷菜单中的"值汇总依据"命令

13.3.8　设置值字段的数字格式

如果值字段是数值型字段，默认求和，那么结果可能是有的数字带小数点，有的没有带小数点，而且当数值很大时，表格里的数字看起来很不方便，此时，我们可以对值字段的数字格式进行设置，比如显示为会计格式、显示为数值格式、显示为自定义数字格式等，方法是：在某个值字段位置右击，执行快捷菜单中的"数字格式"命令（图 13-29），打开"设置单元格格式"对话框，设置数字格式即可。

13.3.9　显示/隐藏字段的分类汇总

默认情况下，每个字段都是有分类汇总的，也就是我们常说的小计，在透视表中，会显示为"*** 汇总"。根据需要，我们也可以不显示这个分类汇总，可以执行快捷菜单命令，也可以执行选项卡中的命令。

如果仅仅是删除某个字段的分类汇总，比如删除字段"地区"的分类汇总，就在字段"地区"列的任一单元格右击，如图 13-30 所示，执行快捷菜单中的"分类汇总'地区'"命令。

如果要删除透视表所有字段的分类汇总，就执行"设计"选项卡中"分类汇总"命令下的"不显示分类汇总"命令，如图 13-31 所示。

如果要显示字段的分类汇总，也是在这两个地方执行相关命令即可。

图 13-30　通过快捷菜单不显示分类汇总　　图 13-31　通过选项卡的命令按钮不显示分类汇总

图 13-29　快捷菜单中的"数字格式"命令

13.3.10 对分类字段项目自动排序

所谓分类字段，就是拖放到行标签和列标签内的字段，也就是行字段和列字段。当字段拖放到行标签和列标签后，透视表会自动把该字段的项目按照常规的次序进行升序排序。我们可以在升序和降序之间任意切换，方法是：单击右键快捷菜单中"排序"下的"升序"和"降序"命令，如图 13-32 所示。

13.3.11 对分类字段项目手动排序

图 13-32 对分类字段项目自动排序

分类字段项目按照常规的次序进行的排序，有时候并不能满足我们的需求，图 13-33 就是一种常见的情况：10 月、11 月、12 月被排到了 1 月的前面，这样是不合理的。此外，费用项目的次序也是按照拼音排序的。

金额	月份												
费用	10月	11月	12月	1月	2月	3月	4月	5月	6月	7月	8月	9月	总计
办公费	414	651	1350	918	1085	1362	1435	901	1532	570	378	1658	12254
差旅费	1003	1396	1125	935	1106	1094	1831	655	398	1248	1343	1331	13465
电话费	1326	601	1019	810	343	1155	1218	475	1086	1133	848	1018	11032
福利费	1678	766	499	721	1584	1731	980	530	1074	1910	1317	1147	13937
网络费	982	1306	437	1382	1202	1317	1376	1149	1529	1867	881	928	14356
维修费	1356	1350	1402	1595	1015	1437	829	1187	1287	1567	1371	782	15178
薪酬	15263	13185	14866	13395	13954	12438	12202	12807	13423	13518	17189	15103	167343
招待费	1230	682	961	853	984	652	1872	1908	285	1078	845	450	11800
总计	23252	19937	21659	20609	21273	21186	21743	19612	20614	22891	24172	22417	259365

图 13-33 月份次序不对，费用项目次序也不是规定的次序

如果要调整次序的项目不多，可以手动调整，方法是：选择某个项目单元格（或者某几个连续项目单元格区域），把鼠标对准单元格的边框中间，出现上下左右四个小箭头后，按住左键不放，将该单元格（或单元格区域）拖放到指定的位置。图 13-34 就是手动调整了月份次序和费用项目次序。

金额	月份												
费用	1月	2月	3月	4月	5月	6月	7月	8月	9月	10月	11月	12月	总计
薪酬	13395	13954	12438	12202	12807	13423	13518	17189	15103	15263	13185	14866	167343
办公费	918	1085	1362	1435	901	1532	570	378	1658	414	651	1350	12254
差旅费	935	1106	1094	1831	655	398	1248	1343	1331	1003	1396	1125	13465
福利费	721	1584	1731	980	530	1074	1910	1317	1147	1678	766	499	13937
招待费	853	984	652	1872	1908	285	1078	845	450	1230	682	961	11800
网络费	1382	1202	1317	1376	1149	1529	1867	881	928	982	1306	437	14356
电话费	810	343	1155	1218	475	1086	1133	848	1018	1326	601	1019	11032
维修费	1595	1015	1437	829	1187	1287	1567	1371	782	1356	1350	1402	15178
总计	20609	21273	21186	21743	19612	20614	22891	24172	22417	23252	19937	21659	259365

图 13-34 手动调整月份次序和费用项目次序

13.3.12 显示没有数据的分类字段项目

在默认情况下，如果某个分类字段的项目没有数据，那么透视表不会在行标签或者列标签下显示该项目名称，这样会使得报表很难看，也不完整，此时，可以设置显示字段的无数据项目，方法

是：在"字段设置"对话框的"布局和打印"选项卡中，选择"显示无数据的项目"复选框，如图 13-35~ 图 13-37 所示。

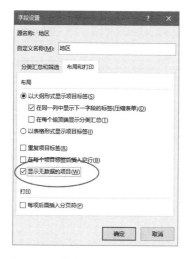

图 13-35　勾选"显示无数据的项目"

图 13-36　设置前的报表

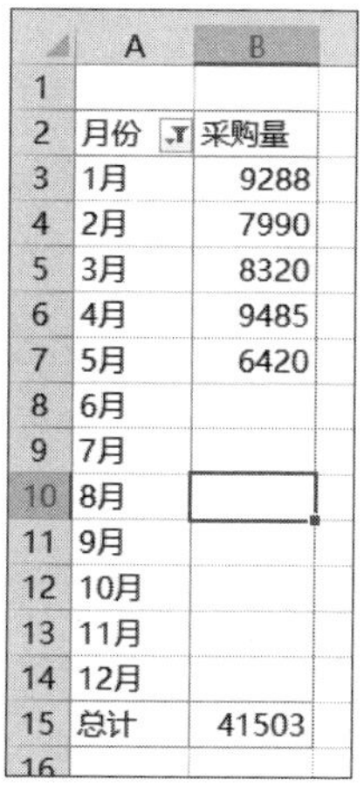

图 13-37　设置后的报表

13.3.13　刷新数据透视表

当制作数据透视表的数据源发生改变后，对于已经完成的透视表，是不能立即反映出最新变化的，需要手动刷新，方法是：右击透视表，执行快捷菜单中的"刷新"命令，如图 13-38 所示。但需要注意的是，刷新透视表会自动调整列宽，如果不想改变已经设置好的列宽等样式，可以在"数据透视表选项"对话框中，取消选择"更新时自动调整列宽"复选框，如图 13-39 所示。

图 13-38　刷新透视表命令

图 13-39　刷新透视表时不自动调整列宽

13.4　利用透视表分析数据

利用数据透视表分析数据是非常方便的，不仅可以排序、筛选，还可以设置字段计算方式、显示方式、组合项目、添加计算字段、使用切片器等，对数据进行灵活的分析。

13.4.1 通过设置字段汇总方式分析数据

案例 13-2

在默认情况下，值字段的汇总方式是：如果是数值，为求和；如果是文本，为计数。实际数据分析中，我们也可以根据需要，通过改变数据汇总方式，来得到需要的报告。

设置字段汇总方式，可以使用快捷菜单中的"值汇总依据"命令。图 13-40 就是利用透视表对各个部门的工资进行分析，计算各个部门的人数、最低工资、最高工资、人均工资。

成本中心	人数	最低工资	最高工资	人均工资
总经办	6	5450	9314	7330
HR	6	5888	12814	8205
信息部	7	4848	8206	5800
设备部	11	4477	8019	6049
维修	15	4395	6346	5020
一分厂	39	4005	9226	5184
二分厂	63	2235	21920	6676
三分厂	29	3378	20884	8705
北京分公司	50	4602	17571	6808
上海分公司	67	3391	16359	6254
苏州分公司	40	3629	21711	7386
天津分公司	128	2125	29186	7582
武汉分公司	21	3994	22911	9281
总计	482	2125	29186	6994

图 13-40　各部门工资统计分析

13.4.2 通过设置字段显示方式分析数据

默认情况下，数据透视表的汇总数据是求和或者计数的实际值，但是我们可以改变汇总数据的显示方式，以制作需要的分析报告，比如占比分析、环比分析、同比分析等。

设置字段显示方式的最简单方法，是在某个字段项目汇总数值单元格中右击，执行快捷菜单中的"值显示方式"命令，弹出一系列的显示方式，如图 13-41 所示。

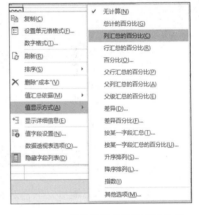

图 13-41　快捷菜单中的值显示方式

案例 13-3

图 13-42 是对字段设置为"列汇总的百分比"显示方式的报表，这个报表重点分析各个地区销售的对比情况。

B 列和 C 列是各个地区加盟店销售额及其占加盟店总销售额的百分比，从中可以观察哪个地区的加盟店销售情况最好。

D 列和 E 列是各个地区自营店销售额及其占自营店总销售额的百分比，从中可以观察哪个地区的自营店销售情况最好。

F 列和 G 列是所有地区销售总额（不区分加盟店和自营店）及其占全国总销售额的比例。

用于分析某个类别下各个项目的占比情况，以了解各个项目的贡献大小、百分比占比，是在各列中进行的。

性质	值					
	加盟		自营		销售额汇总	占比汇总
地区	销售额	占比	销售额	占比		
东北	47395	1.20%	1078838	8.51%	1126233	6.77%
华北	993481	25.10%	1493425	11.78%	2486906	14.95%
华东	1570576	39.68%	7754810	61.19%	9325386	56.07%
华南	606836	15.33%	655276	5.17%	1262112	7.59%
华中	195726	4.95%	335864	2.65%	531590	3.20%
西北	374846	9.47%	514350	4.06%	889196	5.35%
西南	169104	4.27%	840189	6.63%	1009293	6.07%

图 13-42　列汇总的百分比

在进行占比分析时，我们还可以设置大类和小类各自的百分比显示方式，例如图 13-43 就是设置为"父行汇总的百分比"显示方式，得到了各个性质下各个地区销售额占本类别的比重，如图 13-44 所示。

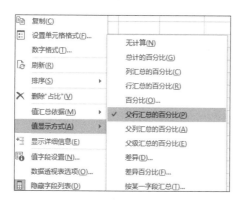

图 13-43　设置为"父行汇总的百分比"显示方式　　　图 13-44　大类下各个小类的占比分析

13.4.3　通过组合字段分析数据

不论是文本型字段、日期型字段，还是数字型字段，我们都可以通过数据透视表字段的组合命令，来生成新的字段，从而得到新的分类，进行更深入的分析。数据透视表的组合命令，是快捷菜单里的"组合"命令，如果要取消组合，则可执行"取消组合"命令，如图 13-45 所示。

下面介绍两个实际应用案例。

1．组合日期

对于日期型字段，可以自动组合成年、季度、月，从而对一个流水日期数据清单进行更深入的分析，制作年报、季报、月报等。但是，如果要按照周来分析数据，则需要从原始数据入手，增加一个计算周次的辅助列。

案例 13-4

图 13-46 是 2017 年销售流水清单，现在要按年、季度、月份汇总各个商品的销售额（图 13-47），具体方法如下。

图 13-45　快捷菜单中的"组合"和"取消组合"命令

	A	B	C	D	E	F
1	日期	销售人员	城市	商品	销售量	销售额
2	2017-1-12	曹泽鑫	武汉	彩电	29	75548
3	2017-1-12	曹泽鑫	武汉	彩电	37	56679
4	2017-1-12	刘敬壑	沈阳	冰箱	44	88581
5	2017-1-12	王腾宇	杭州	冰箱	38	120661
6	2017-1-12	周德宇	太原	电脑	76	35732
7	2017-1-12	周德宇	贵阳	相机	69	64907
8	2017-1-12	周德宇	天津	彩电	29	47642
9	2017-1-13	房天琦	上海	空调	48	101108
10	2017-1-13	王腾宇	南京	空调	79	69523
11	2017-1-13	王学敏	郑州	电脑	77	100195
12	2017-1-13	周德宇	沈阳	相机	16	85550
13	2017-1-13	周德宇	太原	彩电	46	127265
14	2017-1-13	周德宇	郑州	相机	18	44830

图 13-46　基础数据

	A	B	C	D	E	F	G	H	I
3	销售额			商品					
4	年	季度	月份	冰箱	彩电	电脑	空调	相机	总计
5	2017年	第一季	1月	640338	750742	175279	808512	341968	2716839
6			2月	1020232	671309	287429	1026831	362710	3368511
7			3月	730462	865062	392572	638946	469652	3096694
8		第一季 汇总		2391032	2287113	855280	2474289	1174330	9182044
9		第二季	4月	538649	518658	61520	920687	410461	2449975
10			5月	1857955	2011020	713984	1863088	1127520	7573567
11			6月	1187157	1104343	352677	866572	490478	4001227
12		第二季 汇总		3583761	3634021	1128181	3650347	2028459	14024769
13		第三季	7月	577200	611800	602000	1024800	612540	3428340
14			8月	760592	547247	183789	597894	237915	2327437
15			9月	1924000	1423700	1711400	2380000	1295190	8734290
16		第三季 汇总		3261792	2582747	2497189	4002694	2145645	14490067
17		第四季	10月	1630200	1083300	232200	1671600	557190	5174490
18			11月	980200	823400	412800	1296400	369000	3881800
19			12月	1796600	1170700	232200	1554000	446490	5199990
20		第四季 汇总		4407000	3077400	877200	4522000	1372680	14256280
21	总计			13643585	11581281	5357850	14649330	6721114	51953160

图 13-47　需要的报表

步骤 01 先制作一个基本的数据透视表，并进行格式化，如图 13-48 所示。

步骤 02 在 A 列"日期"字段的任一单元格右击，执行快捷菜单中的"创建组"命令，打开"分组"对话框，"起始于"和"终止于"两个选项保持默认，在"步长"列表中选择"月"、"季度"和"年"，如图 13-49 所示。

步骤 03 单击"确定"按钮，即可得到需要的报表。

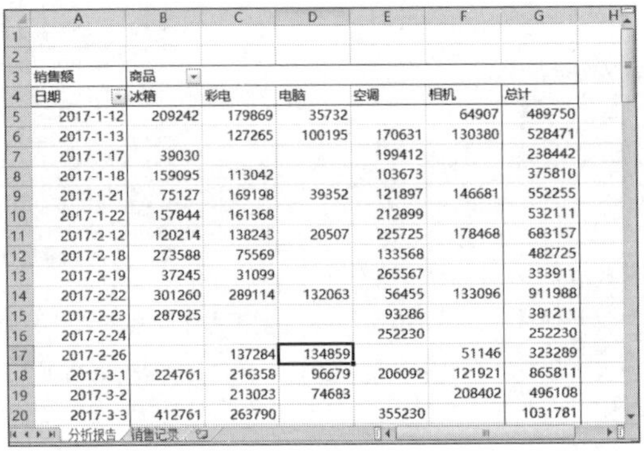

图 13-48 基本的数据透视表　　　　　　　图 13-49 组合日期

对于 Excel 2016 来说，把"日期"字段拖放到行区域后，会自动按月份显示，同时还有一列原始的日期被折叠起来了，如图 13-50 所示。此时，如果只要月度组合，就保持默认；如果需要季度组合，就需要重新组合日期。

2. 组合数字

对于数字型字段，我们也可以自动分组，比如分析各个年龄段的人数、各个工资区间内的人数和人均工资等。

图 13-50 Excel 2016 自动按月组合

案例 13-5

图 13-51 是员工基本信息，现在要求分析各个年龄段的人数分布，最终效果如图 13-52 所示。

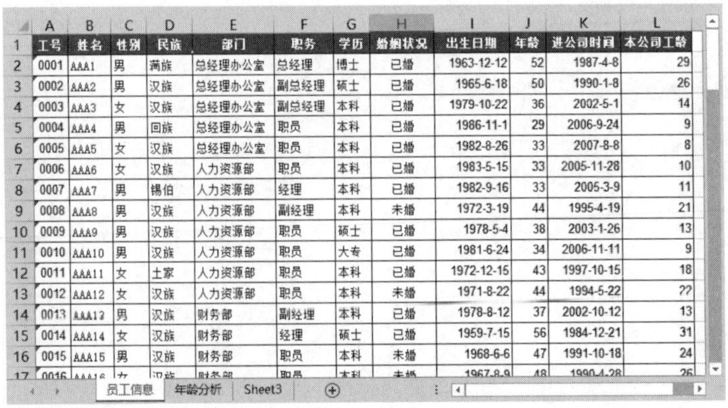

图 13-51 员工基本信息

人数	年龄 ▼								
部门 ▼	25岁以下	26-30岁	31-35岁	36-40岁	41-45岁	46-50岁	51-55岁	56岁以上	总计
总经理办公室		1		1	1	1			5
人力资源部			4	1	3				8
财务部		2		1	2	2		1	8
国际贸易部		1	2	3				1	7
后勤部				3	1			1	5
技术部	1	1	4		1			1	9
销售部			4	6	1			1	12
信息部	1			4					5
生产部		1		1	4		1		7
分控			3	2	2	2	1		11
外借	2		1				2		6
总计	4	6	19	23	13	7	4	8	84

图 13-52　各个部门各个年龄段的人数分布

步骤 01　首先制作基本数据透视表，进行布局，调整部门次序，如图 13-53 所示。

人数	年龄 ▼																			
部门 ▼	23	24	25	26	27	28	29	30	31	32	33	34	35	36	37	38	39	40	41	42
总经理办公室							1				1									
人力资源部									1		2	1				1				
财务部			1	1											1				1	
国际贸易部						1				1		1	1		3					
后勤部															1					
技术部	1								1	1	2									
销售部										2	2	2	2	2						1
信息部			1								1	1		1	1					
生产部					1										1			2		
分控							1		1					1	1	1				
外借	1	1								1										
总计	2	1	2	1	1	1	2	1	2	1	7	4	5	9	5	6	2	1	3	

图 13-53　基本的数据透视表

步骤 02　在"年龄"字段的任一单元格右击，执行快捷菜单中的"创建组"命令，打开"组合"对话框，然后设置组合的起始值、终止值、步长，如图 13-54 所示，单击"确定"按钮，即得年龄组合后的透视表。

步骤 03　最后修改各个年龄段的名称，如图 13-55 所示。

图 13-54　设置组合的参数

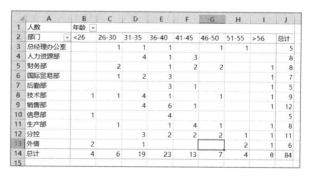

图 13-55　组合年龄后的数据透视表

13.4.4　自定义计算字段

很多人喜欢在基础数据表格中添加大量的计算列，计算出某些数据，以便在透视表中能够用到它们，其实这样做在很多情况下是没有必要的，因为在透视表中，我们可以自定义计算字段和计算项。

所谓计算字段，就是在透视表中使用函数公式，创建新的字段，以完成新的计算分析任务，这样的字段在原始数据表中是不存在的。

案例 13-6

图 13-56 是一个示例，原始数据里没有"单价"数据列（即使有这个数据，在透视表里也是不能用的，因为既不能求和，也不能算平均值），现在要求在汇总表里计算出每个产品的平均单价。

	A	B	C	D	E
1	产品	月份	销售量	销售额	
2	产品01	1月	1499	58461	
3	产品01	2月	1464	38064	
4	产品01	3月	2461	63986	
5	产品01	4月	1927	73226	
6	产品01	5月	1351	48636	
7	产品01	6月	3048	76200	
8	产品01	7月	3783	105924	
9	产品01	8月	1335	28035	
10	产品01	9月	3404	105524	
11	产品01	10月	2469	91353	
12	产品01	11月	3222	112770	

	A	B	C	D	E
2		产品	销售量	销售额	平均单价
3		产品01	27674	860353	31.09
4		产品02	4261	1241660	291.4
5		产品03	3921	879419	224.28
6		产品04	47192	4695068	99.49
7		产品05	40520	4797281	118.39
8		产品06	21005	3248544	154.66
9		总计	144573	15722325	108.75

图 13-56　原始数据里没有单价，报告里要求计算出每个产品的平均单价

步骤 01 在数据透视表的"分析"选项卡中，执行"字段、项目和集"下面的"计算字段"命令，如图 13-57 所示打开"插入计算字段"对话框，如图 13-58 所示。

步骤 02 在"名称"框中输入字段名称（注意，不能与现有的字段重名）。

步骤 03 在"公式"框中输入计算公式（先输入等号"="，再从下面的"字段"列表中选择要进行计算的字段，双击添加到公式框中，也可选择字段后单击"插入字段"按钮）：

= 销售额 / 销售量

图 13-57　"计算字段"命令

图 13-58　"插入计算字段"对话框

步骤 04 如果就是定义一个计算字段，直接单击"确定"按钮即可。如果要批量插入几个计算字段，在每个字段设计好后，单击"添加"按钮，等所有字段都定义好后，最后单击"确定"按钮，关闭对话框。

步骤 05 最后修改字段名称即可。

13.4.5　自定义计算项

所谓自定义计算项，就是在原始数据表中，某列字段下面没有这个项目，现在需要在透视表里利用公式计算出这个新项目，而这个自定义计算项目就是该字段下某些项目之间的计算结果，因此称之为计算项。

案例 13-7

基础数据如图 13-59 所示，图 13-60 是利用基础数据制作的数据透视表，现在要为该透视表制作同比增加额和同比增长率两个指标的分析报告。

图 13-59　基础数据　　　　　　　图 13-60　产品销售额同比分析

添加计算字段的方法如下。

步骤 01 先定位到要添加计算项的字段上，这里要在字段"年份"下添加计算项，即对 2015 年和 2016 年两个项目进行计算，那么就单击字段"年份"或者该字段下的某个项目单元格（这一点非常重要，否则无法使用"计算项"命令。）

步骤 02 在数据透视表的"分析"选项卡中，执行"字段、项目和集"下面的"计算项"命令，并"在'年份'中插入计算字段"如图 13-61。

步骤 03 在"名称"框中输入项目名称，在"公式"框中输入计算公式（先输入等号"="，再从下面右侧的"项"列表中选择要进行计算的项目，双击添加到公式框中，也可选择项目后单击"插入项"按钮）。

如果定义一个计算项目，直接单击"确定"按钮即可。如果要批量做几个计算项，在每个计算项设计好后，单击"添加"按钮，等所有项目都定义好后，最后再单击"确定"按钮。

图 13-61　插入计算项

需要注意的是：当定义好一个计算项后，单击"添加"按钮，对话框右下列表框中是空白，没有项目可以选择，原因是自动回复了字段无选择状态，此时需要在对话框左下"字段"列表中双击该字段，重新调出该字段的项目列表。

13.4.6　计算字段和计算项的区别

计算字段和计算项是两个截然不同的概念，在自定义数据透视表时，必须搞清楚两者之间的区别。

如果要添加的是字段与字段之间进行计算所得到的结果（相当于在原始数据中做的辅助列），也就是计算公式中引用的是字段，那么就应该添加自定义计算字段。当为数据透视表添加自定义计算字段时，单击数据透视表内的任一单元格，执行"字段、项目和集"下面的"计算字段"命令即可。

如果要添加的是某个字段下项目与项目之间进行计算所得到的新结果，也就是计算公式中引用的是某个字段下的项目，那么就应该添加计算项。当为数据透视表的某个字段添加自定义计算项时，必须先单击该字段下的任一项目单元格，然后再执行"字段、项目和集"下面的"计算项"命令。

一般情况下，我们都可以为数据透视表添加自定义字段和计算项。但是在某些情况下，我们是不能为数据透视表添加自定义计算项的，这些情况包括：

（1）先将字段进行了组合。但在添加计算项后还可以组合字段。

（2）字段的汇总方式采用了"平均值"、"方差"和"标准偏差"等。

13.4.7　透视表的基本数据筛选

筛选数据，是透视表的一个重要操作，比如，如何制作某几个地区的销售报表？如何快速筛选出销售最高的前 10 大客户？如何快速找出对企业毛利贡献最大的前 5 大产品？如何使用切片器快速筛选数据？等等。本章就常见的数据透视表筛选工具进行介绍。

筛选功能，用于把满足条件的项目筛选出来，得到我们需要的报表。

对于行字段和列字段，可以对每个项目进行勾选，如图 13-62 所示。

对于页字段，既可以每次仅选择一个项目，也可以一次选择多个项目，此时需要在"选择多项"复选框上打钩，如图 13-63 和图 13-64 所示。

图 13-62　列字段的筛选　　图 13-63　页字段的单选　　图 13-64　页字段的多选

对于列字段和行字段，还可以使用"标签筛选"功能，有更多的筛选条件；对于值字段，可以使用"值筛选"功能，这样可以筛选出符合要求的数据。这些筛选与普通的筛选操作是一样的。

13.4.8　筛选值最大（最小）的前 N 个项目

在"值筛选"命令列表中，有一个"前 10 项"命令，如图 13-65 所示，或者在列字段或行字段右击，快捷菜单里也有一个"前 10 个"命令，如图 13-66 所示，利用这个命令，可以筛选出最大或最小的前 N 个项目。

图 13-65　值筛选里的"前 10 项"命令　　图 13-66　快捷菜单里的"前 10 个"命令

当执行"前 10 个"命令后，会打开一个"前 10 个筛选"对话框，如图 13-67 所示，可以在这个对话框里设置相关参数。

左数第一个下拉框：可以选择"最大"或"最小"。

左数第二个用于选择显示多少个项目。

左数第三个用于选择"项""百分比""求和"，这里"项"是筛选前 N 个值最大的项目；"百分比"是筛选前占比合计数达百分比之多少以上的项目；"求和"是筛选那些实际数的合计数达多少以上的项目。

右边的下拉框用于选择要筛选的依据是哪个值字段。

案例 13–8

打开"案例 13-8"，来练习各种筛选操作。

图 13-68 和图 13-69 是原始透视表以及筛选毛利前 10 大的省份。

图 13-67　"前 10 个筛选"对话框

省份	销售额	成本
安徽	268016	97514
北京	1153333	409925
福建	1367395	521659
甘肃	50978	18332
广东	1089856	426924
贵州	60446	19841
海南	172256	59514
河北	282721	100958
河南	150404	55806
黑龙江	533269	57229
湖北	301796	110169
湖南	195726	70315
江苏	2508065	944534
江西	34068	11888
辽宁	988839	353201
内蒙古	189171	68507
山东	607643	228861
山西	159631	56188

图 13-68　基本的数据透视表

省份	销售额	成本	毛利
北京	1153333	409925	743408
福建	1367395	521659	845736
广东	1089856	426924	662932
黑龙江	533269	57229	476040
江苏	2508065	944534	1563531
辽宁	988839	353201	635638
山东	607643	228861	378782
陕西	649047	218729	430318
上海	4194152	1521460	2672692
浙江	987758	369309	618448
总计	14079357	5051832	9027524

图 13-69　毛利最大的前 10 个省份报表

图 13-70 和图 13-71 是筛选毛利占比合计数达 50% 以上的前几个省份。

图 13-70　筛选毛利占比合计数达 50% 的省份　　　图 13-71　毛利占比合计数 50% 以上前几个省份

图 13-72 和图 13-73 是筛选毛利额合计数已达 500 万以上的前几个省份的设置和结果。

图 13-72　筛选毛利额合计 500 万以上的省份　　　图 13-73　毛利在 500 万以上的前几个省份

13.4.9　使用切片器快速筛选报表

切片器可以建立多个字段的筛选器，用于快速筛选数据。以"案例 13-8"为例。

步骤 01 在"插入"选项卡中单击"切片器"命令。

步骤 02 打开"插入切片器"对话框，选择要进行筛选的字段，如图 13-74 所示。

步骤 03 单击"确定"按钮，就插入了选定字段的切片器，如图 13-75 所示。

图 13-74　勾选字段

图 13-75　插入的切片器

单击切片器的某个项目，选择该项目，透视表也就变成该项目的数据。如果要选择多个项目，可以先单击切片器右上角的 按钮，再点击多个项目。

如果要恢复全部数据，不再进行筛选，可以单击切片器右上角的"清除筛选器"按钮 。

如果不需要切片器了，可以将其删除，简单方法是：对准切片器右击，执行快捷菜单里的"剪切"命令。

还可以设置切片器格式（比如样式、字体、颜色、列数等），这些都可以通过切片器的"选项"选项卡来设置。

13.5 透视表综合应用案例

透视表简单易学，应用起来比较灵活。前面介绍的各个案例，都是透视表的具体应用，下面介绍两个综合应用案例。

13.5.1 费用预实分析

案例 13–9

图 13-76 是公司一年的各个费用的预算表和实际执行表，现要制作预算执行情况分析表，如图 13-77 所示。

****公司2016年预算

项目	1月	2月	3月	4月	5月	6月	7月	8月	9月	10月	11月	12月	年度合计
薪金	2,852	3,302	1,970	3,300	1,199	4,134	2,635	2,378	3,022	2,937	4,924	3,463	36,116
租金	3,561	3,277	1,433	3,886	2,969	1,578	4,253	3,684	1,118	1,035	1,219	1,283	29,296
水电费	2,419	1,302	4,211	3,529	2,032	2,682	2,511	2,844	3,864	1,680	3,011	3,469	33,554
保险费	4,394	3,576	2,145	2,736	2,709	1,256	4,168	2,761	3,657	4,283	1,820	4,275	37,780
通讯费	3,592	2,671	2,303	3,068	2,186	1,891	2,999	2,595	1,700	4,952	3,629	2,767	34,353
办公费	1,747	3,787	4,530	2,819	2,213	2,836	1,601	3,353	3,373	1,779	1,656	2,824	32,518
旅差费	3,173	1,827	1,049	3,348	884	2,225	3,192	2,634	4,656	3,571	4,207	2,373	33,139
广告费	3,074	3,843	2,894	3,560	1,050	4,991	4,135	4,222	1,384	3,087	4,758	1,537	38,535
杂费	3,911	2,209	4,441	2,216	4,841	2,767	2,578	3,112	1,990	1,701	3,389	2,794	35,949
合计	28,723	25,794	24,976	28,462	20,083	24,360	28,072	27,583	24,764	25,025	28,613	24,785	311,240

预算　实际　分析

案例5-4.xlsx:1

****公司2016年实际执行

项目	1月	2月	3月	4月	5月	6月	7月	8月	9月	10月	11月	12月	年度合计
薪金	4,947	1,642	3,894	3,364	3,449	3,677	3,502	2,513	2,166	4,857	3,536	2,944	40,491
租金	2,768	1,715	1,359	4,216	2,692	1,471	4,602	1,074	1,415	2,177	2,648	3,791	29,928
水电费	1,302	2,179	3,533	2,176	2,872	3,073	1,513	2,340	4,532	2,455	2,657	1,120	29,752
保险费	1,182	4,799	2,844	1,409	1,572	1,251	3,006	2,956	1,740	3,732	2,838	3,886	31,215
通讯费	4,025	4,269	2,926	4,914	3,275	632	3,824	1,275	2,911	4,977	4,351	1,277	38,656
办公费	3,758	1,729	3,517	2,090	2,002	2,134	2,754	2,127	2,519	3,030	2,624	1,029	29,313
旅差费	4,971	2,684	3,852	1,738	4,217	4,428	1,257	3,303	950	3,492	3,835	1,150	35,877
广告费	4,997	4,787	4,830	1,452	2,508	1,623	2,702	3,428	2,545	1,189	4,678	4,816	39,555
杂费	4,024	4,307	2,451	2,900	4,383	4,230	1,710	2,794	2,537	2,320	1,852	1,390	34,898

预算　实际　分析

图 13-76　预算表和实际执行表

金额　月份　页1

	1月				2月				3月				4月				
项目	预算	实际	差异	执行率	预算	实际	差异	执行率	预算	实际	差异	执行率	预算	实际	差异	执行率	预算
薪金	2852	4947	2095	73.46%	3302	1642	-1660	-50.27%	1970	3894	1924	97.66%	3300	3364	64	1.94%	119
租金	3561	2768	-793	-22.27%	3277	1715	-1562	-47.67%	1433	1359	-74	-5.16%	3886	4216	330	8.49%	296
水电费	2419	1302	-1117	-46.18%	1302	2179	877	67.36%	4211	3533	-678	-16.10%	3529	2176	-1353	-38.34%	203
保险费	4394	1182	-3212	-73.10%	3576	4799	1223	34.20%	2145	2844	699	32.59%	2736	1409	-1327	-48.50%	270
通讯费	3592	4025	433	12.05%	2671	4269	1598	59.83%	2303	2926	623	27.05%	3068	4914	1846	60.17%	218
办公费	1747	3758	2011	115.11%	3787	1729	-2058	-54.34%	4530	3517	-1013	-22.36%	2819	2090	-729	-25.86%	221
旅差费	3173	4971	1798	56.67%	1827	2684	857	46.91%	1049	3852	2803	267.21%	3348	1738	-1610	-48.09%	88
广告费	3074	4997	1923	62.56%	3843	4787	944	24.56%	2894	4830	1936	66.90%	3560	1452	-2108	-59.21%	105
杂费	3911	4024	113	2.89%	2209	4307	2098	94.98%	4441	2451	-1990	-44.81%	2216	2900	684	30.87%	484
合计	28723	31974	3251	11.32%	25794	28111	2317	8.98%	24976	29206	4230	16.94%	28462	24259	-4203	-14.77%	2008

预算　实际　分析

图 13-77　预算执行情况分析表

具体制作步骤如下。

步骤 01 使用多重合并计算数据区域透视表，将两个工作表合并，然后重新布局字段，并修改项目名称，得到图 13-78 所示的基本透视表。

注意：在修改项目名称时，“项 1”是实际，“项 2”是预算。

同时，还要对月份进行手动排序。

金额	月份	页1																			
		1月		2月		3月		4月		5月		6月		7月		8月		9月		10月	
项目		预算	实际	预算	实际	预算	实际	预算	实际	预算	实际	预算	实际	预算	实际	预算	实际	预算	实际	预算	
薪金		2852	4947	3302	1642	1970	3894	3300	3364	1199	3449	4134	3677	2635	2513	2378	2513	3022	2166	2937	4857	49
租金		3561	2768	3277	1715	1433	1359	3886	4216	2969	2692	1578	1471	4253	4602	3684	1074	1118	1415	1035	2177	12
水电费		2419	1302	1302	2179	4211	3533	3529	2176	2032	2872	2682	3073	2511	1513	2844	2340	3864	4532	1680	2455	30
保险费		4394	1182	3576	4799	2145	2844	2736	1409	2709	1572	1256	1251	4168	3006	2761	2956	3657	1740	4283	3732	18
通讯费		3592	4025	2671	4269	2303	2926	3068	4914	2186	3275	1891	632	2999	3824	2595	1275	1700	2911	4952	4977	36
办公费		1747	3758	3787	1729	4530	3517	2819	2090	2213	2002	2836	2134	1601	2754	3353	2127	3373	2519	1779	3030	16
旅差费		3173	4971	1827	2684	1049	3852	3348	1738	884	4217	2225	4428	3192	1257	2634	3303	4656	950	3571	3492	42
广告费		3074	4997	3843	4787	2894	4830	3560	1452	1050	2508	4991	1623	4135	2702	4222	3428	1384	2545	3087	1189	47
杂费		3911	4024	2209	4307	4441	2451	2216	2900	4841	4383	2767	4230	2578	1710	3112	2794	1990	2537	1701	2320	33
合计		28723	31974	25794	28111	24976	29206	28462	24259	20083	26970	24360	22519	28072	24870	27583	21810	24764	21315	25025	28229	286

预算 实际 分析

图 13-78　预算表和实际执行表的汇总

步骤 02 单击"预算"或"实际"单元格，打开"在'页 1'中插入计算字段"对话框（图 13-79），插入以下两个字段：

差异 = 实际 − 预算

执行率 = ROUND（差异 / 预算 ,4）

步骤 03 选择每个月的"执行率"列，设置单元格格式为百分比。

这样，就得到需要的预算执行差异分析表。在这个表格的基础上，我们可以对各个费用、各个月份的预算执行情况进行进一步的分析。

图 13-79　插入计算项

13.5.2　动态进销存管理

进销存管理是所有企业的经营管理核心。如何购进商品、购进什么样的商品、购进多少才能更少占用库存资金；如何增加销售量、减少库存积压、获取最大利润，是任何企业都非常关心的问题。本节我们以一个简单的进销存数据为例，介绍如何利用数据透视表进行进销存管理。

案例 13–10

图 13-80 为某公司的入库和出库数据清单，它们分别保存在两张工作表中。现在要求将这两张工作表数据进行汇总，能够在一张工作表上反映入库、出库以及库存的情况。

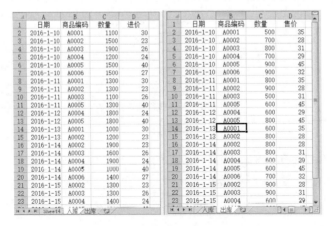

图 13-80　入库和出库数据清单

下面介绍汇总表的制作方法和步骤。

步骤 01 使用现有连接 +SQL 语句的方法，将两个工作表进行汇总，得到一个基本的基础透视表，如图 13-81 所示。SQL 语句如下：

```
select 日期,商品编码,数量,进价,'入库' as 状态 from [入库$]
union all
select 日期,商品编码,数量,售价,'出库' as 状态 from [出库$]
```

步骤 02 为透视表添加一个计算字段“金额”，其计算公式为“= 数量 * 进价”，然后修改字段名称。

步骤 03 为字段“状态”添加一个计算项“库存”，其计算公式为“= 入库 - 出库”。

		状态	数据		
		出库		入库	
日期	商品编码	进 价	数 量	进 价	数 量
2016-1-10	A0001	35	500	30	1100
	A0002	28	700	23	1500
	A0003	31	800	26	1900
	A0004	29	700	24	1200
	A0005	45	900	40	1500
	A0006	32	900	27	1500
2016-1-11	A0001	35	800	30	1300
	A0002	28	900	23	1300
	A0003	31	500	26	1100
	A0005	45	600	40	1300
2016-1-12	A0004	29	600	24	1800
	A0005	45	800	40	1800
2016-1-13	A0001	35	600	30	1000
	A0002	28	800	23	1200
2016-1-14	A0002	28	800	23	1900
	A0003	31	800	26	1600
	A0004	29	600	24	1900
	A0005	45	600	40	1000
	A0006	32	700	27	1400
2016-1-15	A0002	28	900	23	1300

图 13-81　基本数据透视表

这样，数据透视表就变为如图 13-82 所示的情形。

		状态	数据							
		入库			出库			库存		
日期	商品编码	进 价	数 量	金 额	进 价	数 量	金 额	进 价	数 量	金 额
2016-1-10	A0001	30	1100	33000	35	500	17500	-5	600	-3000
	A0002	23	1500	34500	28	700	19600	-5	800	-4000
	A0003	26	1900	49400	31	800	24800	-5	1100	-5500
	A0004	24	1200	28800	29	700	20300	-5	500	-2500
	A0005	40	1500	60000	45	900	40500	-5	600	-3000
	A0006	27	1500	40500	32	900	28800	-5	600	-3000
2016-1-11	A0001	30	1300	39000	35	800	28000	-5	500	-2500
	A0002	23	1300	29900	28	900	25200	-5	400	-2000
	A0003	26	1100	28600	31	500	15500	-5	600	-3000
	A0004			0			0	0	0	0
	A0005	40	1300	52000	45	600	27000	-5	700	-3500
	A0006			0			0	0	0	0
2016-1-12	A0001			0			0	0	0	0
	A0002			0			0	0	0	0
	A0003			0			0	0	0	0
	A0004	24	1800	43200	29	600	17400	-5	1200	-6000
	A0005	40	1800	72000	45	800	36000	-5	1000	-5000
	A0006			0			0	0	0	0
2016-1-13	A0001	30	1000	30000	35	600	21000	-5	400	-2000
	A0002	23	1200	27600	28	800	22400	-5	400	-2000

图 13-82　添加了计算字段“金额”和计算项“库存”后的数据透视表

步骤 04 在图 13-82 中，库存项目中的进价数据是错误的，但由于它是自定义计算项，因此我们可以在透视表单元格里直接修改其公式，也就是在字段“进价”数据列的每个单元格中将公式“= 入库 - 出库”修改为“= 入库”，那么就得到我们需要的进销存报表，如图 13-83 所示。

		状态	数据							
		入库			出库			库存		
日期	商品编码	进 价	数 量	金 额	进 价	数 量	金 额	进 价	数 量	金 额
2016-1-10	A0001	30	1100	33000	35	500	17500	30	600	18000
	A0002	23	1500	34500	28	700	19600	23	800	18400
	A0003	26	1900	49400	31	800	24800	26	1100	28600
	A0004	24	1200	28800	29	700	20300	24	500	12000
	A0005	40	1500	60000	45	900	40500	40	600	24000
	A0006	27	1500	40500	32	900	28800	27	600	16200
2016-1-11	A0001	30	1300	39000	35	800	28000	30	500	15000
	A0002	23	1300	29900	28	900	25200	23	400	9200
	A0003	26	1100	28600	31	500	15500	26	600	15600
	A0004			0			0	0	0	0
	A0005	40	1300	52000	45	600	27000	40	700	28000
	A0006			0			0	0	0	0
2016-1-12	A0001			0			0	0	0	0
	A0002			0			0	0	0	0
	A0003			0			0	0	0	0
	A0004	24	1800	43200	29	600	17400	24	1200	28800
	A0005	40	1800	72000	45	800	36000	40	1000	40000
	A0006			0			0	0	0	0
2016-1-13	A0001	30	1000	30000	35	600	21000	30	400	12000
	A0002	23	1200	27600	28	800	22400	23	400	9200

图 13-83　进销存报表

这样得到的进销存报表是一个动态的报表，如果工作表“入库”和“出库”中的数据发生变化，可以随时刷新报表，迅速得到新的报表。

将字段“商品编码”拖放至筛选器，可以筛选每个商品的入库、出库情况，如图 13-84 所示。

	A	B	C	D	E	F	G	H	I	J
1	商品编码	A0002								
2										
3		状态	数据							
4		入库			出库			库存		
5	日期	进 价	数 量	金 额	进 价	数 量	金 额	进 价	数 量	金 额
6	2016-1-10	23	1500	34500	28	700	19600	23	800	18400
7	2016-1-11	23	1300	29900	28	900	25200	23	400	9200
8	2016-1-12			0			0	0	0	0
9	2016-1-13	23	1200	27600	28	800	22400	23	400	9200
10	2016-1-14	23	1900	43700	28	800	22400	23	1100	25300
11	2016-1-15	23	1300	29900	28	900	25200	23	400	9200
12	总计	115	7200	828000	140	4100	574000	115	3100	356500
13										

图 13-84　筛选查看某个商品的入库、出库、库存情况

13.5.3　客户销售同比分析与流入流出分析

案例 13–11

上午 9 点，公司总经理把销售总监叫到办公室，问：为什么公司的一个重要客户，今年的销售量同比出现了大幅下降？再给我找找，其他的重要客户究竟情况如何，哪些客户销售同比增长超过了 50%，哪些客户同比下降了 50%，哪些是新增的客户，哪些客户流失了，10 点钟，把报告交上来！

估计，有些销售总监们开始从系统里导出两年的销售数据，开始筛选数据、求和、对比了，然后，10 点很快就到了，领导要的报告还没有影子呢。

其实，这样的问题，没有你想象的那样复杂难做，使用透视表在几分钟内即可完成。

图 13-85 是从系统里导出的今年和去年的销售流水，现在要做一个客户流动及销售同比分析报告。

去年

	A	B	C	D	E	F	G	H
1	客户简称	业务员	月份	存货编码	存货名称	销量	销售额	
2	客户03	业务员01	1月	CP001	产品01	15185	691,975.68	
3	客户05	业务员14	1月	CP002	产品02	26131	315,263.81	
4	客户05	业务员18	1月	CP003	产品03	6137	232,354.58	
5	客户07	业务员02	1月	CP002	产品02	13920	65,818.58	
6	客户07	业务员27	1月	CP003	产品03	759	21,852.55	
7	客户07	业务员20	1月	CP004	产品04	4492	91,258.86	
8	客户09	业务员21	1月	CP002	产品02	1392	11,350.28	
9	客户69	业务员20	1月	CP002	产品02	4239	31,441.58	
10	客户69	业务员29	1月	CP001	产品01	4556	546,248.53	
11	客户69	业务员11	1月	CP003	产品03	1898	54,794.45	
12	客户69	业务员13	1月	CP004	产品04	16957	452,184.71	
13	客户15	业务员30	1月	CP002	产品02	12971	98,630.02	
14	客户15	业务员26	1月	CP001	产品01	506	39,008.43	
15	客户86	业务员03	1月	CP003	产品03	380	27,853.85	
16	客户61	业务员35	1月	CP002	产品02	38912	155,185.72	

今年

	A	B	C	D	E	F	G	H
1	客户简称	业务员	月份	存货编码	存货名称	销量	销售额	
2	客户01	业务员16	1月	CP001	产品01	34364	3,391,104.70	
3	客户02	业务员13	1月	CP002	产品02	28439	134,689.44	
4	客户02	业务员06	1月	CP003	产品03	3518	78,956.36	
5	客户02	业务员21	1月	CP004	产品04	4245	50,574.50	
6	客户03	业务员23	1月	CP002	产品02	107406	431,794.75	
7	客户03	业务员15	1月	CP001	产品01	1676	122,996.02	
8	客户04	业务员28	1月	CP002	产品02	42032	114,486.98	
9	客户05	业务员10	1月	CP002	产品02	14308	54,104.93	
10	客户06	业务员20	1月	CP002	产品02	3898	10,284.91	
11	客户06	业务员06	1月	CP001	产品01	987	69,982.55	
12	客户06	业务员22	1月	CP003	产品03	168	5,392.07	
13	客户06	业务员05	1月	CP004	产品04	653	10,016.08	
14	客户07	业务员25	1月	CP002	产品02	270235	1,150,726.33	
15	客户07	业务员05	1月	CP001	产品01	13963	1,009,455.70	
16	客户07	业务员17	1月	CP003	产品03	1407	40,431.45	

图 13-85　两年销售数据

步骤 01 利用现有连接 +SQL 语句的方法，以两个表数据制作透视表。SQL 语句如下：

```
select '去年' as 年份,* from [去年$]
union all
select '今年' as 年份,* from [今年$]
```

步骤 02 为透视表的“年份”字段添加计算项，名称及公式如下。

同比增长率：= 今年 / 去年 -1

新增客户：=IF(AND(今年>0,去年=0),1,0)

流失客户：=IF(AND(今年=0,去年>0),1,0)

这样，就得到如图 13-86 和图 13-87 所示的透视表。

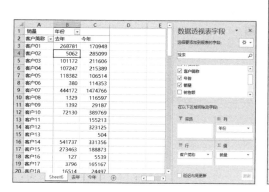

销量	年份				
客户简称	去年	今年	同比增长率	新增客户	流失客户
客户01	268781	170948	0	0	0
客户02	5062	285099	55	0	0
客户03	101172	211606	1	0	0
客户04	107247	215389	1	0	0
客户05	118382		-1	0	1
客户06	380	114353	300	0	0
客户07	444172	1474766	2	0	0
客户08	1329	116597	87	0	0
客户09	1392	29187	20	0	0
客户10	72130	389769	4	0	0
客户11		155213	#DIV/0!	1	0
客户12		323125	#DIV/0!	1	0
客户13		504	#DIV/0!	1	0
客户14	541737	331356	0	0	0
客户15	273463	188873	0	0	0
客户16	127	5539	43	0	0
客户17	3796	165167	43	0	0
客户18	16514	24497	0	0	0

图 13-86　制作每个客户两年销售量汇总表　　　　图 13-87　每个客户两年销售对比

步骤 03 美化表格，不显示错误值，设置 D 列的数字为自定义百分比，设置 E 列为自定义数字格式（把 1 显示为"新增"，把 0 隐藏），设置 F 列为自定义数字格式（把 1 显示为"流失"，把 0 隐藏），得到如图 13-88 所示的报表。

步骤 04 将 D 列进行降序排序，得到最终的分析报告，如图 13-89 所示。

销量	年份				
客户简称	去年	今年	同比增长率	新增客户	流失客户
客户01	268781	170948	-36.40%		
客户02	5062	285099	5532.39%		
客户03	101172	211606	109.15%		
客户04	107247	215389	100.84%		
客户05	118382		-100.00%		流失
客户06	380	114353	30021.83%		
客户07	444172	1474766	232.03%		
客户08	1329	116597	8675.17%		
客户09	1392	29187	1996.77%		
客户10	72130	389769	440.37%		
客户11		155213		新增	
客户12		323125		新增	
客户13		504		新增	
客户14	541737	331356	-38.83%		
客户15	273463	188873	-30.93%		
客户16	127	5539	4277.42%		
客户17	3796	165167	4250.70%		
客户18	16514	24497	48.34%		

图 13-88　设置单元格格式

销量	年份				
客户简称	去年	今年	同比增长率	新增客户	流失客户
客户23	886	916139	103323.66%		
客户39	63	60264	95145.15%		
客户47	506	195343	38491.70%		
客户06	380	114353	30021.83%		
客户63	63	11394	17907.56%		
客户30	253	27809	10887.91%		
客户08	1329	116597	8675.17%		
客户02	5062	285099	5532.39%		
客户52	29485	859	-97.09%		
客户70	17820		-100.00%		流失
客户33	108828		-100.00%		流失
客户91	696		-100.00%		流失
客户86	380		-100.00%		流失
客户77	4176		-100.00%		流失
客户88	63		-100.00%		流失
客户05	118382		-100.00%		流失
客户36	4429		-100.00%		流失
客户81	506		-100.00%		流失
客户11		155213		新增	
客户43		5485		新增	
客户12		504		新增	
客户38		2037		新增	

图 13-89　两年客户的销售同比分析

通过这个表格，你是不是可以信心十足地去向领导汇报了？但是别高兴得太早了，你作为销售总监，要向领导解释重要客户流失的原因，为什么上年的重要客户今年销售同比大幅下降，如果不是因为客户的经营出现了问题，你必须拿出如何挽留客户的解决方案。

第 14 章　Power Pivot 报表，更加强大的数据分析工具

面对越来越庞大的数据，尤其是多个关联表格的快速汇总分析，Excel 函数以及普通的透视表就显得磕磕绊绊了，不仅容量限制，而且计算速度急剧下降，对数据的复杂计算分析已经显现出很大的局限性。从 Excel 2010 版开始，微软开发了 Power Pivot for Excel，作为 Excel 的加载项来使用。

Power Pivot 本质上是一种数据建模技术，用于处理大型数据、创建数据模型、建立关系，以及创建复杂或简单的计算。Power Pivot 的核心是数据模型 +DAX 语言，可以处理来自 Excel 表格、各类数据库、互联网的数据，实现数据的自动更新与快速处理响应，并节省大量内存，是开发 BI 的强大数据分析工具。

14.1　加载 Power Pivot

在使用 Power Pivot 之前，要将其加载到 Excel 功能区，方法是：打开"Excel 选项"对话框，选择"加载项"类别，在"管理"中选择"COM 加载项"，如图 14-1 所示，单击"转到"按钮，打开"COM 加载项"对话框，选择"Microsoft Power Pivot for Excel"等，如图 14-2 所示。

图 14-1　选择"COM 加载项"

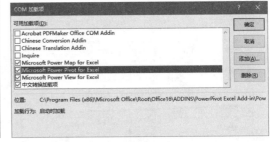

图 14-2　加载"Microsoft Power Pivot for Excel"等

加载后，就在功能区出现 Power Pivot 选项卡，如图 14-3 所示。

图 14-3　功能区的 Power Pivot 选项卡

14.2　建立单个工作表的 Power Pivot

Power Pivot 的数据源是 Power Pivot 数据库，也称数据模型，它保存在 Excel 工作簿中，在使用 Power Pivot 之前，要将工作簿数据（或其他数据库数据）添加到数据模型。

案例 14-1

为了了解什么是数据模型，以及如何在数据模型中对数据进行进一步处理，下面以一个简单的例子进行介绍。数据如图 14-4 所示。

单击功能区的 Power Pivot 选项卡，再单击"添加到数据模型"按钮，打开"创建表"对话框，注意选择"我的表具有标题"复选框，如图 14-5 所示，然后单击"确定"按钮，完成数据模型的添加工作，同时打开了一个 Power Pivot for Excel 新窗口，如图 14-6 所示。而 Excel 工作簿的数据区域变成了智能表格。

图 14-4　一张销售明细表　　　　　图 14-5　"创建表"对话框

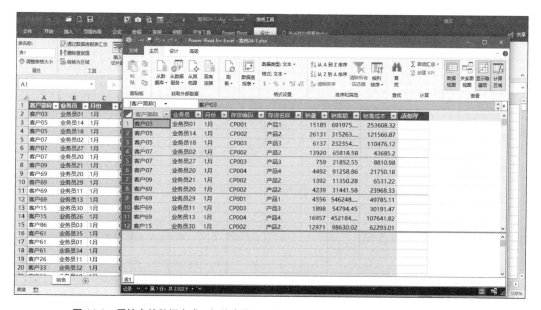

图 14-6　原始表的数据变成了智能表格，另外打开了一个 Power Pivot for Excel 新窗口

在 Power Pivot for Excel 窗口中，我们可以对这个数据模型进行进一步处理，而不影响原始 Excel 工作表数据。比如，在右侧插入一个新列，计算毛利，如图 14-7 所示。注意在数据模型中，计算公式是引用表格的字段，而非单元格：='表 1'[销售额]-' 表 1'[销售成本]。

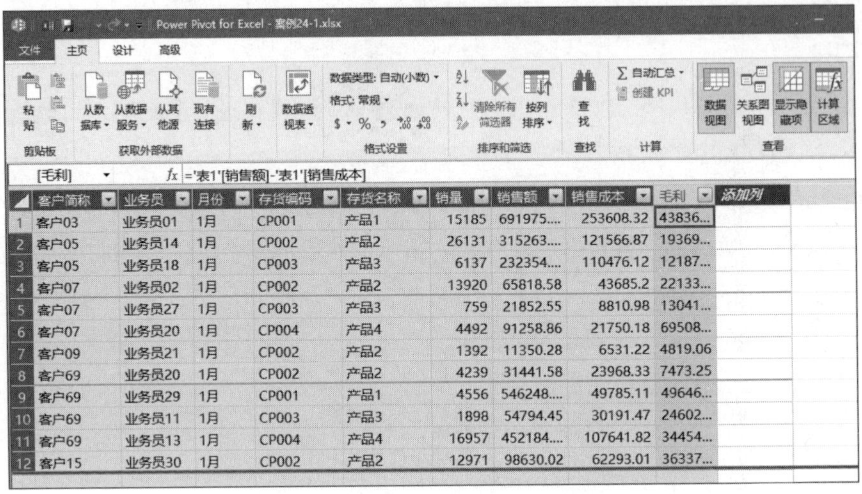

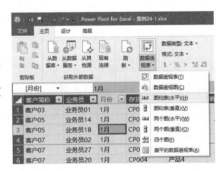

图 14-7　对数据模型进行处理，增加"毛利"列

单击 Power Pivot for Excel 窗口中的"数据透视表"命令，如图 14-8 所示，可以制作透视表和透视图。

这里选择"数据透视表"，打开"创建数据透视表"对话框，如图 14-9 所示，选择"新工作表"，即可得到一个数据透视表，如图 14-10 所示。

图 14-8　准备制作数据透视表

图 14-9　指定数据透视表的保存位置

图 14-10　创建的数据透视表

与普通的数据透视表进行比较，主要的区别是在右侧的"数据透视表字段"窗格，这里并没有直接列示出原始数据表的字段，而是一个表名（这里是"表 1"），这个表名就是加载的数据模型默认名称，也就是工作表上智能表格的默认名称，我们也可以在 Excel 表格里修改这个名称，也可

以在 Power Pivot for Excel 窗口中的底部名称标签中进行修改，就像在工作簿中修改工作表名称一样。

因为 Power Pivot 的强大应用是对多个表格建立数据关系，因此在"数据透视表字段"窗格的顶部，还出现了"活动"和"全部"两个选项，用于显示活动表格或者全部表格。

单击当前的"表 1"，展开该表格的字段列表，如图 14-11 所示，就可以对透视表进行布局，得到需要的报告。

图 14-11　布局透视表

数据透视表创建完毕后，可以关闭 Power Pivot for Excel 窗口。如果想再对数据模型进行处理，可以单击 Power Pivot 选项卡下的"管理数据模型"按钮，再次打开 Power Pivot for Excel 窗口。

Power Pivot 创建的透视表可以灵活地钻取数据。比如，上述透视表中，想要看客户 05 在各个月的销售情况，就单击客户 05 的汇总数据单元格，该单元格右侧出现一个"快速浏览"标记，如图 14-12 所示。单击该标记，打开"浏览"小窗格，选择"月份"字段，就得到该客户各个月的销售报告，如图 14-13 所示。

行标签	以下项目的总和:销售额
客户01	5273574.87
客户02	518394.69
客户03	14042057.4
客户04	12193136.01
客户05	9050869.74
客户06	143052.66
客户07	6480422.7
客户08	196477.26
客户09	34050.84
客户10	2664967.44
客户14	11935406.4
客户15	5987664.09

浏览
客户05
业务员
月份　　钻取到
存货编码　月份
存货名称
销量
销售额
销售成本
毛利

图 14-12　快速浏览标记

如果要再看客户 05 在 11 月份都销售了哪些产品，就可以再对 11 月销售额进行钻取，结果如图 14-14 所示。

这种钻取数据，实质上就是将要钻取的字段拖曳到透视表的筛选区域，不过这种操作是非常方便的。

图 14-13　钻取的客户 05 的各个月销售额　　图 14-14　钻取的客户 05 在 11 月销售的产品

此外，利用 Power Pivot 创建的透视表，是无法使用常规透视表的"字段、项目和集"来为透视表添加计算字段和计算项的，如图 14-15 所示，这些命令都是灰的，不能使用。

要为透视表添加一个计算字段，比如计算每个产品的平均单价，则必须为透视表建立度量值，也就是在 Power Pivot 窗口中，单击"度量值"下的"新建度量值"命令，如图 14-16 所示，打开"度量值"对话框，如图 14-17 所示。

图 14-15　无法在透视表中直接插入计算字段和计算项目　　图 14-16　"新建度量值"命令

注意：平均单价是销售额的合计数除以销售量的合计数，因此要设计这样的计算公式，此时，就需要使用 DAX 函数了。很多 DAX 函数与 Excel 函数具有相同的名称和使用方法，因此使用起来并不难。

首先输入度量值名称"平均单价"，再输入"=SUM("，就会弹出一个字段列表，如图 14-18 所示，选择"'表 1'[销售额]"，然后输入 SUM 函数的右侧括弧，最后输入销售量的合计函数，就得到平均单价的计算公式，如图 14-19 所示。

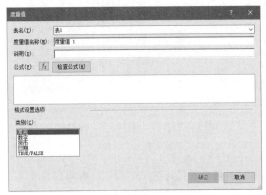

图 14-17　"度量值"对话框

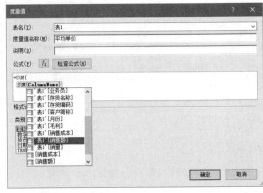

图 14-18　输入函数，创建度量值公式

为了检查这个公式是否存在错误值，我们还可以单击"检查公式"按钮，得到如图 14-20 所示的检查结果。

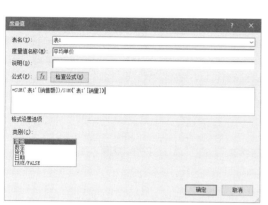

图 14-19　创建的度量值公式

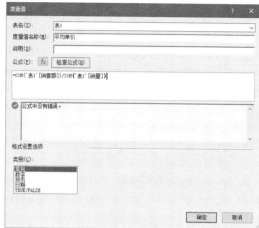

图 14-20　检查度量值公式

此外，我们还可以为该度量值指定数据格式类别，默认情况下是"常规"格式，我们可以在"类别"列表中设置。比如，我们选择"数字"，并显示 4 位小数，如图 14-21 所示。

所有工作完成后，单击"确定"按钮，得到如图 14-22 所示的透视表。

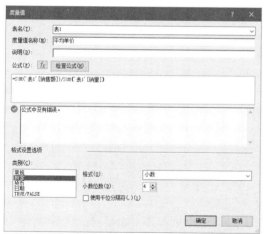

图 14-21　设置度量值的数据格式

图 14-22　透视表里增加了一个度量值（计算字段）"平均单价"

14.3　建立多个关联工作表的 Power Pivot

案例 14–2

在实际工作中，会有多个有关联的数据表要进行分析。比如下面有 3 个工作表（见图 14-23）。

销售清单：仅有 5 列数据，分别是客户简称、日期、存货编码、数量、折扣。

产品资料：有 3 列数据，分别是存货编码、存货名称、标准单价。

业务员客户资料：有两列数据，分别为业务员、客户简称。

现在要求分析每个客户、每个产品、每个业务员各个月的销售额。

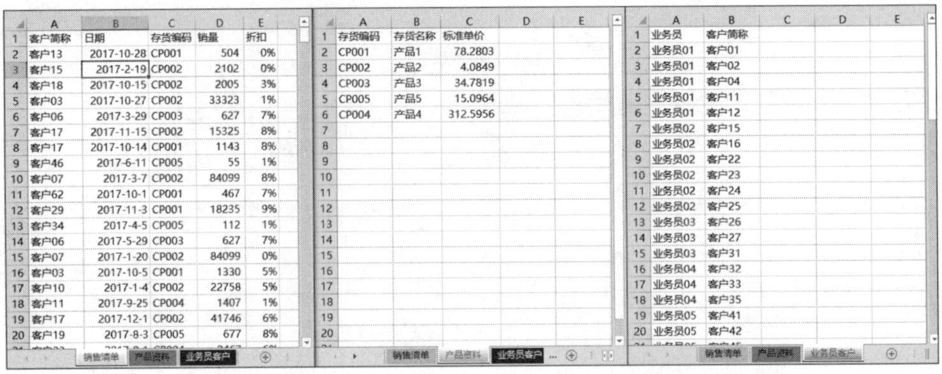

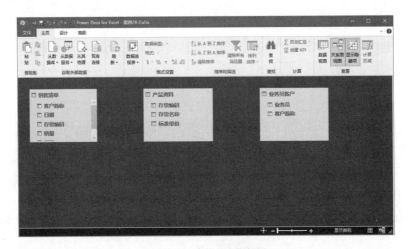

图 14-23　基础数据：3 个有关联的工作表

"销售清单"是最重要的基础数据，但缺乏要分析的字段：业务员和标准单价，而这两个字段在另外两个工作表中反映出来了。一般情况下，我们会使用 VLOOKUP 函数从这两个工作表中把相关数据匹配过来。但是 Power Pivot 不需要这么麻烦，因为它可以自动判断关系，并建立关系。

图 14-24　"关系图视图"命令

将 3 个表格添加到数据模型，并修改表格名称，然后单击 Power Pivot for Excel 窗口中的"关系图视图"按钮（图 14-24），就打开了有 3 个表格的视图窗口，如图 14-25 所示。

图 14-25　表格关系图视图

将"销售清单"中的"客户简称"拖放到"业务员客户"的"客户简称"上，建立表格"销售清单"与"业务员客户"的关系；将"销售清单"中的"存货编码"拖放到"产品资料"的"存货编码"上，建立表格"销售清单"与"产品资料"的关系，如图 14-26 所示。

如果关系建立的不对，可以用鼠标对准链接线右击，执行"删除"命令即可。也可以执行右键快捷菜单中的"编辑关系"命令，打开"编辑关系"对话框，进行关系的建立、修改、删除等操作，如图 14-27 所示。

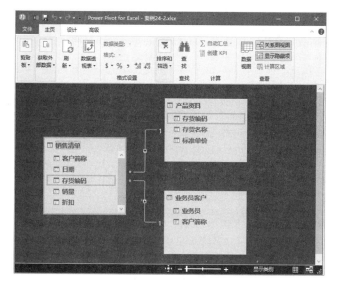

图 14-26　建立 3 个表格的关系

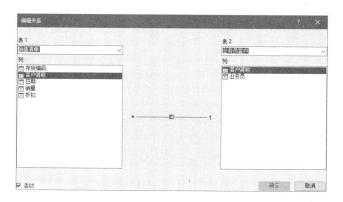

图 14-27　"编辑关系"对话框

如果仅要汇总每个业务员每个产品的销售量（这个字段是原始字段，在数据模型中已经存在），那么就可以直接创建如图 14-28 所示的数据透视表，然后分别从 3 个表（表 1、表 2、表 3）中把相关字段拖到透视表中即可。

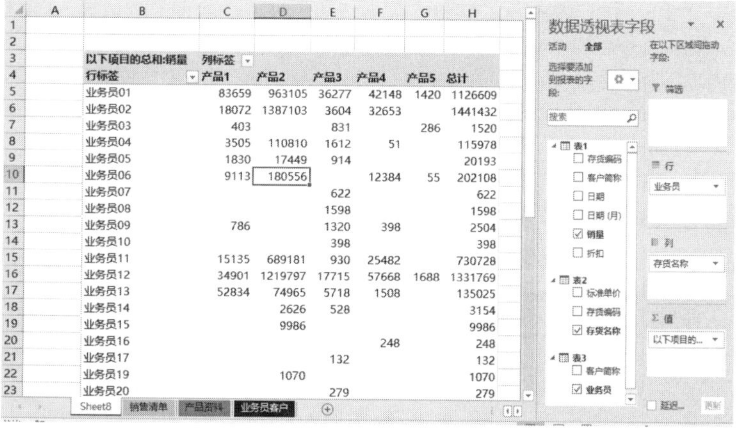

图 14-28　创建的基于 3 个关联工作表的透视表：分类字段和汇总字段分别在 3 个表格中

但是，如果要汇总每个业务员、每个产品、每个客户的销售额呢？此时，可以使用 DAX 里的关系函数 RELATED 对数据模型进行关联，也就是在"销售清单"中添加 3 列（图 14-29），分别从其他两个表中把业务员、产品名称和产品单价引过来，公式如下。

"业务员"列：=RELATED(' 业务员客户 '[业务员])

"产品名称"列：=RELATED(' 产品资料 '[存货名称])

"单价"列：=RELATED(' 产品资料 '[标准单价])

然后插入一列，直接计算销售额：

='销售清单 '[销量]*'销售清单'[单价]*(1-'销售清单'[折扣])

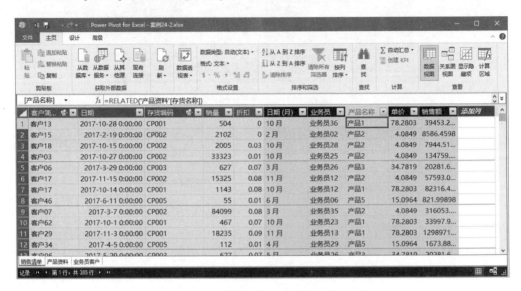

图 14-29　在"销售清单"数据模型中插入 3 列

以此数据模型创建数据透视表，就得到如图 14-30 所示的结果。

行标签	产品1	产品2	产品3	产品4	产品5	总计
业务员01	6049257.35	3740687.86	1218335.52	12436262.71	20576.39	23465119.84
业务员02	1342821.83	5434696.22		9599504.53		16498312.63
业务员03	31231.49		27369.53		3885.81	62486.83
业务员04	255493.59	439068.34	50644.19	14826.41		760032.52
业务员05	137522.83	67261.55	28611.59			233395.98
业务员06	662025.11	709719.35		3793760.23	822.00	5166326.69
业务员07			20119.94			20119.94
业务员08			52246.59			52246.59
业务员09	60605.39		42009.58	117570.33		220185.30
业务员10			13289.47			13289.47
业务员11	1116842.26	2669186.81	30568.07	7567042.33		11383639.47
业务员12	2619959.45	4842760.35	601404.09	17367958.46	23725.20	25455807.54
业务员13	3946713.46	287969.89	188573.90	452538.40		4875795.65
业务员14		10510.41	17534.59			28045.35
业务员15		39568.06				39568.06
业务员16				75585.62		75585.62
业务员17		4361.65				4361.65
业务员19		4152.30				4152.30
业务员20			8992.51			8992.51
业务员21		3867.34				3867.34

图 14-30　各个业务员销售的各个产品的销售额

14.4　以大量工作表数据创建 Power Pivot

在第 1 章和第 7 章中，我们介绍了如何利用 Power Query 来快速汇总大量的工作表（工作簿）。当把这些工作表（工作簿）汇总后，将查询汇总结果加载为数据模型，就可以在接下来的数据分析中，利用 Power Pivot 快速制作各种分析报告。

案例 14-3

以第 1 章"案例 1-10"中的 4 个分公司工作簿数据为例，制作各个分公司、各个合同类型的应发工资报表。

首先使用 Power Query 汇总这 4 个分公司的工资数据，并加载为数据模型，如图 14-31 所示。要特别注意的是，一定要把各个金额列的数据类型设置为"小数"，而不能为默认的"任意"。

单击 Power Pivot 选项卡下的"管理数据模型"按钮，打开 Power Pivot for Excel 窗口，单击"数据透视表"按钮，创建一个数据透视表，并根据要求对数据透视表进行布局，得到需要的报表，如图 14-32 所示。

图 14-31　加载的数据模型

分公司	合同种类	10月	11月	12月	1月	2月	3月	4月	5月	6月	7月	8月	9月	总计
分公司A		120492	119933	126212	102414	106274	116322	116906	101789	104793	107459	115345	147352	1385291
	合同工	58598	59729	68258	45159	47725	50894	51895	43511	48939	43705	47665	67177	633255
	劳务工	61894	60204	57954	57255	58549	65428	65011	58278	55854	63754	67680	80175	752036
分公司B		113492	109915	108194	126055	132054	119101	128333	121608	135793	118834	118341	110607	1442322
	合同工	48969	52187	53211	58734	63416	55983	57009	60771	67252	57123	53712	52030	680397
	劳务工	64523	57728	54983	67321	68638	63118	71324	60837	68536	61711	64629	58577	761925
分公司C		100869	93526	99860	100189	108100	108639	109700	110696	111969	107937	112198	108392	1272075
	合同工	50830	44329	47775	57124	59080	61024	56221	60789	63905	60531	61069	61474	683905
	劳务工	50039	49197	52085	43065	49020	47615	53479	49907	48310	47406	51129	46918	588170
分公司D		180924	171079	191708	218952	210609	201662	211507	216524	203318	209035	197319	206841	2419478
	合同工	100037	89935	103366	121544	109183	115826	116756	120717	109441	117258	107286	114908	1326257
	劳务工	80887	81144	88342	97408	101426	85836	94751	95807	93877	91777	90033	91933	1093221
总计		515777	494453	525974	547610	557037	545724	566446	550617	555868	543265	543203	573192	6519166

（应发合计　月份）

图 14-32　各个分公司合同工和劳务工各月的应发工资

将数据透视表复制一份，然后重新布局，设置值计算依据，得到如图 14-33 所示的分析报告。

分公司	合同种类	人数	最低工资	最高工资	人均工资
分公司A		203	4711	9311	6824
	合同工	93	4797	9311	6809
	劳务工	110	4711	9310	6837
分公司B		216	4137	9119	6677
	合同工	102	4487	9119	6671
	劳务工	114	4137	8953	6684
分公司C		186	4514	9014	6839
	合同工	102	4653	9014	6705
	劳务工	84	4514	8854	7002
分公司D		360	4360	9292	6721
	合同工	198	4632	9292	6698
	劳务工	162	4360	8958	6748
总计		965	4137	9311	6756

图 14-33　各个分公司合同工和劳务工的工资分布分析报告

14.5　以文本文件数据创建 Power Pivot

Excel 的数据容量是有限的，每个工作表最多保存 1 048 576 行数据。话又说回来，如果 Excel 保存了这么大量的数据，运行起来会卡死。因此，在企业经营数据分析中，更常见的是直接以其他文件数据（例如文本文件、数据库）来制作 Power Pivot。

案例 14-4

以第 8 章的文本文件"历年销售数据 .csv"为例，分析历年来各个季度的营收趋势。

步骤 01 新建一个工作簿。

步骤 02 单击 Power Pivot 选项卡下的"管理数据模型"按钮，打开 Power Pivot for Excel 窗口。

步骤 03 在"主页"选项卡中单击"从其他源"命令，打开"表导入向导"对话框，选择"文本文件"，如图 14-34 所示。

步骤 04 单击"下一步"按钮，打开"表导入向导"对话框的下一步操作，单击"浏览"按钮，打开"打开"对话框，从文件夹里选择该文本文件，如图 14-35 和图 14-36 所示。

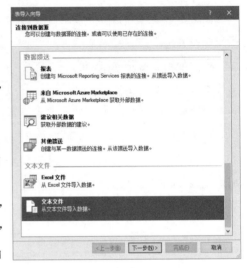

图 14-34　选择"文本文件"

图 14-35　"表导入向导"对话框

图 14-36　选择要导入的文本文件

步骤 05 单击"打开"按钮，返回到"表导入向导"对话框，就看到文本文件的数据已经导入。注意要勾选"使用第一行作为列标题"复选框，如图 14-37 所示。

Power Pivot 会自动根据分隔符号对数据进行分列。如果数据分列不正确，可以手动选择匹配的分隔符号。

步骤 06 单击"完成"按钮，打开导入成功对话框，如图 14-38 所示。

图 14-37　自动导入文本文件数据

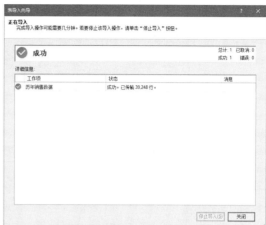

图 14-38　文本文件数据导入成功

步骤 07 单击"关闭"按钮，返回到 Power Pivot 窗口，得到如图 14-39 所示的数据模型。

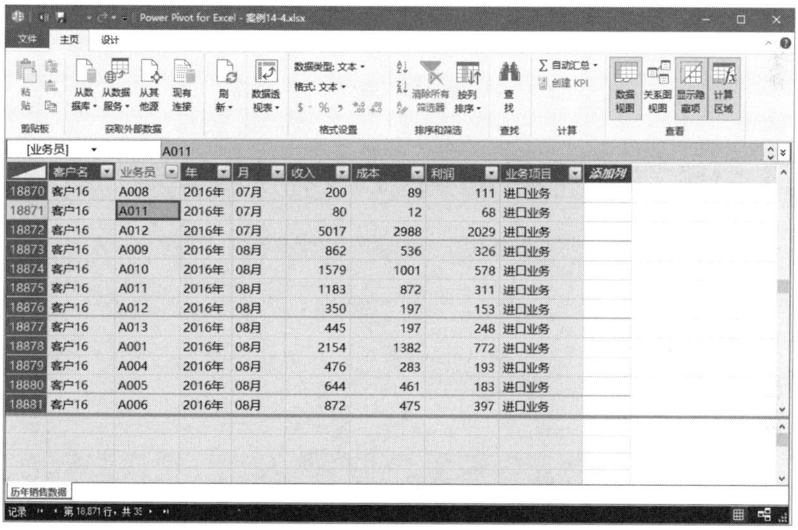

图 14-39　从文本文件导入加载的数据模型

步骤 08 打开 Excel 窗口，单击 Power Pivot →"度量值"→"新建度量值"命令，打开"度量值"对话框，创建度量值"一季度"，计算公式为：

=CALCULATE(SUM('历年销售数据'[收入]),'历年销售数据'[月]="01 月")

+CALCULATE(SUM('历年销售数据'[收入]),'历年销售数据'[月]="02 月")

+CALCULATE(SUM('历年销售数据'[收入]),'历年销售数据'[月]="02 月")

如图 14-40 所示。

图 14-40　新建度量值"一季度"

173

步骤 09 以此方法，再新建 3 个度量值"二季度"、"三季度"和"四季度"，计算公式与上面的类似，是各自季度下 3 个月相加。

步骤 10 单击 Power Pivot for Excel 窗口中的"数据透视表"按钮，创建数据透视表，然后布局，并插入一个透视图，进行简单的美化，得到如图 14-41 所示的报告。

图 14-41　近几年来各季度营收趋势

14.6　以数据库数据创建 Power Pivot

如果源数据是数据库数据，也可以使用 Power Pivot 创建数据透视表。

案例 14-5

图 14-42 是一个名为"销售记录"的 Access 数据库，现在要用其中的"4 月明细"数据表创建 Power Pivot。

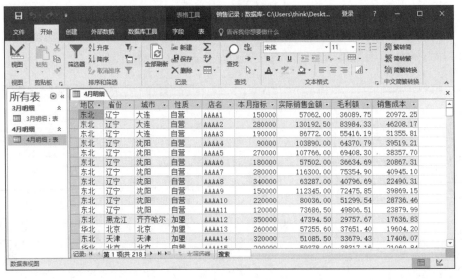

图 14-42　Access 数据库

新建一个 Excel 工作簿，单击 Power Pivot 选项卡下的"管理数据模型"按钮，打开 Power Pivot for Excel 窗口，在"主页"选项卡中单击"从数据库"命令列表里的"从 Access"，如图 14-43 所示。

图 14-43　"从 Access"命令

打开"表导入向导"对话框（图14-44），然后单击"浏览"按钮，打开"打开"对话框，从保存该数据库的文件夹里选择该数据库文件，如图 14-45 所示。

图 14-44　"表导入向导"对话框

图 14-45　选择要导入数据的数据库文件

单击"打开"按钮，返回到"表导入向导"对话框，单击两次"下一步"按钮，选择要制作 Power Pivot 的数据表，如图 14-46 所示。

单击"完成"按钮，打开导入成功对话框，如图 14-47 所示。

图 14-46　选择数据源表

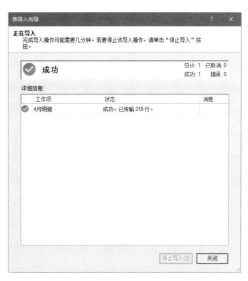

图 14-47　数据库数据导入成功

单击"关闭"按钮，得到如图 14-48 所示的数据模型。

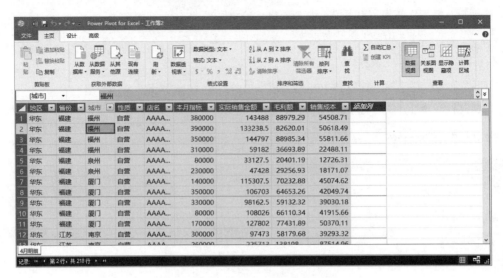

图 14-48　从 Access 数据库导入数据

最后，可以对这个数据模型进行进一步处理，并创建数据透视表。

04

第 4 部分
分析结果可视化

职场上很多人埋头苦干，加班加点，却仍不被认可，为什么？是工作不努力，还是不听领导的话？

在每次的经理级别 Excel 高级数据分析培训课堂上，我经常会和他们说这样一句话：很多人加班加点的工作，最终只做到了"三突一不突"：颈椎突出、腰椎间盘突出、肚子突出，但分析报告不突出！很多人勤勤恳恳地工作，工资不见涨，职位不见升，原因之一就是在总结会议和汇报上，你做的 PPT 档次太低。很多人就是失败在了最后的三分钟上！

说起 PPT，很多人会说，PPT 有什么难的，我早就会做了，但我经常会遇到"韩老师，您有什么 PPT 模板能让我参考一下吗？"这样的询问。PPT 并不是做动画、做电影，PPT 是一个帮助展示你思想和思考的工具，PPT 的制作也充满了逻辑性：你想给别人展示什么？你想让别人看到什么？你想让别人接受你的什么观点？你如何一步一步地展示你对企业经营的现状和未来发展的思考？制作 PPT 的原则之一，就是一张幻灯片就说一件事，用图形化的方式直观地把问题和解决方案展示出来，而不是堆满表格和文字。那么，PPT 上的图表从何而来？制作的图表有说服力吗？说明问题了吗？

第15章　一图抵万言，数据分析可视化图表

　　Excel 图表，是数据分析的可视化，是数据分析结果的直观表达。一个好的图表，可以让领导一目了然地发现问题所在。而一个不好的图表，会让别人不知道你到底在说什么。

15.1　图表到底是什么

15.1.1　对图表的困惑

　　在一个 200 多人的大型财务分析公开课上，当介绍到图表内容时，我问大家在财务分析中，使用表格给领导展示分析结果，还是使用图表展示分析结果？或者是以文字来介绍？一半的人说用表格。我问为什么不画图？有人说，领导不看图，领导只看 Word 报告，要用文字写；有人说，领导看不懂图，只会看文字；也有人说，想画图，就只是会画柱形图、饼图、折线图，想不起来画别的图，也不会画，领导天天看柱形图都看烦了；更有少部分人说，我不做分析，所以不画图。

　　通过各种各样的回答，说明大家对图表的认识是非常不够的（认为只有柱形图、饼图、折线图），很多领导对分析报告的形式也仅仅停留在 Word 文字的阶段，做分析的人掌握的工具也比较有限，某些人对 Excel 数据分析的逻辑思维还停留在低幼阶段！

　　在大数据时代，很多企业开发自己的 BI 系统，我的很多学生也已经成为这方面的专家。那么，BI 的表达形式是什么？它是一套完整的解决方案，将企业的数据进行有效整合，快速准确地提供报表并提出决策依据，帮助企业做出明智的业务经营决策。数据分析可视化，已经是数据分析结果的重要呈现。你想想，有满眼都是表格数字的 BI 系统吗？

　　我曾经与美国一家著名的人才服务咨询公司的老总一起讨论数据分析问题，谈到了我国企业数据利用现状，我说，企业数据的利用率不到 20%，这个老总毫不客气地说：数据利用率连 5% 都不到，Excel 水平还不如我们的初级员工呢，数据处理效率也几乎是手工操作状态，Excel 函数用的不熟练，少有直观且有深度的分析图表！我汗颜！

　　就在写作本段文字的上午，一个学生打电话和我诉苦，说昨天被老板批评了，老板说，我给你们财务的工资比销售部高多了，但你们就是做不出一个像样的报告，不是傻大粗的柱形图，就是乱糟糟的数据表，我根本就没法快速找出我关心的数据。这个学生对我说，后悔不听我的话，光顾着考证书了，两年来就没认真看过我的教学视频，她该好好地学习了。

　　图表，已经是数据分析中不可或缺的展现形式，也是 BI 的界面构成。那么，如何用图表来展示呢？下面就开始我们的图表之旅吧。

15.1.2 案例剖析

图 15-1 是一次培训课间隙，一个学生给我看的 PPT，说领导非常不满意每周都是这样的周报，都看烦了，问能不能完善。我说，这不叫完善，是要伤筋动骨来重生，你的 PPT 上又是图又是表，而且图那么乱，如何能让领导满意。你的这张幻灯片犯了数据大而全、信息不突出的毛病，这也是很多人的通病。我对她的 PPT 做了简单的修改，如图 15-2 所示，可以比较一下两张 PPT 的信息表达有什么不同。

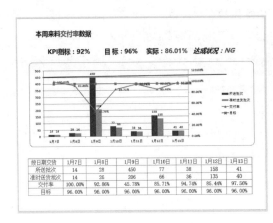

图 15-1　信息杂乱的 PPT

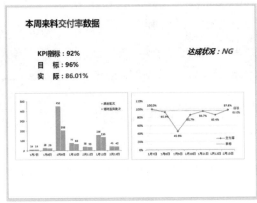

图 15-2　内容突出的 PPT

图 15-3 是一个化妆品销售统计数据，你会如何给领导展示本月各个化妆品牌的销售情况？相信大部分人不会在 PPT 上粘贴这样的表格，会画一个饼图贴上去（图 15-4），因为是分析占比，但是，你不觉得这个饼图和化妆品的美没有任何关系吗？领导看到了这样的饼图，会有什么感想？图 15-5 是不是更好些？

品牌	比例
LAMER	6.6%
CHANEL	15.7%
PROYA	12.3%
LOREAL	11.9%
Dior	9.6%
LANCOME	7.3%
ESTEE LAUDER	10.5%
OTHER	26.1%

图 15-3　统计数据

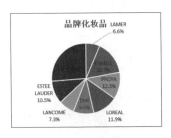

图 15-4　谁都会画的饼图

图 15-5　展现化妆品的特征

图 15-6 是一个简单的统计数据，是每个地区的销售量，这样的数据，你如何给领导说出你的观察、你的思考、你的建议？你会以什么样的直观形式，展示数据背后的秘密？

很多人一说画图，直接就上柱形图，如图 15-7 所示。不是说这样的图表不能用，这也是常规的图表，基本意思表达出来了。但是，这种图表总觉得缺了点什么，信息没有更加精炼地表达出来。因为领导关心的最好的和最不好的，需要去找。

地区	销售
华北	327
华东	1063
西北	398
西南	564
华中	853
华南	732
东北	175
合计	4112

图 15-6　各地区的销售统计

如果把数据排序再画图呢？效果如图 15-8 所示，是不是图表一下子就清晰起来了？领导不用费劲地去图上比较谁好谁不好了。并且，这个图表还有一个信息：每个地区的销售占比数字显示在地区分类轴下端，与地区名称分两行显示，这样的图表是不是信息更加丰富、更加清楚？

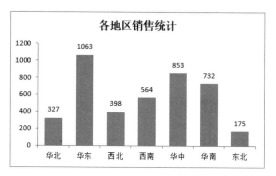

图 15-7　最普通的柱形图

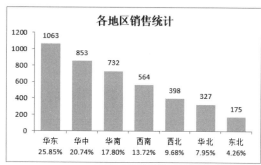

图 15-8　排序后的柱形图

一般来说，到此为止，图表算是能拿的出手了。但是，如果要分析的地区很多（不是这里的七八个），这种情况下，老板会更关注什么信息？老板会问，销售累计占比达 50% 以上的是哪些地区？此时，可以绘制如图 15-9 所示的条形图，并配备关键的说明文字，是不是更有说服力了？

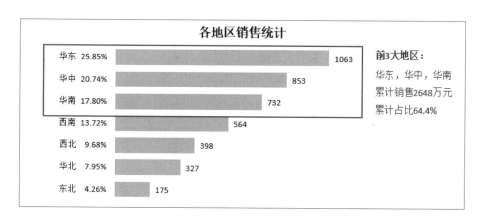

图 15-9　以条形图表达排名，表达主要信息

如果各个地区的销售统计表，不仅仅是全年的合计数，还有各个月的数据，如图 15-10 所示，该如何给老板解释这样的数据呢？

地区	1月	2月	3月	4月	5月	6月	7月	8月	9月	10月	11月	12月	合计
华北	31	28	36	29	30	22	31	28	21	31	22	18	327
华东	76	83	69	85	72	88	92	102	98	108	92	98	1063
西北	28	32	36	33	29	50	36	33	29	37	22	33	398
西南	46	56	53	65	61	57	47	42	39	32	37	28	564
华中	82	74	69	49	63	76	66	79	82	94	68	51	853
华南	67	49	55	61	44	49	41	53	76	75	78	84	732
东北	18	12	15	16	19	16	13	16	13	9	15	13	175
合计	348	334	333	338	318	358	327	353	358	386	334	325	4112

图 15-10　各个地区各月的销售数据

有些人想都不想，立刻画出如图 15-11 所示的折线图或者柱形图，实在不知道此人画出这样的图表是干什么用的，是为了应付差事吗？这种图表，是没经过大脑思考的产物。

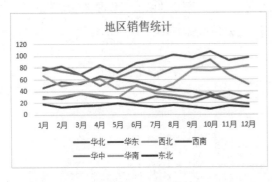
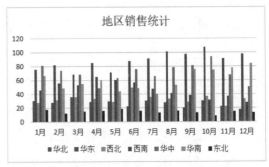

图 15-11　没经过大脑思考的图表

这张表格，至少反映了以下几个信息：

（1）本年度哪个地区的销售业绩最好？需要分析全年的合计数。

（2）如果某个地区销售（比如华东）最好，那么是不是月月都好？是月度销售波动剧烈（波动剧烈说明了什么？），还是稳步增长（这又说明了什么？），或者是逐月下降（这还说明了什么？），这个分析，需要使用各个月的数据。

要为每个地区的销售占比做出解释，并了解每个地区的销售趋势，就要联合使用饼图和折线图来表达了：使用饼图重点突出某个地区的贡献大小，使用折线图了解该地区的各月情况。图 15-12 就是一个分析例子。

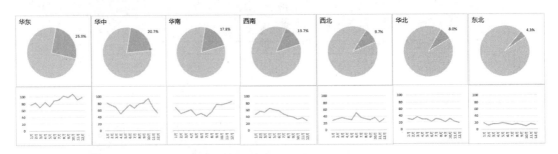

图 15-12　重点考察每个地区的占比和各月趋势波动

任何一个图表，都是对数据信息的提炼，是对数据的深刻解释，是发现问题、分析问题、解决问题的直观表达。并不是任何数据都画柱形图、饼图、折线图，需要根据具体数据信息，制作有说服力的分析图表。

图 15-13 是一个上半年的收入达成统计表，如何给领导解释？

项　目	1月		2月		3月		4月		5月		6月		上半年	
	实际	预算	实际	预算	实际	预算	实际	预算	实际	预算	实际	预算	实际	预算
租金收入	447.81	574.24	553.86	601.17	827.97	669.11	400.97	676.1	464.46	677.5	1367.45	679.05	4062.52	3877.17
物业费收入	50.68	144.61	141.15	148.49	113.62	148.75	95.98	148.5	121.08	148.28	435.36	147.78	957.87	886.41
空调费收入	82.61	237.93	253.06	245.88	184.55	245.53	165.74	245.21	200.99	244.9	661.9	244.87	1548.85	1464.32
合计	581.1	956.78	948.07	995.54	1126.14	1063.39	662.69	1069.81	786.53	1070.68	2464.71	1071.7	6569.24	6227.9

图 15-13　上半年收入统计

由于收入数据有 4 个：租金收入、物业费收入、空调费收入、总收入，每个月份的完成情况是不一样的，上半年各项收入的达成也是不一样的，如何清晰地把它们的信息说清楚呢？

这样的分析，本质上是预算执行差异分析：上半年预算执行情况如何？每个月执行情况如何？哪些月份出现了很大的偏差？原因是什么？等等。图 15-14 和图 15-15 是制作的收入分析仪表盘，可以很方便地选择某个收入项目，或者选择某个月份来查看。

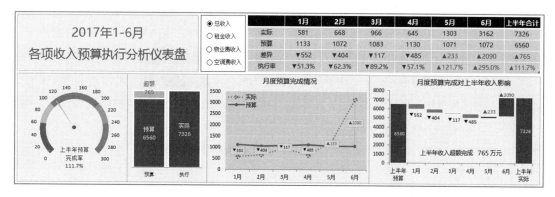

图 15-14　分析每个收入项目的预算执行情况

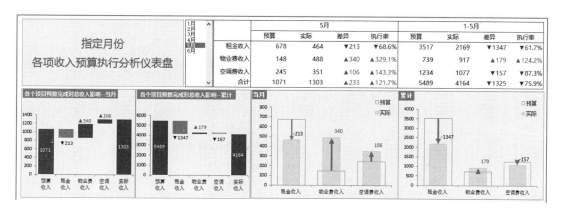

图 15-15　分析指定月份的各个收入项目的预算执行情况

15.1.3　数据充满思想，图表充满思考

任何一张图表，展现的都是你想要重点表达的信息。表格千万，不如一图展现，即一图抵万言。

15.2　从阅读表格入手

如何绘制高质量的数据分析图表？满眼的表格数字，应该从哪里入手呢？

15.2.1　阅读表格是基本功

阅读表格，是数据分析的第一步，也是绘制图表的第一步：表格的结构是什么？有几个维度？数据表达的是什么信息？要重点分析哪个维度、哪个信息？用什么形式把这些信息展现出来？要突出展示什么？你想要给领导传达一种什么样的想法？等等，这些思考，来源于对表格的仔细阅读和理解。

阅读表格至关重要，没有充分了解表格数据的信息，就不要轻易下手画图，否则只能说是乱涂鸦，不知所云。

15.2.2　案例剖析举例之一

图 15-16 的左边是历史数据和未来的预测数据，在这个数据中，我们关注的是两种数据的区别和联系，更关注未来的不确定性（预测），因此年份作为横轴，绘制折线图，利用一条分界线，把历史数据和未来预测数据分开，并把未来的线条设置为红色虚线，这样，我们会重点关注未来的信息。这些图表不能手工修饰，而要自动化地呈现，如图 15-17 所示。

状态	年度	业绩
历史	2011	483
历史	2012	698
历史	2013	867
历史	2014	948
历史	2015	1129
历史	2016	976
历史	2017	1086
预测	2018	1037
预测	2019	1121
预测	2020	1362
预测	2021	1248
预测	2022	1439

图 15-16　不同颜色折线表示不同类型数据

状态	年度	业绩
历史	2011	483
历史	2012	698
历史	2013	867
历史	2014	948
历史	2015	1129
历史	2016	976
历史	2017	1086
历史	2018	1037
预测	2019	1121
预测	2020	1362
预测	2021	1248
预测	2022	1439

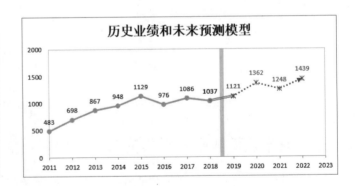

图 15-17　数据发生变化，图表自动调整

15.2.3　案例剖析举例之二

图 15-18 是两年 1~9 月各主要财务指标数据，可以想象，很多人拿到这样的数据，会直接用柱形图，这样的图表非常欠考虑，因为并没有把我们想要重点关注的信息表达出来：各项指标的两年对比。这种对比，不仅要看出它们的差异大小，还要呈现出一种过去和现在的强烈对比。因此，绘制两侧条形图（有人称之为旋风图）是最佳的表达方式，如图 15-19 所示。

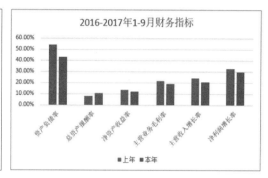

图 15-18　两年财务指标对比：柱形图是不好的

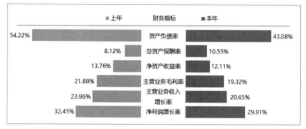

图 15-19　利用条形图对两年财务指标做强烈反差对比

15.2.4　案例剖析举例之三

图 15-20 是各个市场的两年营收数据统计，这样的汇总表格做完了，很多人会高高兴兴地给领导汇报。但是，估计有水平的领导会提出很多问题：去年各个市场的结构占比如何？今年又如何？两年呈什么样的变化？哪些市场在扩张？哪些市场在萎缩？两年总营收增长了 22.8%，都是哪些市场带来的？

这些问题，其实就是挖掘数据深层次的信息：尽管销售同比增长了，但是这种增长的质量如何？需要对哪些市场进行重点关注和改进？这些都需要在图表中展现出来，而不是领导一句一句地问，你才一个数字一个数字地找。图 15-21就是这个表格数据的图形化。

图 15-20　各个市场的两年营销统计报表

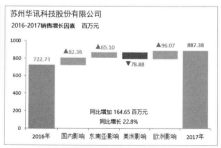

图 15-21　各个市场两年经营分析图表

15.2.5　案例剖析举例之四

图 15-22 是一个各月营收的预算执行情况统计，对于这样的表格，很多人还是两排柱形图矗立在那里就完事了，如图 15-23 所示。但是，这样的图表到底想要说明什么？

月份	预算	实际	差异
1月	627	794	167
2月	572	779	207
3月	669	773	104
4月	717	650	-67
5月	696	534	-162
6月	774	741	-33
7月	642	527	-115
8月	612	683	71
9月	494	747	253
10月	449		
11月	611		
12月	606		

图 15-22　各月预算执行情况

图 15-23　不知所云的图表

仔细阅读这张表格，它所要分析的重要信息，至少应该包含：

（1）1~9 月累计执行与 1~9 月累计预算完成情况如何？完成率是多少？超额或未完成缺口是多少？这样的信息怎么一目了然地表达出来？

（2）各月的预算执行情况如何？差异有多大？这里重点分析的信息是差异及其发展趋势，以便及时做出滚动预算调整。

图 15-24 就是针对这两个思考画出的分析图表，左侧的仪表盘醒目地标识出了 1~9 月累计预算完成情况。

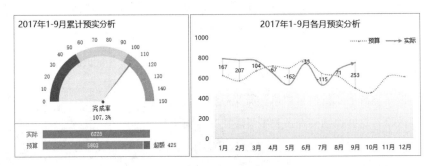

图 15-24　预算分析图表

15.3　绘制图表的基本方法

对于上述固定形式的图表，绘制起来并不难，执行插入图表命令即可。但是，根据数据源的不同，绘制的方法还是不一样的。

15.3.1　利用固定数据区域绘图

如果是一个固定的数据区域，单击数据区域某个单元格，或者选择数据区域，然后单击"插入"→"图表"命令即可，如图 15-25 所示。

图 15-25　插入图表功能组

案例 15-1

图 15-26 就是直接点击单元格区域后，插入的柱形图。

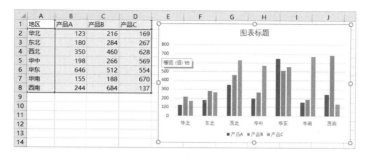

图 15-26　默认情况下，会选择所有数据绘制图表

图 15-27 就是单独选择某列数据后，插入的柱形图。

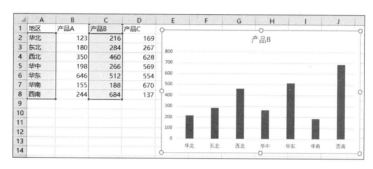

图 15-27　单独选择指定区域绘制图表

15.3.2　利用定义名称绘图

如果绘图区域不是工作表上的固定区域，而是定义好的名称，那么绘图方法就与上面的不同。

案例 15-2

图 15-28 是一个利用定义的动态名称绘图的例子，可以查看任意指定产品的各地区销售情况。

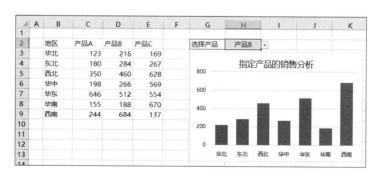

图 15-28　利用动态名称绘制的动态图表

本案例中，我们定义了两个名称。

地区：=Sheet1!$B$3:$B$9

产品：=OFFSET(Sheet1!$B$3,,MATCH(Sheet1!$H$2,Sheet1!$C$2:$E$2,0),7,1)

利用名称绘图的具体步骤如下。

步骤01 单击工作表中远离数据区域的任一空白单元格。

步骤02 插入一个没有任何数据的空白图表，如图 15-29 所示。

图 15-29　先插入一个空白图表

步骤03 在图表上右击，执行"选择数据"命令，或者单击图表的"设计"选项卡中的"选择数据"按钮，如图 15-30 所示，打开"选择数据源"对话框，如图 15-31 所示。

图 15-30　左图为快捷菜单中的"选择数据"命令，右图为功能区中的"选择数据"按钮

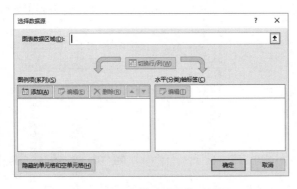

图 15-31　"选择数据源"对话框

步骤04 在"选择数据源"对话框中单击"添加"按钮，打开"编辑数据系列"对话框，输入系列名称，在"系列值"输入框中输入公式"=Sheet1! 产品"，如图 15-32 所示，然后单击"确定"按钮，返回到"选择数据源"对话框，如图 15-33 所示。

特别要注意，由于是使用名称绘图，在"系列值"输入框中，不能直接输入定义的名称，而要按照下面的规则输入：

= 工作表名 ! 定义的名称

图 15-32　"编辑数据系列"对话框

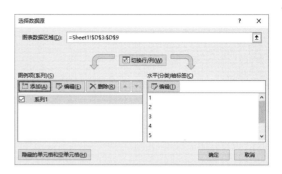

图 15-33　编辑好的数据系列

步骤 05 单击"选择数据源"对话框右侧的"水平（分类）轴标签"下的"编辑"按钮，打开"轴标签"对话框，输入轴标签区域的引用公式"=Sheet1! 地区"，如图 15-34 所示。

步骤 06 单击"确定"按钮，返回到"选择数据源"对话框，可以看到数据系列和轴标签都已经添加好，图表也显示出来了，如图 15-35 所示。

图 15-34　编辑轴标签（就是横轴标签）

如果还有其他已定义名称的数据系列要画，依上述步骤重来一遍即可。

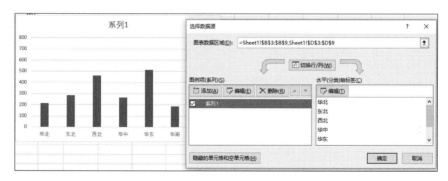

图 15-35　添加数据后，显示出图表

步骤 07 单击"确定"按钮，即得到需要的图表。

步骤 08 最后美化图表（将在后面进行介绍）。

15.3.3　为图表添加新数据系列

如果图表已经画好，现在又想往图表中添加新的数据系列，那么，根据数据的来源（固定区域和名称）不同，方法也有所不同。

如果是利用固定区域绘图的，为图表添加数据系列的方法有以下三种：

（1）利用"选择数据源"对话框添加，这个方法比较啰嗦。

（2）复制粘贴法。选择某个数据列或数据行，按 Ctrl+C 复制，再选择图表，按 Ctrl+V 粘贴，就将该数据添加到了图表上。

（3）拖动扩展区域法。先点击图表，可以看到图表所引用的数据区域，然后在工作表上对准引用区域的左下角或右下角的填充柄，往右或者往左拖动区域。

如果是利用名称绘图的，那只好在"选择数据源"对话框中添加数据系列了。

15.3.4　修改数据系列

对于利用固定区域绘制的图表，如果想要修改图表的绘图数据区域，可以直接在工作表上扩展或缩小单元格区域，也可以通过"选择数据源"对话框来进行。

还有一个方法是选择图表的某个系列，在编辑栏里修改 SERIES 函数公式，如图 15-36 所示。

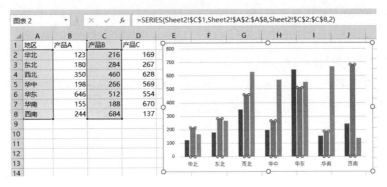

图 15-36　选择图表的某个数据系列，在编辑栏出现 SERIES 函数公式

SERIES 函数的语法如下：

`=SERIES(系列名称,分类轴区域,数据系列区域,系列序号)`

在这个函数公式中，可以直接修改这 4 个参数，从而改变该系列。

15.3.5　删除数据系列

删除数据系列很简单，在图表上选择某个要删除的数据系列，直接按 Delete 键即可。也可以右击鼠标，在快捷菜单里执行"删除"命令。

15.3.6　设置数据系列的坐标轴

很多图表中，需要根据具体情况，把某个或者某几个数据系列与其他的数据系列分开画在不同的坐标轴上，这就是设置主坐标轴和次坐标轴的问题。

把某个数据系列设置为次坐标轴的方法是：选择该数据系列，打开"设置数据系列格式"对话框，选择"次坐标轴"单选按钮，如图 15-37 所示。

图 15-38 就是绘制默认的销售量和销售额在一个坐标轴上的图表，由于销售额数字远大于销售量，结果导致销售量根本就看不见，另外两者单位不一样，绘制在同一个轴上根本是错误的。此时，选择数据系列"销售额"，然后设置其为次坐标轴，如图 15-39 所示。

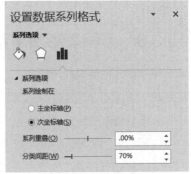

图 15-37　选择"次坐标轴"

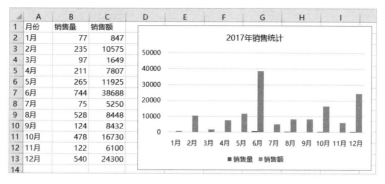

图 15-38　默认的同轴图表，销售量远小于销售额，单位不一样，图表是错误的

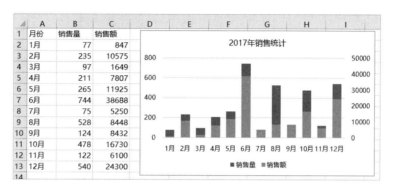

图 15-39　销售量在主坐标轴（左边的轴），销售额在次坐标轴（右边的轴）

但是，这种设置也存在一个很致命的问题：尽管它们分别在两个轴上，但由于销售量和销售额都绘制成了柱形图，因此两个柱形图是重叠的，这样导致销售量的柱形挡住了销售额的柱形，或者销售额的柱形挡住了销售量的柱形，因此这样的图表也是不对的。

这个问题，可以通过把其中一个柱形绘制为另外一个图表类型，比如折线图。下面介绍如何改变某个数据系列的图表类型。

15.3.7　设置数据系列的图表类型

上面的例子中，尽管把销售额绘制在了次坐标轴上，但图表仍然是不对的。此时，可以把销售额的图表类型设置为折线图，方法如下：选择销售额并右击"更改系列图表类型"命令，或者单击"设计"选项卡里的"更改图表类型"按钮，打开"更改图表类型"对话框，如图 15-40 所示。

在这个对话框的底部，从销售额右侧的下拉表里选择"折线图"即可，如图 15-41 所示。

图表的最终效果如图 15-42 所示。

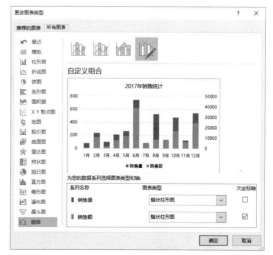

图 15-40　"更改图表类型"对话框

191

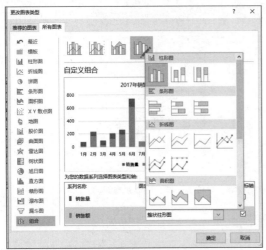

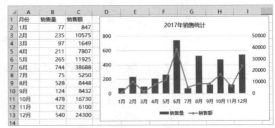

图 15-41　选择图表类型　　　　　　　　　　图 15-42　两轴、两种类型图表

15.3.8　图表的保存位置

默认情况下，图表作为工作表的嵌入对象，保存在当前工作表中，这样可以同时查看数据源和图表。

如果图表很大，希望单独保存，也可以把图表保存在为图表工作表，此工作表上没有单元格，只是一个图表。方法如下：单击右键快捷菜单里的"移动图表"命令，或者单击"设计"选项卡里的"移动图表"按钮，如图 15-43 所示，打开"移动图表"对话框，可以把本图表移动到另外一个工作表，也可以作为新工作表保存，如图 15-44 所示。

图 15-43　快捷菜单里的"移动图表"命令和"设计"　　　图 15-44　图表可以移动到另外一个工作表，
选项卡里的"移动图表"按钮　　　　　　　　　　也可以单独保存在一个工作表

15.3.9　复制图表

选择图表，按 Ctrl+C，然后单击工作表的某个单元格位置，或者另外一个工作表的单元格位置，再按 Ctrl+V，即可把图表复制到指定位置。

15.3.10　删除图表

如果是嵌入式图表，选择图表，直接按 Delete 键即可删除该图表。

如果是图表工作表，需要把该工作表删除。

15.4　格式化图表

制作完毕的图表，往往是最基本的粗线条，并不是最终的呈现图表，需要对图表进行编辑加工和格式化，以达到既重点突出，又美观易读的效果。

本节主要是让大家了解图表格式化的基本方法，具体每种图表的格式化，我们将在后面的内容中进行介绍。

15.4.1　图表结构及主要元素

在一个图表中，有很多图表元素，这些元素都有自己的名称和专业术语，搞清楚这些术语，有助于我们编辑加工图表。下面介绍一些主要的图表术语及其含义。关于这些术语在图表上的具体表示，将在后面的具体图表类型结构中加以介绍。

1. 图表区

图表区表示整个图表，包含所有数据系列、坐标轴、标题、图例、数据表等。

2. 绘图区

绘图区是图表的一部分，由垂直坐标轴和水平坐标轴及其副轴包围的区域。

3. 数据系列

数据系列是一组数据点，一般情况下就是工作表一行或一列数据。例如，在绘制折线图时，每条折线就是一个数据系列。

图表中的每个数据系列具有唯一的颜色或图案，并且在图表的图例中表示。我们可以在图表中绘制一个或多个数据系列。

Excel 会自动将工作表数据中的行或列标题作为系列名称使用。系列名称会出现在图表的图例中。系列名称也可以自己定义。如果在绘制图表时，既没有行或列标题作为系列名称使用，也没有由用户自己定义，那么 Excel 会自动将各个数据系列的名称命名为"系列 1""系列 2""系列 3"等。

4. 数据点

数据点就是工作表中某个单元格的值，在图表中显示为条形、线形、柱形、扇形、点或其他形状。例如，柱形图中每个柱体就是一个数据点，饼图中的每块饼就是一个数据点，XY 散点图中每个点就是一个数据点。

5. 数据标志

数据标志是一个数据标签，是指派给单个数据点的数值或名称。它在图表上的显示是可选的。数据标签可以包含很多项目，比如"系列名称""类别名称""值""百分比"和"气泡尺寸"等。

这里，"系列名称"就是每个系列的名称，既可由 Excel 自动将工作表数据中的行或列标题作为系列名称，也可以由用户自己定义，或者采用默认的名称"系列 1""系列 2""系列 3"等。

"类别名称"是指分类轴上的单个标记，例如前面图表横轴上的"华北""华南""西北"等。

"值"就是每个数据点具体的数值。

"百分比"是指每个数据点具体数值占该系列所有数据点数值总和的百分比。

"气泡尺寸"是指在绘制气泡图时，第 3 个系列的数值大小。

6. 坐标轴

一般情况下，图表有两个用于对数据进行分类和度量的坐标轴：分类轴（或 / 和次分类轴）和数值轴（或 / 和次数值轴）。三维图表有第三个轴。饼图或圆环图不显示坐标轴。

某些组合图表一般还会有次分类轴和次数值轴。

次数值轴出现在主数值轴的绘图区的对面，它用来绘制混合类型的数据（如数量和价格、金额和百分比，以及特殊的图表）。一般情况下，主数值轴在绘图区的左侧，次数值轴在绘图区的右侧（对于条形图，主数值轴在绘图区的下部，而次数值轴在绘图区的上部）。

次分类轴出现在主分类轴的绘图区的对面。一般情况下，主分类轴在绘图区的底部，而次分类轴在绘图区的上部。

分类轴就是我们通常所说的 X 轴，数值轴就是我们通常所说的 Y 轴。

坐标轴包括坐标刻度线、刻度线标签和轴标题等。刻度线是类似于直尺分隔线的短度量线，与坐标轴相交。刻度线标签用于标识坐标轴的分类或值。轴标题是用于对坐标轴进行说明的文字。

7. 图表标题

图表标题用于对图表的功能进行说明，通常出现在图表区的顶端中心处。

8. 网格线

网格线是添加到图表中以易于查看和计算数据的线条，是坐标轴上刻度线的延伸，并穿过绘图区。有了网格线，可以很容易地回到坐标轴进行参照。

网格线有水平网格线和垂直网格线。

根据图表类型的不同，有的图表会自动显示数值轴的主要网格线。

9. 图例

图例是一个文本框，用于标识图表中每个数据系列或分类指定的图案或颜色。默认情况下，图例放在图表的右侧。

10. 分类间距和重叠比例

分类间距用于控制柱形簇或条形簇之间的间距；分类间距的值越大，数据标记簇之间的间距就越大，相应的柱形簇或条形簇就越细。

重叠比例用于控制柱形簇或条形簇内数据点的重叠。重叠比例越大，数据标记簇之间的重叠就越厉害。

11. 趋势线

趋势线以图形方式说明数据系列的变化趋势。它们常用于绘制预报图表，这个预报过程也称为回归分析。

支持趋势线的图表类型有非堆积型二维面积图、条形图、柱形图、折线图、XY 散点图等；但不能向三维图表、堆积型图表、雷达图、饼图或圆环图的数据系列中添加趋势线。如果更改了图表或数据系列而使之不再支持相关的趋势线，例如将图表类型更改为三维图表或者更改了数据透视图或相关联的数据透视表，则原有的趋势线将丢失。

12. 高低点连线

高低点连线是图表几个数据系列中最大值和最小值之间的一条垂直线条，用于标识高点和低点之间的距离。在折线图、XY 散点图中，高低点连线是很有用的。

13. 垂直线

垂直线是数据点与分类轴之间的垂直线条，在折线图中使用。

14. 涨跌柱线

用于在折线图中显示数据上涨量或下降量的实体柱形，多用于分析因素变化。涨跌柱线在折线图才会有。

15. 误差线

误差线以图形形式显示了与数据系列中每个数据标志相关的可能误差量。例如，可以在科学实验结果中显示 ±5% 的可能误差量。

支持误差线的图表有面积图、条形图、柱形图、折线图、XY（散点）图和气泡图。对于 XY 散点图和气泡图，可单独显示 X 值或 Y 值的误差线，也可同时显示两者的误差线。

16. 数据表

显示在图表底部的绘图数据表格，用于展示绘图数据。当数据系列很多时，数据表就比较有用了，此时若在图表上显示数据标签，会使图表很乱，但数据表会让图表显得非常整洁。

15.4.2　为图表添加元素

如果图表上没有某个元素，比如没有图表标题，没有数据标签，我们可以为其添加，方法是在"设计"选项卡中，单击最左侧的"添加图表元素"下拉按钮，选择要添加的图表元素即可，如图 15-45 所示。

图 15-45　为图表添加元素

15.4.3　选择图表元素的方法

一般来说，鼠标直接单击图表上的柱形、条形、图例、标题、坐标轴等，就选中了该元素。

但是，在有些情况下，这种直接点选的方法并不好用，比如在默认情况下，销售额和占比两个数据系列都会绘制在主轴上，但是需要把占比绘制在次轴上，并用折线图表示，此时的占比数据是横卧在横轴上的一条与横轴重合的线条，很不容易选择。

选择图表元素的最佳方法是使用图表元素选择下拉框，它位于"格式"选项卡最左边的"当前所选内容"功能组中，如图 15-46 所示，从下拉列表中选择某个元素即可。

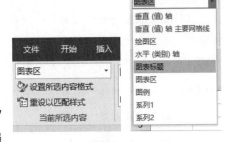

15.4.4 设置图表元素格式的工具

图表格式化，是在"格式"选项卡中进行的，如图 15-47 所示。在此选项卡中，可以设置形状样式，插入形状并编辑形状，从图表元素下拉框中选择某个元素，然后单击下

图 15-46 图表元素选择框

拉框下面的"设置所选内容格式"，打开该元素的格式窗格（出现在工作表的右侧），然后就可以进行有关设置了，如图 15-48 所示。

图 15-47 图表的"格式"选项卡

图 15-48 工作表右侧出现的图表元素格式窗格

15.4.5 格式化图表区

图标区格式主要包括：边框、填充颜色、字体、大小、属性，如图 15-49 所示。

这里要特别说明的是，如果设置图表区的字体，就会把图表上所有元素的字体统一设置。

属性是指图表要不要打印、要不要锁定、是否随单元格改变位置和大小。

图 15-49 设置图表区格式

15.4.6　格式化绘图区

绘图区格式设置是填充和边框。绘图区设置应与图表区协调。一般情况下，绘图区设置为无边框、无填充，如图 15-50 所示。

图 15-50　设置绘图区格式

15.4.7　格式化坐标轴

坐标轴包括分类轴和数值轴，设置的项目包括：线条、填充、对齐方式、坐标轴选项（项目比较多，比如最小值、最大值、单位等），坐标轴项目要一个一个地仔细设置，如图 15-51 所示。

图 15-51　设置坐标轴格式

15.4.8　格式化图表标题、坐标轴标题、图例

这些标题和图例的设置比较简单，没有的就根据需要添加，有的就设置其格式。这些设置的内容主要是字体、边框、对齐方式、位置等。

15.4.9　格式化网格线

图表的网格线有水平网格线和垂直网格线。格式化网格线是美化图表非常重要的一项工作，之所以重要，是因为网格线的样式、颜色、粗细等关系到图表的美观，尤其是在绘制 XY 散点图和折线图这样的图表时，网格线会在一定程度上影响图表数据和曲线的观察和分析。一般情况下，对网格线主要是设置其图案格式，即网格线线条的样式、颜色和粗细，这些项目应与图表的整体结构和颜色相匹配。

15.4.10　格式化数据系列

数据系列是图表的重要组成部分，是图表的核心。为了使图表能够清楚、准确地表达需要的信息，对数据系列进行格式化是非常重要的。

对数据系列进行格式化（图 15-52）的主要内容包括：

● 设置系列的边框和填充颜色，或者线形和数据标记等。

● 设置系列的坐标轴位置，即绘制在主坐标轴上还是绘制在次坐标轴上。

● 设置系列的分类间距和重叠比例。

● 设置系列的其他选项，包括是否显示系列线、是否依数据点分色等。对于折线图，还可以设置是否显示垂直线、高低点连线、涨 / 跌柱线等。对于饼图，还可设置第一扇区的起始角度。对于圆环图，还可设置第一扇区的起始角度和圆环图内径大小。对于气泡图，还可设置气泡的大小、表示方式及缩放比例，等等。

图 15-52　设置数据系列格式

15.4.11　格式化数据标签

数据标签是数据系列的一项重要设置。在数据系列上设置标签，主要包括：标签内容（单元格的值、系列名称、类别名称、值、百分比等）、标签位置、字体、对齐等，如图 15-53 所示。重点是设置数据标签的内容，对不同类型的图表，要显示不同的内容，比如柱形图和折线图显示值，饼图和圆环图显示百分比，也可以显示单元格指定的数据（将标签与单元格通过公式链接起来）。

图 15-53　设置数据标签格式

15.4.12　突出标识图表的重要信息

图表绘制完成后，可以使用形状或单独设置数据点格式，来强调某个重要信息，图 15-54 就是一个例子。

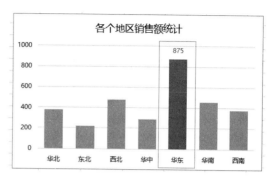

图 15-54　突出标识图表的重要信息

15.4.13　让图表元素显示为单元格数据

为了能够让图表自动说明重要的信息，可以将图表元素显示为单元格数据。

例如，在制作动态图表时，希望图表标题随着选项的变化而显示为不同的说明文字，那么就可以在单元格输入变动的字符串，然后选择图标标题，再单击编辑栏，输入等号（=），再用鼠标点选该单元格，最后按 Enter 键即可。

15.4.14　让数据点显示为形状

图 15-55 利用形状特别修饰重点信息，具体方法是：先在工作表上插入一个形状，然后复制该形状（按 Ctrl+C），再选中某个数据点（先单击数据系列，再单击该数据点，就单独选中了该数据点），按 Ctrl+V 即可。

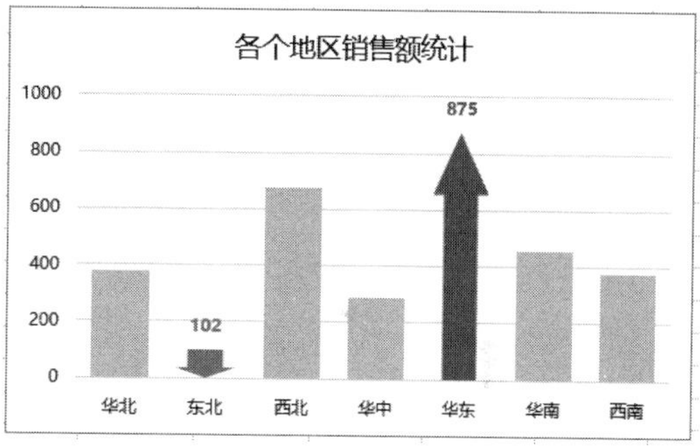

图 15-55　让数据点显示为形状

15.4.15　简单是美

图表是向别人传达信息的，图表不是时装秀，因此，图表的美化不应影响主体信息的表达，不要给人一种五彩缤纷的感觉。一句话：简单是美。

15.5　常见分析图表及其基本应用案例

前面介绍了一些图表选用的基本知识，下面我们就这些图表的制作方法及实际应用进行介绍。

15.5.1　柱形图

由一系列垂直柱体组成，通常用来比较两个或多个项目的相对大小，但这种图表对趋势的分析较弱。例如：不同产品每月、季度或年的销售量对比，几个项目中不同部门的经费分配情况等。柱形图是应用较广的图表类型，是 Excel 的默认图表。图 15-56 就是分析各个地区销售的统计柱形图。

柱形图重点考察各个项目的数值大小，可以根据实际情况，绘制簇状柱形图、堆积柱形图等。

案例 15-3

图 15-56 是最常见的柱形图，在这个图中，合计设置了分类间距（一般以 50%~100% 之间较好）、柱形填充颜色以及在柱形顶部显示值。

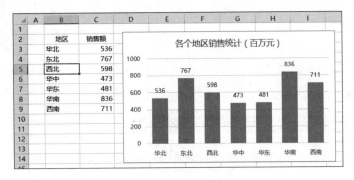

图 15-56　普通的簇状柱形图

图 15-57 所示的图表分析各个地区、各个产品的销售情况，由于既要观察每个产品在各个地区的销售情况，也要考察各个地区所有产品销售额的占比，因此绘制堆积柱形图是比较好的，再插入系列线，这种区别看起来就更加清楚了。

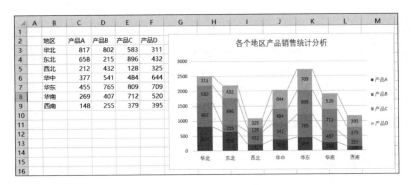

图 15-57　堆积柱形图

15.5.2　条形图

由一系列水平条组成，用来比较两个或多个项目的相对大小。因为它与柱形图的行和列刚好旋转了 90 度，所以有时可以互换使用。例如，可以用条形图制作工程进度表、制作两个年度的财务指标对比分析图等。当需要特别关注数据大小，并且分类名称又较长时，条形图就比较合适了。

条形图并不是像柱形图那样被人用得很多，但是，在绘制某些比较分析图表以及结构分析图表时，条形图就非常有用了。下面举两个例子予以说明。

案例 15-4

图 15-58 是前十大客户销售额统计，大部分人会绘制柱形图。由于客户名称较长，导致分类轴上名称斜着排列，并且占用了很大的图表空间，使得柱形很小很短，影响观察。

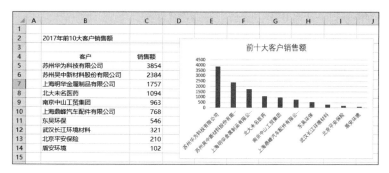

图 15-58　柱形图表示的前十大客户：很不理想

如果绘制成条形图，就非常直观清晰了，如图 15-59 所示。

图 15-59　柱形图表示的前十大客户：更加清晰

在绘制条形图时，默认情况下，会得到图 15-60 所示的图表：各个客户的上下次序跟工作表的上下次序正好相反，数值轴在底部。这是因为条形图的坐标轴原点是左下角。此时，需要对条形图做如下设置：

（1）设置分类轴格式，选择"逆序类别"，如图 15-61 所示。

（2）一般情况下，如果显示了数据系列的标签，可以删除网格线。

（3）合理设置数据系列的分类间距。

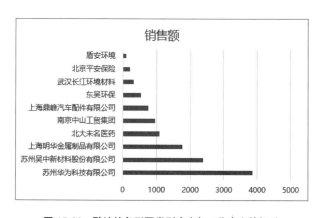

图 15-60　默认的条形图类别次序与工作表上的相反

图 15-61　选择"逆序类别"

条形图还可以用来分析二维占比。图 15-62 是分析各个地区每个产品的占比。这种图表，实际上是堆积百分比条形图，方法是：先做一个辅助区域，计算出每个产品占每个地区的比例，然后用这个辅助区域绘制堆积百分比条形图，最后进行格式化即可。

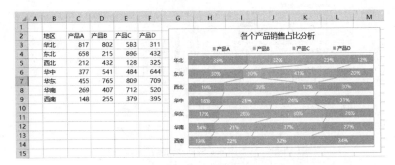

图 15-62　用堆积百分比条形图表达二维占比分析

15.5.3　折线图

折线图用来显示一段时间内的变化趋势，一般来说横轴是时间序列。比如，跟踪每天的销量变化、分析价格变化区间及走势、日生产合格率达成目标的跟踪分析、每个月的预算与实际跟踪比较分析。

折线图画起来并不难，但要合理设置网格线、数据标签、数据点标记、趋势线。

案例 15-5

图 15-63 就是一个折线图的应用案例。这个图表中，使用无数据点标记的折线，可以更加清楚地观察数据的变化。

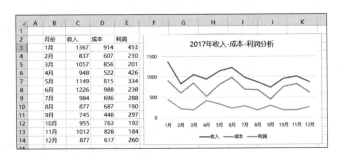

图 15-63　普通折线图表达三个数据及其变化趋势

如果就是一个数据系列，最好添加趋势线，引导图表使用者重点观察数据的变化趋势，如图 15-64 所示。

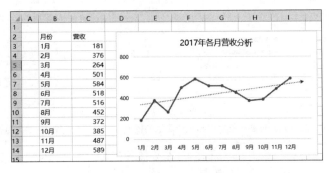

图 15-64　添加趋势线，重点查看变化趋势

某些情况下，在折线图中使用网格线可以更好地观察数据的波动情况，如图 15-65 所示。

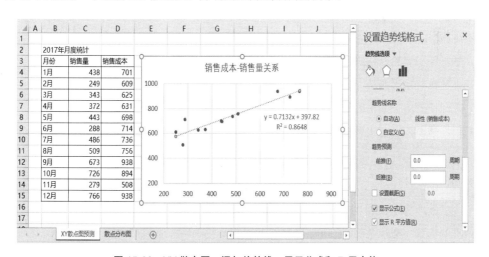

图 15-65　使用网格线观察数据波动情况

15.5.4　XY 散点图

XY 散点图用来展示成对的数和它们所代表的趋势之间的关系。XY 散点图的重要作用是可以用来绘制函数曲线，从简单的三角函数、指数函数、对数函数到更复杂的混合型函数，都可以利用它快速准确地绘制出曲线，在教学、科学计算中会经常用到 XY 散点图。 此外，在经济领域中，还经常使用 XY 散点图进行经济预测，进行盈亏平衡分析等。

XY 散点图并不难画，选择区域，插入 XY 散点图即可。

XY 散点图还可以直接在图表上显示预测方程和相关系数，这样可以更好地对数据进行预测。

案例 15-6

图 15-66 就是一个绘制 XY 散点图，并利用趋势线预测的例子。

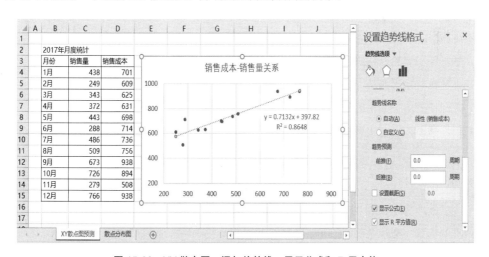

图 15-66　XY 散点图，添加趋势线，显示公式和 R 平方值

基本步骤是：先绘制 XY 散点图，再执行"添加图表元素"下拉菜单里的"其他趋势线选项"命令，打开"设置趋势线格式"对话框，根据数据点的分布，选择合适的趋势线选项，并勾选"显示公式"和"显示 R 平方值"，如图 15-67 和图 15-68 所示。

图 15-67　执行"其他趋势线选项"命令　　图 15-68　勾选"显示公式"和"显示 R 平方值"

15.5.5　饼图

说起饼图，很多人都说会画，但是，饼图的根本目的并不是显示所有的项目构成占比。如果有 20 多个项目，有的很大，有的很小，难道你继续画饼图吗？如果再显示标签，这个饼图就像一只蜘蛛似的龇牙咧嘴、张牙舞爪的，别提多难看了。

饼图用于对比几个数据在其形成的总和中所占百分比值时最有用。整个饼代表总和，每一个数用一个扇形区域来表示。比如：表示不同产品的销售量占总销售量的百分比、各单位的经费占总经费的比例。

但是，饼图不适合项目特别多的场合，此时的饼图显得非常凌乱，当某些项目数据差别不大时，根本就看不出它们之间的差异。

饼图的主要用途是展示重点关注的前几大项目，而不是全部都显示，小项目可以放到其他内容里。绘制饼图时，要注意以下几点：

（1）尽可能不要绘制三维饼图。

（2）合理设置扇形的填充颜色。

（3）合理设置第一扇形的旋转角度。

（4）根据需要，合理设置数据系列标签内容及显示位置，有时候需要手工设置标签的位置和引导线。

案例 15-7

图 15-69 是最普通的饼图，在这个图中，显示所有项目的标签（类别名称、值和百分比），由于小项目挤在一起，因此需要手工把每个数据点标签挪挪位置。

我们也可以将那些小项目绘制在一个小饼里，这就是复合饼图，如图 15-70 所示。复合饼图的画法是：选择区域，绘制复合饼图，然后设置系

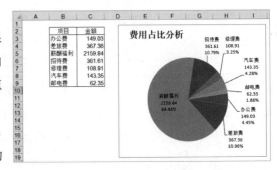

图 15-69　普通的饼图

列格式，选择系列分割依据（有位置、值、百分比值和自定义 4 种），然后设置相应的分割条件，如图 15-71 所示。

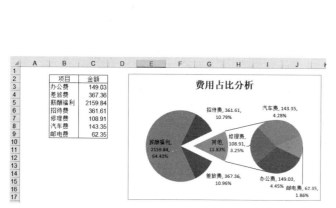

图 15-70　复合饼图　　　　图 15-71　设置系列分割依据

为了突出某个项目，可以把该项目的扇形单独拖出来，方法是：先单击饼图的某个扇形，再单击要单独拖放的扇形，按住左键拖动即可如图 15-72 所示。

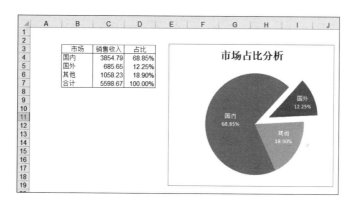

图 15-72　突出某个项目

当项目特别多时，最好把要关注的最重要几个项目数据画出来，其他所有的项目归到其他类别里去，同时手工设置引导线和标签位置。比如最关心前 5 大省份，如图 15-73 所示。

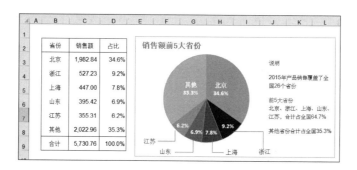

图 15-73　合理布局饼图

对于三维饼图来说，应合理设置数据标签及位置、绘图区填充颜色等，如图 15-74 所示。

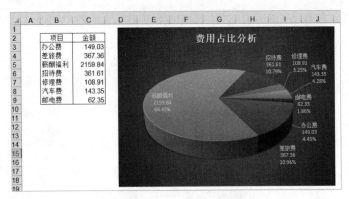

图 15-74　三维饼图的例子

15.5.6　圆环图

如果要分析多个系列数据中每个数据占各自数据列的百分比，可以使用环形图。如果将饼图与圆环图结合起来，还可以制作出更加复杂的组合图表，使图表的信息表达更加丰富。

圆环图，用于多系列数据的结构分析，例如同时展现销售额和毛利的结构分析，可以绘制两个圆圈来分别表示。

圆环图的重点是设置内径大小，否则图表比较难看。另外，画出的圆环图的内圈和外圈看不出来是哪个数据系列，因此还需要在图表上插入文本框予以说明。

案例 15-8

图 15-75 和图 15-76 是圆环图示例及格式设置。

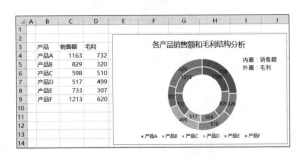

图 15-75　圆环图的例子

图 15-76　设置内径大小

如果仅仅是一个数据系列，在很多情况下，圆环图要比饼图好看的多，如图 15-77 所示，而且圆环中间的空白部分还可以插入一个图片来修饰。

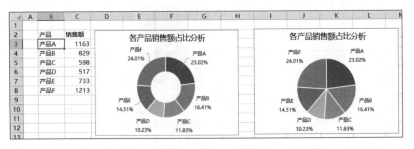

图 15-77　圆环图与饼图比较

另外，圆环图在表达大类和小类方面，也是非常方便的，如图 15-78 所示。

图 15-78　圆环图用来表示大类和小类的组成

这个大类和小类圆环图的绘制稍微麻烦些，不能用常规的方法来绘制，有一些需要注意的事项和应该掌握的小技巧。下面简单介绍这个图表的绘制方法。

步骤 01　先插入一个空白的圆环图。

步骤 02　打开"选择数据源"对话框，添加两个数据系列（图 15-79）。

数据系列"地区"：值为"=C3:C12"，分类标签为"=B3:B12"。

数据系列"分类销量"：值为"=E3:E12"，分类标签为"=B3:B12"。

得到的基本图表如图 15-80 所示。

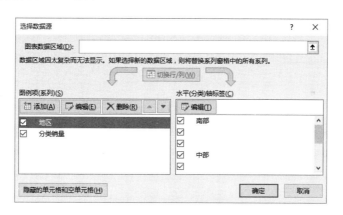

图 15-79　添加数据系列

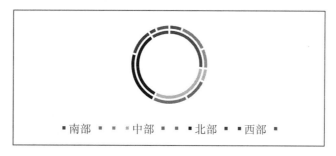

图 15-80　得到的基本图表

步骤 03　在得到的基本图表中调整内径大小，并显示标签，其中内圈设置为显示"系列名称"和

"值"，分隔符选择"(新文本行)"；外圈设置为显示"值"，并勾选"单元格中的值"，然后选择单元格区域"D3:D12"，如图 15-81 和图 15-82 所示。

图 15-81　内圈的数据标签设置　　　　图 15-82　外圈的数据标签设置

步骤 04 最后设置扇形填充颜色、数据标签字体等。

15.5.7　面积图

面积图用来显示一段时间内变动的幅值。当有几个部分正在变动，而你对那些部分总和感兴趣时，面积图特别有用。面积图使你看见单独各部分的变动，同时也看到总体的变化。我们可以使用面积图进行盈亏平衡分析、对价格变化范围及趋势分析进行分析及预测等。

面积图在实际工作中用得并不多，但在某些方面，使用面积图要比普通的图表效果好。比如下面的各个地区各个产品的销售统计，堆积柱形图和堆积面积图相比较，面积图的冲击力要比柱形图强。

案例 15-9

图 15-83 是柱形图与面积图对比效果。

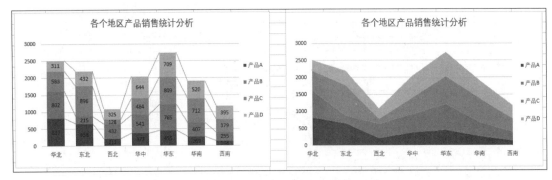

图 15-83　堆积柱形图和堆积面积图对比

如果将面积图与折线图结合起来，数据的展示效果会更好，这在经营分析中是非常有用的。图 15-84 就是一个例子，此图中把同一个数据绘制了两个图形：一个是面积图，一个是折线图，并把分类轴位置设置在刻度线上。这种图表，更加强化了随时间的推移，营收的变化情况。

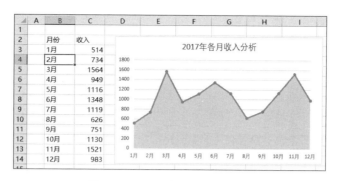

图 15-84　面积图与折线图组合使用

15.5.8　雷达图

雷达图显示数据如何按中心点或其他数据变动。每个类别的坐标值从中心点辐射。来源于同一序列的数据同线条相连。采用雷达图来绘制几个内部关联的序列，很容易地做出可视的对比。例如，我们可以利用雷达图对财务指标进行分析，建立财务预警系统。

雷达图用来比较多个数据系列。在雷达图中，每个类别都有自己的数值轴，由中心点向外放射。线条连接同一系列中的所有数值。

在雷达图上，从中心向外的辐射线是数值轴，围绕中心的一圈一圈的圆周线是数值轴主要网格线，每条射线末端的数据为分类标志，沿着射线向外递增的数字是数值轴刻度标签，图中的不规则折线是数据系列。

雷达图制作非常简单，选择区域，插入雷达图，进行简单的美化即可，如图 15-85 所示。

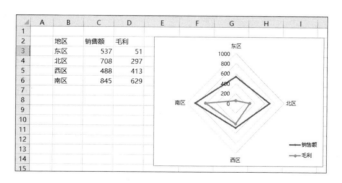

图 15-85　普通的雷达图

雷达图更多的是数据的预警监控，尤其是在财务经营分析中。比如，在进行财务报表综合评价分析时，会涉及很多指标，需要将指标与参照值一一比较，往往会顾此失彼，难以得出一个综合的分析评价。这时可以借助雷达图进行财务指标的综合分析。

财务指标雷达图通常由一组坐标轴和三个同心圆构成。每个坐标轴代表一个指标。同心圆中最小的圆表示最差水平或是平均水平的 1/2；中间的圆表示标准水平或是平均水平；最大的圆表示最佳水平或是平均水平的 1.5 倍。其中，中间的圆与外圆之间的区域称为标准区。

在实际应用中，可以将实际值与参考的标准值进行计算比值，以比值大小来绘制雷达图，以比值在雷达图的位置进行分析评价。按照实际值与参考值计算的比值来绘制雷达图，意味着标准值为

1。因此，只要对照比值在雷达图中的数值分布，偏离 1 程度的大小，便可直观地进行综合分析。

制作财务指标雷达图，需要做数据的准备工作，包括：

（1）输入企业实际数据。

（2）输入参照指标。比较分析通常都需要将被分析企业与同类企业的标准水平或是平均水平进行比较。所以还需要在工作表中输入有关的参照指标。我国对不同行业、不同级别的企业都有相应的标准，因此可以用同行业同级企业标准作为对照。

（3）计算指标对比值。注意有些指标为正向关系，即对比值越大，表示结果越好；有些指标为负向关系，对比值越大，则表示结果越差。在制图时，要将所有指标转变为同向指标。正向指标的计算公式：= 本公司指标 / 行业平均值；反向指标的计算公式：= 行业平均值 / 本公司指标。这里，除资产负债率是反向指标外，其他的都是正向指标。

（4）创建雷达图。

数据准备好以后，即可制作雷达图了。

案例 15-10

图 15-86 就是一个财务指标雷达图的例子。

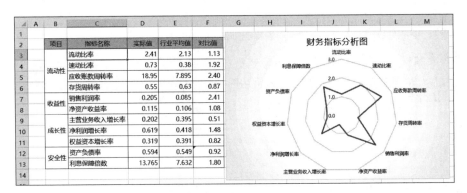

图 15-86　普通的雷达图

15.5.9　气泡图

气泡图是 XY 散点图的扩展，它相当于在 XY 散点图的基础上增加了第三个变量，即气泡的大小尺寸。当有两列数据时，第一列数据将反映 Y 轴的值，第二列数据将反映气泡的大小；当有三列数据时，第一列数据将反映 X 轴的值，第二列数据将反映 Y 轴的值，第三列数据将反映气泡的大小。

气泡图可以应用于分析更加复杂的数据关系。例如，要考察不同项目的投资，各个项目都有风险、收益和成本等估计值，使用气泡图，将风险和收益数据分别作为 X 轴和 Y 轴，将成本作为气泡大小的第三组数据，可以更加清楚地展示不同项目的综合情况。

案例 15-11

图 15-87 分析商品市场增长率、市场份额和销售额，横轴是市场增长率，纵轴是市场份额，气

泡大小是销售额。可以看出，饼干销售额最高，市场份额也最大，市场增长率却是最低的。而状元饼尽管销售额并不大，但不论是市场增长率还是市场份额，都呈现较高的增长。

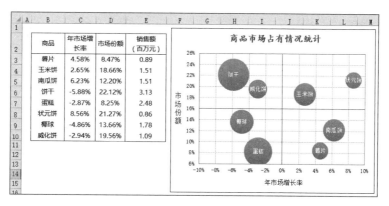

图 15-87　商品市场增长率 - 市场份额 - 销售额分析

这个图表的制作步骤如下。

步骤 01　选择区域，绘制如图 15-88 所示的气泡图（在 XY 散点图类别里寻找）。

步骤 02　设置横轴的最小刻度和最大刻度分别为 -10% 和 10%，主要刻度单位为 0.02，百分比数字不显示小数点，并把标签位置显示为"低"，设置坐标轴的线条颜色，如图 15-89 所示。

步骤 03　纵轴的最小刻度和最大刻度分别为 6% 和 26%，主要刻度单位为 0.02，百分比数字不显

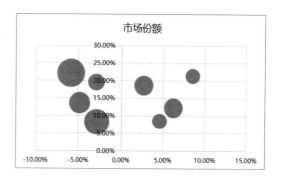

图 15-88　初步的气泡图

示小数点，并把标签位置显示为"低"，把纵坐标轴交叉设置为"坐标轴值"，值设置为 0.16，设置坐标轴的线条颜色，如图 15-90 所示。

图 15-89　设置横轴的格式　　　图 15-90　设置纵轴的格式

步骤 04　修改标题，得到如图 15-91 所示的图表。

步骤 05　设置气泡的数据标签，比如显示"年市场增长率"，就得到如图 15-92 所示的图表。

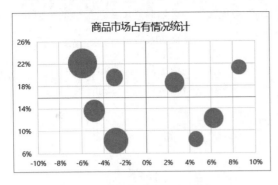
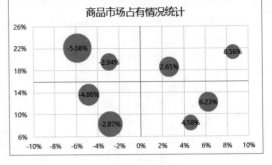

图 15-91　格式化坐标轴后的气泡图　　　　　图 15-92　显示数据标签

步骤 06 这个数据标签并不是每个商品的名称，可以通过将数据标签与单元格建立公式连接的方式显示商品名称，方法是：单击数据标签，再单击某个数据标签，就选择了该数据点的数据标签，比如这里选择了标签 -5.88%，然后将光标移到公式编辑栏中，输入等号 "="，再点选 B6 单元格，就在编辑栏中输入了公式 "=Sheet1!$B$6"，然后按 Enter 键，即在该气泡上显示了商品名称 "饼干"。

依照此方法，一个一个设置标签，就得到需要的结果。

步骤 07 最后设置气泡的格式，设置字体、网格线格式，调整图表大小。

15.5.10　树状图

树状图提供数据的分层视图，以便轻松地发现何种类别的数据占比最大，比如商店里的哪些商品最畅销。树分支表示为矩形，每个子分支显示为更小的矩形。树状图按颜色和距离显示类别，可以轻松显示其他图表类型很难显示的大量数据。树状图适合比较层次结构内的比例。树状图是把多层数据自动进行汇总计算并从大到小排序，然后绘制成一片一片的区域，每个大类是一个颜色，每个大类下又分成几个小片，这些小片区域组成该大类。

案例 15-12

树状图绘制并不难，图 15-93 是一个国内外产品销售统计分析。绘制树状图的主要注意点是：选中区域，插入图表，然后根据需要设置数据标签（类别名称和值），并设置每个国家树状区域的填充颜色，以及大标题文字的格式。

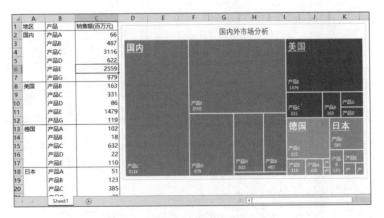

图 15-93　利用树状图分析国内外市场

15.5.11　旭日图

旭日图非常适合显示分层数据。层次结构的每个级别均通过一个环或圆形表示，最内层的圆表示层次结构的顶级。从内往外逐级显示。

旭日图重点是分析数据的多层结构以及某些特殊项目本身的结构。这种图表在分析多维数据方面是非常有用的，比如市场 - 产品分析。旭日图会自动把各层的类别合计数进行排序，按顺时针方向，从大到小排序。

案例 15-13

图 15-94 是一个分析各个地区、省份的销售数据，对几个要特别关注的省份，又列示了自营和加盟的销售。从本图可以看出，东区销售最大，北区第二，南区第三，西区最末。在东区，上海最好，江苏次之，浙江第三，福建第四。在上海中，自营店销售最多。

在绘制旭日图时，数据结构的整理是很重要的。从左往右依次是类别层次，最右边一列才是绘图的数据。

为了在图表上能够显示左边几列类别的名称及其数据，可以使用公式做字符串。比如本案例的单元格 A2 公式是 "=" 北区 "&CHAR(10)&ROUND(SUM(D2:D9),0)"，单元格 B2 公式为 "=" 北京 "&CHAR(10)&ROUND(SUM(D2:D3),0)"。

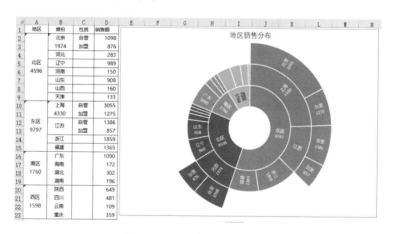

图 15-94　利用旭日图分析市场

15.5.12　直方图

直方图是对数据进行频数（就是出现的次数）进行统计后所绘制的柱形图，所以直方图实质上是柱形图。但是直方图会直接把原始数据进行统计计算，按照你所设定的标准进行分组，因此不需要使用 FREQUENCY 函数。

直方图会自动从数据区域内找出最小值和最大值，然后再根据我们设置的"箱宽度"（也就是分组间距），统计各个区间内的单元格个数。

案例 15-14

图 15-95 是一个统计销售量订单的直方图，来分析不同销售量区间内的订单数。

这个图表的制作并不复杂，选择区域，绘制直方图，然后设置分类轴格式，根据实际情况，设置"箱宽度"为合适的值，如图 15-96 所示。

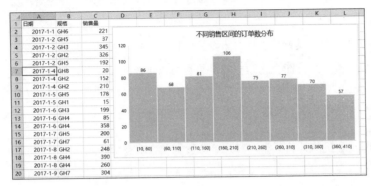

图 15-95　利用直方图分析销售订单分布

图 15-96　设置"箱宽度"

15.5.13　箱形图

箱形图多用于显示数据的四分位点分布，突出显示平均值和离群值。箱形可具有可垂直延长的名为"须线"的线条，这些线条指示超出四分位点上限和下限的变化程度，处于这些线条或须线之外的任何点都被视为离群值。

在以往版本的分析工资的四分位值时，我们需要使用折线图来变形，通过设置涨跌柱线的方法，来绘制这样的图表。Excel 2016 提供了用于分析数据四分位值的箱形图。

案例 15–15

图 15-97 就是一个工资分析中的四分位图的例子。这样的图表绘制很容易，选择数据区域，绘制箱形图，然后设置数据系列格式即可。

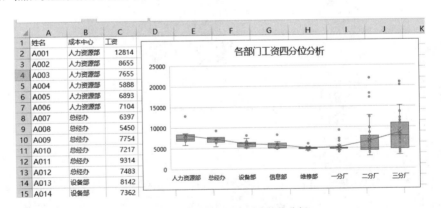

图 15-97　箱形图：工资四分位值分析

15.5.14　漏斗图

在一些涉及各个阶段的数据分析中，漏斗图是非常有用的。例如，网上订单转化率分析、商场顾客分析。客户首先浏览商品，然后会把一些感兴趣的商品放入购物车，但不见得是购物车的所有商品都会生成订单，而在生成的订单中，也不是所有的订单生成支付订单，最后在这些支付订单中，也是部分订单才完成交易。这种开始数据量很大，随着流程的往下进行，数据量会越来越小，使得图形犹如漏斗状。

案例 15−16

图 15-98 是一个漏斗图的例子，选中数据区域，插入漏斗图即可。

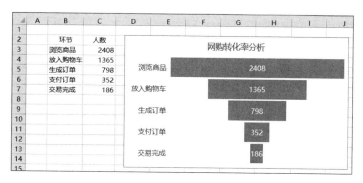

图 15-98　漏斗图

15.5.15　瀑布图

瀑布图又称因素分析图、步行图，我们更喜欢把它称为步行图。步行图是分析影响因素的重要图表，比如，今年销售额与去年相比增长了 50%，那么是哪些产品引起的？每个产品的影响程度如何？又比如，销售收入比预算超额完成了 30%，那么各个产品的影响程度如何？

在 2016 版出现之前，步行图的制作比较烦琐，常用的方法是设置起点和终点，绘制折线图，通过设置涨跌柱线的方法来画图。不过，Excel 2016 版中，有了直接制作步行图的工具了。

案例 15−17

图 15-99 是各个产品销售额两年的数据汇总，所有产品的销售总额同比增加了 584 万元，增长率是 11.16%，那么，每个产品的影响程度如何？哪些产品影响最大？

步骤01 先将数据整理成图 15-100 所示的因果分析数据结构，第一个数据是去年销售额（也就是初始值），最后一个数据是今年销售额（也就是结果），中间的是各个产品的销售额同比增减额（也就是因素）。

产品	去年	今年	同比增减	同比增长率
产品1	897	883	-14	-1.56%
产品2	491	773	282	57.43%
产品3	831	626	-205	-24.67%
产品4	412	456	44	10.68%
产品5	626	748	122	19.49%
产品6	556	884	328	58.99%
产品7	753	586	-167	-22.18%
产品8	665	859	194	29.17%
合计	5231	5815	584	11.16%

图 15-99　原始数据

项目	金额
去年销售额	5231
产品1	-14
产品2	282
产品3	-205
产品4	44
产品5	122
产品6	328
产品7	-167
产品8	194
今年销售额	5815

图 15-100　整理数据

步骤02 选择该数据区域，插入瀑布图，得到基本的图表，如图 15-101 所示。

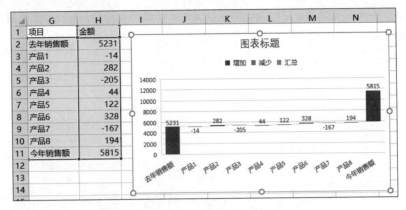

图 15-101　基本的瀑布图

步骤 03 单独选择"今年销售额"柱形并右击，执行快捷菜单中的"设置为汇总"命令，如图 15-102 所示。

这样，就得到如图 15-103 所示的图表。

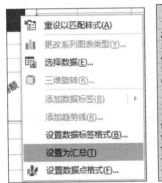

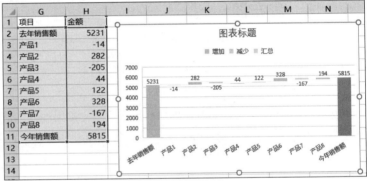

图 15-102　准备将今年销售额设置为汇总　　　图 15-103　得到的两年销售同比分析步行图

步骤 04 最后再美化图表，如图 15-104 所示。

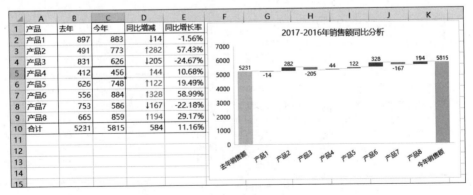

图 15-104　两年销售额同比增减因素分析

15.5.16　组合图

组合图，就是几种类型的图表画在一张图上，比如两轴图、自定义图表，这些图表可以由自己设置完成。比如，在一个图表中，一个数据序列绘制成柱形，而另一个则绘制成折线图或面积图，也就是创建组合图表。

但是，有些组合图表类型是 Excel 所不允许的，比如不可能将一个二维图同一个三维图表组合在一起。

图 15-105~ 图 15-110 是几个组合图表的例子。

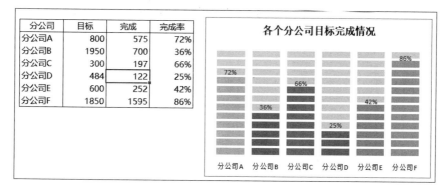

图 15-105　目标完成分析图

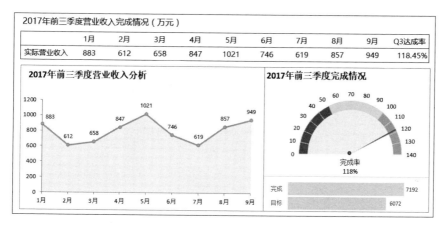

图 15-106　收入完成分析仪表盘

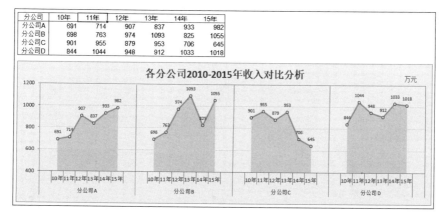

图 15-107　分公司几年业绩对比分析

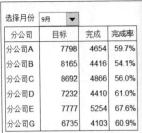

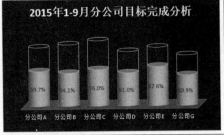

图 15-108　分公司业绩完成分析

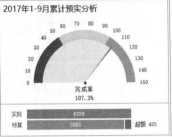

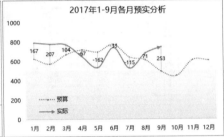

图 15-109　预算执行分析

图 15-110　两年毛利率对比分析

第 16 章　动态图表，让数据分析更灵活

　　数据分析，不是固定报表格式的数据汇总与统计。数据分析的目的，是为了发现问题、分析问题、解决问题，这就要求我们从数据的采集、加工整理、寻找思路、问题切入、分析方法、结果表达等方面，来进行各种灵活的处理和挖掘。

　　在每次的"Excel 高效数据分析之道——让你的分析报告更有说服力"公开课上，我都会拿出一个销售数据分析的例子，让大家讨论：为什么预算目标没有完成？为什么两年同比出现了大幅下滑？为什么产品的毛利率出现剧烈波动？如何发现客户的流动？如何分析产品市场分布及其变化特征？如何快速发现问题所在？等等，这些分析，不仅仅是数据本身计算问题，而是业务和财务融合在一起的数据灵活分析。企业经营数据分析，就是不断寻找问题的过程，是不断寻找解决方案的过程。

　　那么，如何能够灵活地分析数据，而不是固定格式的汇总报告呢？Excel 为我们提供了一些常用的数据分析方法，比如透视表、滚动汇总分析方法、动态图表。本章，我们就结合实际案例，带着大家走入数据动态分析的领域。

16.1　动态图表技术：概述

　　在实际工作中，我们要绘制数据分析图表，并能根据需求灵活地展示数据，这样的图表就是动态图表。动态图表是数据分析中非常有用的工具，动态图表制作并不难，掌握必要的查找函数、逻辑判断函数，以及表单控件的使用方法，就可以很容易地制作出需要的动态图表，让数据展示与分析变得更加轻而易举。

16.1.1　动态图的基本原理

　　从本质上来说，Excel 动态图表的原理，就是绘制图表的数据源是变化的，这种数据变化可以是自动的（原始数据发生了变化），也可以是图表使用者通过控制按钮来使绘图数据发生改变，从而让图表就变成想要的样子。

　　绘制动态图表的常用方法，是辅助区域法和名称法，其基本原理如图 16-1 所示。

　　图表是利用辅助绘图数据区域或者动态名称来绘制的，而辅助绘图数据区域或者动态名称是根据图表上的表单控件返回值从原始数据区域查询得到的，这样，当在图表上操作表单控件时，保存在工作表单元格里的表单控件返回值就发生了变化，辅助绘图数据区域或者动态名称代表的区域数据随之发生变化，从而图表就发生了变化。

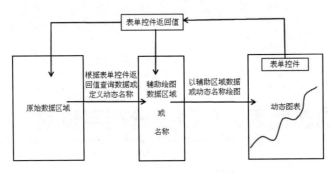

图 16-1　绘制动态交互图表的基本原理

除了极个别的场合，在大多数情况下，我们需要使用表单控件来制作动态图表。表单控件包括组合框、列表框、选项按钮、复选框、数值调节钮、滚动条、分组框、标签等。

要使用这些表单控件，需要单击"开发工具"选项卡，在"控件"功能组中单击"插入"按钮，就会展开"表单控件"列表，如图 16-2 所示，然后就可以选择某个要使用的表单控件，单击鼠标，然后将鼠标移动到指定的位置，按住左键拖曳鼠标，将控件插入到指定的位置。

在默认情况下，Excel 功能区中是不显示"开发工具"选项卡的，因此需要把"开发工具"选项卡显示在功能区中，方法是：在功能区右击，执行"自定义功能区"命令，打开"Excel 选项"对话框，选择"开发工具"复选框，如图 16-3 所示，然后单击"确定"按钮。

图 16-2　插入表单控件　　　　图 16-3　在功能区显示"开发工具"选项卡

16.1.2　动态图表制作方法：辅助区域法

辅助区域法绘制动态图表是最常用的方法，尤其是利用控件来控制图表显示，基本方法是：先利用函数从原始数据表中查询需要绘图的数据，做成一个辅助区域，然后再利用辅助区域数据绘制图表。

案例 16-1

图 16-4 是利用组合框控制图表显示的动态图表。只要从组合框中显示不同的产品,图表就显示指定产品的数据。

这个动态图表的绘制方法和步骤如下。

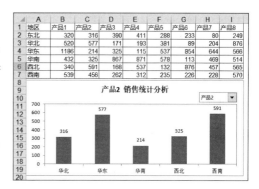

图 16-4　利用控件制作的动态图表

步骤 01 首先确定哪个单元格保存组合框的返回值,这里为单元格 B10。

步骤 02 在单元格输入任意一个正整数,比如输入"5"。

步骤 03 将单元格区域 A11:B16 作为绘图辅助区域,在单元格 B11 输入数据查询公式,并往下复制,将要用于绘图的产品数据查询出来:

=INDEX(B1:I1,,$B$10)

步骤 04 用数据区域 A11:B16 绘制图表。

步骤 05 在单元格的适当位置做一个产品名称列表,以备为组合框设置数据源之用(组合框的数据源必须是工作表上某列的数据)。这里为单元格区域 F9:F16。

步骤 06 在某个单元格设置显示动态图表标题的公式,这里为单元格 E18:

=B11&" 销售统计分析 "

整个辅助绘图区域如图 16-5 所示。

步骤 07 在图表上插入组合框,然后选中该控件并右击,执行快捷菜单中的"设置控件格式"命令,打开"设置控件格式"对话框,切换到"控制"选项卡,在"数据源区域"输入框中输入单元格区域 F9:F16(鼠标点选即可),在"单元格链接"输入框中输入单元格 B10(鼠标点选即可),如图 16-6 所示,设置完毕后,单击"确定"按钮。

图 16-5　绘制动态图表的辅助绘图区域

图 16-6　设置组合框的控制属性

步骤 08 为图表插入图表标题,并将其与单元格 E18 链接起来。

步骤 09 最后将图表拖放到工作表的适当位置,美化图表。

步骤 10 选择组合框（右击控件，出现 8 个小圆圈后，按住左键不放拖动控件），将其拖到图表的适当位置。

步骤 11 最后用图表覆盖住辅助区域，或者将辅助区域移动到其他位置，让当前界面干净整齐。

16.1.3 动态图表制作方法：动态名称法

案例 16–2

在很多情况下，我们需要定义动态名称来绘制动态图表。以案例 16-1 为例，使用动态名称绘制动态图表的基本方法和主要步骤如下。

步骤 01 确定哪个单元格保存组合框的返回值，这里为单元格 B10。

步骤 02 在单元格输入任意一个正整数，比如输入“5”。

步骤 03 定义下面的两个名称。

地区：=$A$2:$A$7

产品：=OFFSET($A$2,,$B$10,6,1)

步骤 04 利用这两个名称绘制图表。

步骤 05 美化图表。

16.1.4 动态图表制作方法：数据透视图法

有些情况下，我们需要从海量数据中，浓缩出需要的信息，然后绘制图表，并且希望能够分析各个项目的数据，此时的分析思路是“原始数据”→“汇总报表”→“动态图表”，这种情况下，使用数据透视表和数据透视图就是一个比较好的选择了，因为可以使用切片器来控制透视表，进而控制图表的显示。

案例 16–3

图 16-7 是一个两年销售明细数据。现在要求分析指定业务项目、指定客户的两年收入对比情况，分析报告效果如图 16-8 所示。

	A	B	C	D	E	F	G	H
1	年	月	客户名	业务员	收入	成本	利润	业务项目
2	2016年	01月	客户17	A001	399	249	150	进口业务
3	2016年	01月	客户17	A002	1250	840	410	进口业务
4	2016年	01月	客户17	A003	2308	1581	727	进口业务
5	2016年	01月	客户17	A005	463	290	173	进口业务
6	2016年	01月	客户17	A006	1801	1226	575	进口业务
7	2016年	01月	客户17	A008	891	602	289	进口业务
8	2016年	01月	客户17	A012	450	234	216	进口业务
9	2016年	01月	客户17	A013	491	309	182	进口业务
10	2016年	01月	客户17	A010	404	254	150	进口业务
11	2016年	01月	客户17	A011	863	583	280	进口业务
12	2016年	01月	客户16	A007	1121	702	419	进口业务
13	2016年	01月	客户16	A008	13800	9000	4800	进口业务
14	2016年	01月	客户16	A009	524	311	213	进口业务
15	2016年	01月	客户16	A001	1378	1070	308	进口业务

Sheet1

图 16-7 两年销售明细数据

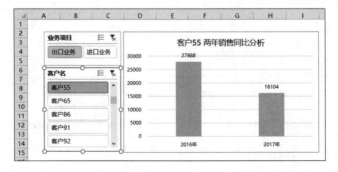

图 16-8 数据透视表 + 切片器控制图表

这种动态图表的制作是非常简单的，基本步骤是：先创建数据透视表，按要求的格式布局透视表，插入要控制选择字段的切片器，再插入透视图，最后美化切片器和图表，就得到需要的分析报告。详细的操作效果，请打开案例文件，仔细观察并练习。

16.1.5　制作动态图表的六大步骤

制作动态图表，必须牢记六大步骤，才能快速准确制作需要的图表。这六大步骤是：

（1）分析表格数据，确定要控制显示的项目。

（2）根据控制显示项目的类型和多少，选择合适的表单控件。

（3）设置控件格式，在工作表上确定保存控件返回值的单元格。

（4）根据控件返回值，利用函数从原始数据区域中把要绘制图表的数据查找出来。

（5）根据查询出的数据绘制图表。

（6）在图表上插入步骤（2）确定的控件，并与步骤（3）确定的单元格建立链接。

16.1.6　制作动态图表需要注意的几个问题

1. 如何保护绘图数据的安全性

绝大多数动态图表都是利用辅助区域法绘制的，因此对辅助区域内的公式和数据进行保护就变得非常重要了。保护这个区域的实用方法是：辅助区域单独做在一个工作表上，图表绘制完毕后，把这个工作表隐藏即可。也可以在当前保存有原始数据、绘图数据和图表的工作表上，对公式进行特殊保护。

2. 使用表单控件制作动态图表需要注意的一个问题

表单控件无法真正放到图表上（不像 Excel 2003 那样），当移动图表时，这些表单控件是不随着图表移动而移动的，控件会留在原地，不过，我们可以将图表与控件组合在一起，但在操作时，需要注意选择整个组合对象，而不是仅仅选择某个对象。

实际上，看似插入到图表上的表单控件，实际上是在工作表上的。

解决这个问题的方法之一是创建图表工作表，然后在图表工作表上插入表单控件。

16.2　常见表单控件控制的动态图表制作

了解了动态图表的基本制作原理和制作方法，下面介绍几个利用常用控件绘制动态图表的实际案例，通过对这些案例的练习，进一步复习巩固前面学习的函数，训练自己数据分析的逻辑能力。

16.2.1　使用组合框制作动态图表

组合框是最常见的表单控件，很多动态图表使用组合框来制作，前面的案例 16-1 和案例 16-2 就是使用组合框的例子。

在使用组合框时，要注意以下几点：

组合框的数据源必须是工作表上存在的一列数据（不能是一行数据），可以直接用鼠标点选，也可以使用定义的名称。

组合框的返回值是选中项目的顺序号，这个顺序号保存在了链接单元格。

组合框每次只能显示一个项目，当要选择的项目不多时，选择起来不算麻烦，但是当项目很多时，组合框就不方便了，此时使用列表框比较好。

16.2.2　使用列表框制作动态图表

列表框的使用方法和注意事项与组合框是一样的，唯一不同的是，列表框可以显示多个项目，这样在项目的选择方面就非常方便了。

案例 16-4

图 16-9 是一个使用列表框控制的动态图表的例子。

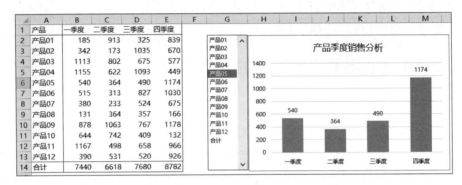

图 16-9　列表框控制的动态图表

这个图表的主要制作方法和步骤如下。

步骤 01 插入一个列表框，设置其控制属性，如图 16-10 所示。其中"数据源区域"是 $A$2:$A$14，"单元格链接"是 $H$2，其他设置保持默认。

图 16-10　设置列表框的控制属性

步骤 02 设计辅助区域，单元格 H4 公式为：=INDEX(B2:B14,$H$2)，结果如图 16-11 所示。

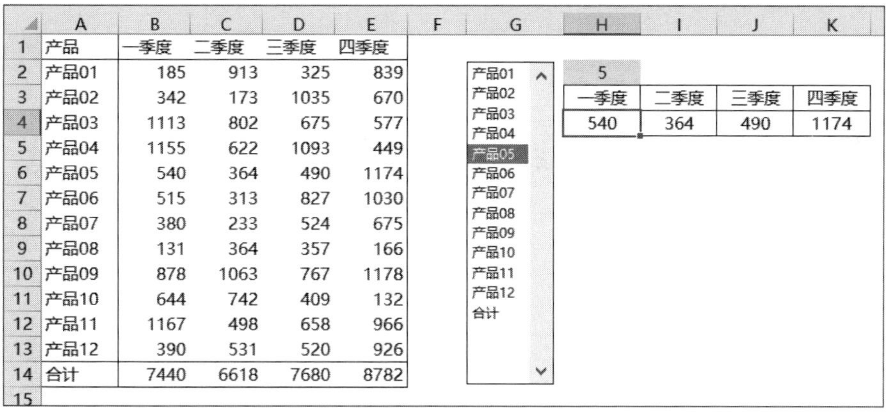

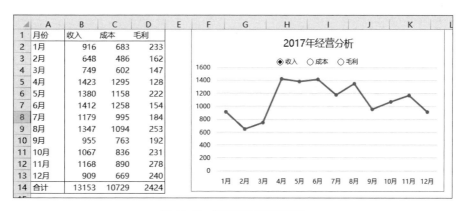

图 16-11　设计辅助区域，创建查找公式

步骤 03 用辅助区域 H3:K4 绘制图表，并美化图表，重新布局列表框和图表，使之整洁即可。

16.2.3　使用选项按钮制作动态图表

如果要控制的项目只有几个，并且希望做成单选的效果，就可以使用选项按钮。

选项按钮的使用方法是：在一组选项按钮中，每次只能选择一个，当选择某个项目时，其他的就变为不选。如果想要多个选项按钮实现复选效果，可以分成几组选项按钮，每组可以分别选择项目，这时要使用分组框。

选项按钮的返回值是插入每个选项按钮的顺序号。从本质上来说，选项按钮相当于从组合框和列表框里的每个项目中分离出来。

案例 16-5

图 16-12 是一个利用选项按钮制作的动态图表，通过点选某个选项按钮，查看该项目的数据。

图 16-12　选项按钮控制的图表

这个图表的主要制作方法和步骤如下。

步骤 01 插入 3 个选项按钮，分别修改标题文字为"收入""成本"和"毛利"。

步骤 02 任选一个选项按钮，设置其控制属性，其中单元格链接为 $F$1，如图 16-13 所示。

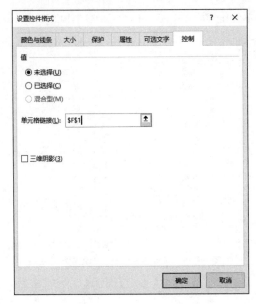

图 16-13　设置选项按钮的控制属性

步骤 03 设计辅助区域，其中单元格 G2 公式为：=INDEX(B2:D2,$F$1)。

步骤 04 用辅助区域 F2:G13 绘制图表，并进行格式化。

步骤 05 将 3 个选项按钮组合起来，方便移动。

步骤 06 将图表和选项按钮合理布局。

16.2.4　使用复选框制作动态图表

复选框与选项按钮正好相反，选项按钮每次只能选择一个，而复选框可以同时选择多个，也可以一个也不选，从而更加方便我们对某几个项目进行对比分析。

复选框的返回值是逻辑值 TRUE 或 FALSE。当选择复选框时（显示为打钩），返回值是 TRUE，当取消选择时，返回值是 FALSE。

每个复选框都需要单独设置自己的单元格链接。

案例 16-6

图 16-14 是一个使用复选框来分析历年数据的动态图表。

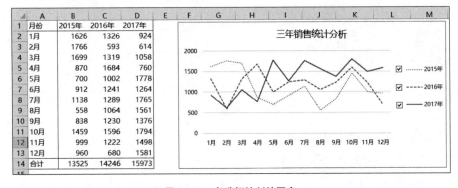

图 16-14　复选框控制的图表

这个图表的主要制作方法和步骤如下。

步骤 01 首先确定使用复选框来分别控制显示 2015 年、2016 年和 2017 年的数据。

步骤 02 单元格 H1、I1、J1 分别保存这 3 个复选框的返回值，预先输入 TRUE。

步骤 03 单元格区域 G2:J14 为辅助绘图数据区域，如图 16-15 所示。

步骤 04 在单元格 H3 中输入下面的公式，并向右向下复制，得到绘图数据：

```
=IF(H$1,B2,NA())
```

步骤 05 利用辅助区域 G2:J14 的数据绘制折线图，并美化。

步骤 06 将图例移动到图表的合适位置，调整其大小。

步骤 07 在图例的左侧插入 3 个复选框，将默认的标题文字删除，然后将这 3 个复选框分别对准图例的 3 个项目，再设置它们的控制属性，分别链接到单元格 H1、I1、J1，如图 16-16 所示。

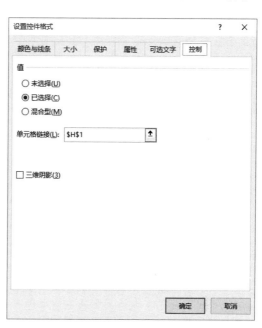

图 16-15　辅助绘图数据区域　　　　图 16-16　设置复选框的控制属性

这样，图表就制作完毕。

选择不同的年份，可以清晰地进行对比分析，如图 16-17 所示。

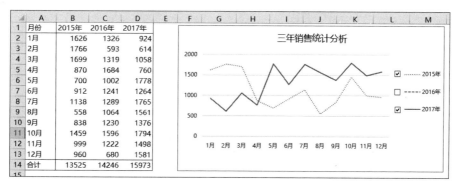

图 16-17　任选年份进行对比分析

16.2.5　使用滚动条制作动态图表

滚动条通过单击滚动箭头或拖动滑块时，来调节数据的大小。单击滚动箭头与滚动块之间的区域时，可以滚动整页数据。滚动条主要用于建立调节数据连续变化的图表，比如敏感性分析、图表的滚动分析。下面介绍滚动条控制图表的例子。

案例 16-7

图 16-18 是 300 多家客户销售统计，如果绘制全部客户的柱形图，这个图就没法看了。现在，我们能不能做成具有下述功能的动态图表：

（1）可以任选降序或升序。

（2）可以显示任意指定个数的客户。

（3）可以从任意一个客户开始查看。

效果如图 16-19 所示。

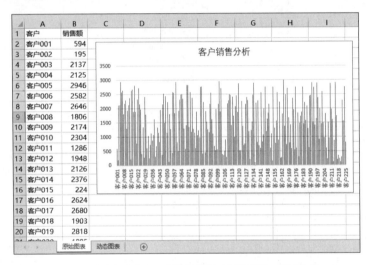

图 16-18　全部客户在一起的柱形图：拥挤不堪，无法查看

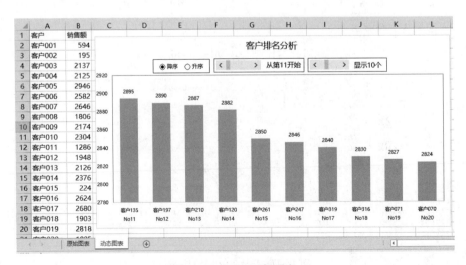

图 16-19　制作的动态图表

下面是这个动态图表的制作方法和主要步骤。

步骤 01 使用两个选项按钮来控制排序方式（降序和升序），其单元格链接为 $U$2。

步骤 02 使用一个滚动条来选择查看起始客户，其控制属性设置如下：最小值为 1，最大值为 360（就是客户数），步长为 1（就是点击滚动条左右箭头时的改变量），页步长为 10（就是单击滑块与左右箭头中间部分的改变量），单元格链接为 $U$3，如图 16-20 所示。

步骤 03 在第一个滚动条右侧插入一个标签，并将其与单元格 V3 链接，用于显示说明文字。单元格 V3 的公式为：="从第"&U3&"开始"。

步骤 04 使用一个滚动条来选择图表显示的客户数，其控制属性设置如下：最小值为 1，最大值为 30（就是图标上最多显示 30 个客户），步长为 1，页步长为 10，单元格链接为 $U$4，如图 16-21 所示。

步骤 05 在第二个滚动条右侧插入一个标签，并将其与单元格 V4 链接，用于显示说明文字。单元格 V4 的公式为：="显示"&U4&"个"。

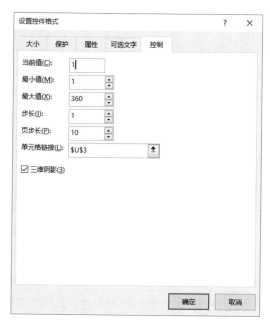

图 16-20　控制起始客户的滚动条设置

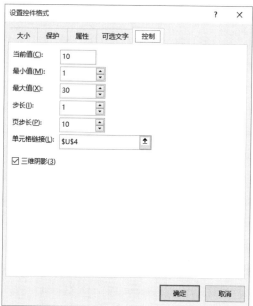

图 16-21　控制显示客户数的滚动条设置

步骤 06 做辅助区域，准备排序，如图 16-22 所示。

步骤 07 单元格 X2 输入公式：=B2+RAND()/10000，并往下复制，这种处理是为了解决相同数据排序时客户名称的匹配。

步骤 08 单元格 Y2 输入下面的排序公式，并往下复制：

=IF($U$2=1,LARGE($X$2:$X$361,ROW(A1)),SMALL($X$2:$X$361,ROW(A1)))

步骤 09 单元格 Z2 输入下面的公式，匹配排序后的客户名称，并制作坐标轴的标签：

=INDEX(A:A,MATCH(Y2,X:X,0))&CHAR(10)&"No"&RANK(Y2,$Y$2:$Y$361)

步骤 10 定义如下两个名称。

客户：=OFFSET($Z$1,$U$3,,$U$4,1)

销售：=OFFSET($Y$1,$U$3,,$U$4,1)

	S	T	U	V	W	X	Y	Z
1						处理数据	排序后	客户名称
2		排序方式	1	降序		594	2995	客户164No1
3		从第几个显示	1	从第1开始		195	2980	客户273No2
4		显示几个	10	显示10个		2137	2969	客户272No3
5						2125	2965	客户240No4
6						2946	2965	客户101No5
7						2582	2946	客户005No6
8						2646	2938	客户059No7
9						1806	2911	客户192No8
10						2174	2907	客户215No9
11						2304	2900	客户325No10
12						1286	2895	客户135No11
13						1948	2890	客户197No12
14						2126	2887	客户210No13
15						2376	2882	客户120No14
16						224	2850	客户261No15
17						2624	2846	客户247No16
18						2680	2840	客户319No17
19						1903	2830	客户316No18
20						2818	2827	客户071No19

图 16-22　辅助绘图数据区域

步骤 11 利用定义的两个名称绘制柱形图，并美化图表。

步骤 12 将这些控件用分组框进行分组，并组合在一起，拖放到图表上。

这样，就得到了一个可以选择排序方式、并能从指定的客户开始显示指定客户数的动态排名分析图表。图 16-23 就是选择了不同显示方式的效果图。

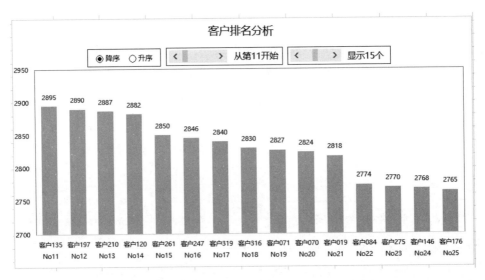

图 16-23　降序排序，从第 11 名客户开始，显示 15 个客户

16.2.6　使用数值调节钮制作动态图表

数值调节钮（又称微调项）用于增大或减小数值。若要增大数值，单击向上箭头；若要减小数值，单击向下箭头。

案例 16-8

图 16-24 是数值调节钮控制图表的例子，通过图表上的数值调节钮，在图表上显示指定个数的数据，并且这些数据仅仅是最新的几个数据。

步骤 01　插入数值调节钮，其控制属性设置为：最小值为 1，最大值为 365，步长为 1，单元格链接为 F2，如图 16-25 所示。

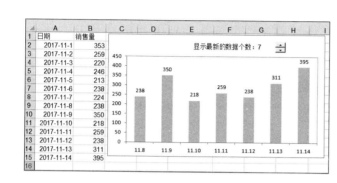

图 16-24　显示指定个数的最新数据

图 16-25　设置数值调节钮

步骤 02　定义如下两个动态名称。

　　日期：=OFFSET($A$2,COUNTA($A:$A)-$F$2-1,,$F$2,1)

　　销售量：=OFFSET($B$2,COUNTA($A:$A)-$F$2-1,,$F$2,1)

步骤 03　利用这两个名称绘制图表。

步骤 04　显示图表标题，将其与单元格 F4 链接起来，其中单元格 F4 的公式为：="显示最新的数据个数:"&F2。

第 17 章 数据透视图与数据透视表联合使用，建立个性化的小 BI

在第 13 章中，我们已经学会了如何创建数据透视表，如何利用透视表来分析数据，制作各种分析报告。本章，我们介绍如何创建数据透视图，并联合利用数据透视表和数据透视图来创建个性化的小 BI 系统。

17.1 创建数据透视图

17.1.1 创建数据透视图的基本方法

案例 17–1

可以同时创建数据透视表和数据透视图，也可以在创建数据透视表后，再创建数据透视图。

如果想同时创建数据透视表和数据透视图，可以单击"插入"→"数据透视图和数据透视表"命令，如图 17-1 所示，创建的数据透视图和数据透视表如图 17-2 所示。

图 17-1 "数据透视表和数据透视图"命令

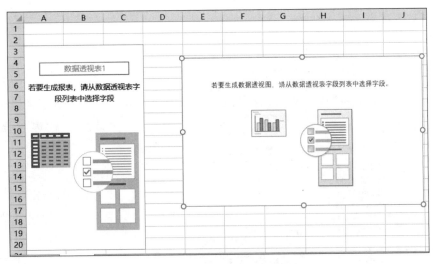

图 17-2 同时创建数据透视图和数据透视表

对透视表进行布局，就得到汇总报表以及图表，如图 17-3 所示。默认情况下，透视图是普通的簇状柱形图。

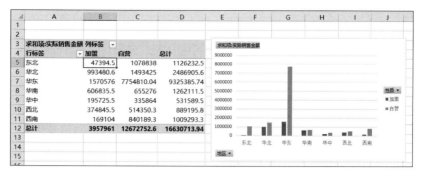

图 17-3　布局透视表，同时绘制了柱形图

当已经创建了数据透视表后，如果要再绘制数据透视图，可以单击数据透视表内任一单元格，然后再单击"插入"选项卡中的某个类型图表即可。图 17-4 就是在已经创建数据透视表的基础上，绘制的饼图（数据透视图）。

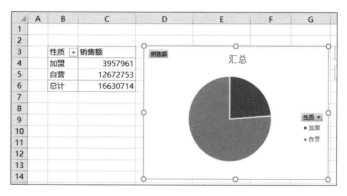

图 17-4　为数据透视表创建饼图（数据透视图）

17.1.2　关于数据透视图的分类轴

数据透视图的分类轴，永远是数据透视表的行标签，因此，在绘制透视图时，要特别注意这一点。也就是说，要先按照要求布局透视表，才能得到需要的图表。图 17-5 就是透视表不同的布局方式对透视图的影响。请与图 17-3 进行对比，看看有什么不同。

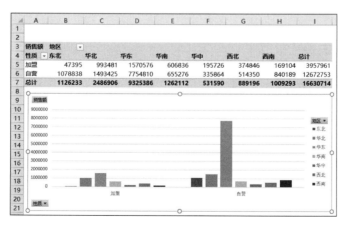

图 17-5　数据透视图的分类轴是行标签

17.1.3　数据透视图的美化

数据透视图的美化，与普通图表的美化基本相同，唯一不同的是，在默认情况下，数据透视图上会有字段按钮，很难看，需要将其隐藏，方法是：在数据透视图上对准某个字段按钮右击，执行快捷菜单中的"隐藏图表上的所有字段按钮"命令，如图 17-6 所示。

17.1.4　利用切片器控制透视表和透视图

数据透视表与数据透视图是联动的，先有数据透视表，而后才有数据透视图。对透视表进行重新布局，或者筛选，改变透视表，那么透视图也随之发生变化。

图 17-6　不显示透视图上的字段按钮

使用切片器，可以非常方便地控制透视表的筛选，进而控制透视图的显示。图 17-7 就是为透视表插入了两个切片器，一个筛选店铺性质，一个筛选地区，从而观察不同城市的销售情况。

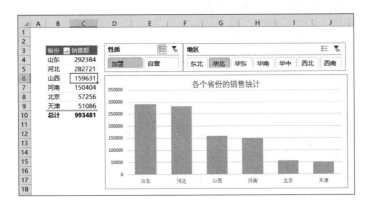

图 17-7　利用切片器控制透视表和透视图

有些情况下，我们需要从多个角度分析数据，制作多个透视表和透视图，那么就可以使用切片器同时控制这几个透视表和透视图。不过需要注意的是，这些透视表必须都是用一个数据源制作的，最好是复制的透视表，如图 17-8 所示。

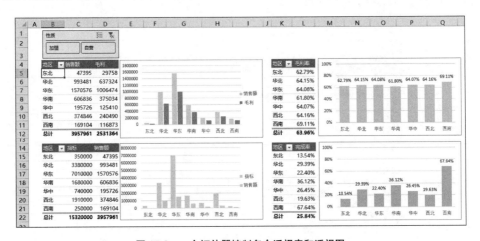

图 17-8　一个切片器控制多个透视表和透视图

使用切片器同时控制多个透视表和透视图的方法是：先在某个透视表中插入切片器，然后对准切片器右击，执行快捷菜单中的"报表连接"命令（见图 17-9），打开"数据透视表连接"对话框，勾选这几个透视表即可，如图 17-10 所示。

图 17-9　"报表连接"命令　　　　　图 17-10　勾选要控制的几个透视表

17.2　二维表格的透视分析

二维表格是实际工作中经常遇到的表格之一，这样的表格已经是两个维度的汇总表了。现在要从这个表格的两个维度进行分析，那么，就可以使用数据透视表和数据透视图。

案例 17-2

图 17-11 是各个产品在各个月的销售数据，现在要全面分析各个产品在各个月的销售情况。

	A	B	C	D	E	F	G	H	I	J	K	L	M
1	产品	1月	2月	3月	4月	5月	6月	7月	8月	9月	10月	11月	12月
2	产品01	139	198	212	169	108	192	126	232	213	269	239	283
3	产品02	185	178	290	118	159	298	129	233	228	226	220	171
4	产品03	248	186	121	254	166	265	215	240	174	251	108	252
5	产品04	169	152	248	144	125	141	265	273	249	199	156	139
6	产品05	164	242	250	269	293	161	123	181	297	210	277	220
7	产品06	154	239	102	165	259	140	210	223	175	289	181	113
8	产品07	263	239	300	230	229	199	246	124	246	251	175	195
9	产品08	244	224	191	170	200	166	209	165	180	287	282	280
10	产品09	174	221	149	253	166	294	166	283	263	115	156	140
11	产品10	233	161	280	130	257	239	252	282	173	226	252	204
12	产品11	194	231	276	102	114	300	218	105	186	164	229	266
13	产品12	220	260	134	88	116	125	196	268	264	232	185	267
14	产品13	229	262	162	111	127	113	170	228	139	146	171	157
15	产品14	188	165	186	176	101	216	151	228	294	169	120	150
16	产品15	187	300	276	185	263	196	183	230	178	238	279	110
17													

图 17-11　产品销售汇总表

17.2.1　建立多重合并计算数据区域透视表

首先对这个二维表格数据区域建立多重合并计算数据区域透视表，也就是把这个二维表格转换为一个透视表，如图 17-12~图 17-14 所示。

图 17-12　选择"多重合并计算数据区域"　　图 17-13　添加二维表格数据区域

产品	1月	2月	3月	4月	5月	6月	7月	8月	9月	10月	11月	12月	总计
产品01	139	198	212	169	108	192	126	232	213	269	239	283	2380
产品02	185	178	290	118	159	298	129	233	228	226	220	171	2435
产品03	248	186	121	254	166	265	215	240	174	251	108	252	2480
产品04	169	152	248	144	125	141	265	273	249	199	156	139	2260
产品05	164	242	250	269	293	161	123	181	297	210	277	220	2687
产品06	154	239	102	165	259	140	210	223	175	289	181	113	2250
产品07	263	239	300	230	229	199	246	124	246	251	175	195	2697
产品08	244	224	191	170	200	166	209	165	180	287	282	280	2598
产品09	174	221	149	253	166	294	167	283	263	115	156	140	2381
产品10	233	161	280	130	257	239	252	282	173	226	252	204	2689
产品11	194	231	276	102	114	300	218	105	186	164	229	266	2385
产品12	220	260	134	88	116	125	196	268	264	232	185	267	2355
产品13	229	262	162	111	127	113	170	228	139	146	171	157	2015
产品14	188	165	186	176	101	216	151	228	294	169	120	150	2144
产品15	187	300	276	185	263	196	183	230	178	238	279	110	2625
总计	2991	3258	3177	2564	2683	3045	2860	3295	3259	3272	3030	2947	36381

图 17-14　创建一数据透视表

下面就可以利用这个数据透视表，联合使用切片器和数据透视图，对各个产品的销售数据进行各种分析了。

17.2.2　联合使用切片器和数据透视图进行分析

如图 17-15 所示，重新布局透视表，插入切片器和透视图，分析某个产品各个月的销售情况。

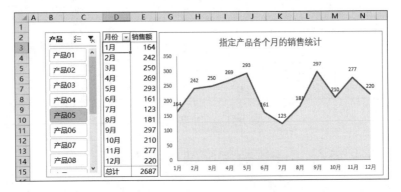

图 17-15　分析指定产品各个月的销售

复制一份透视表，重新布局，按产品分类，并将销售额降序排序，插入切片器，选择月份，注意将两个透视表的切片器要分别控制各自的透视表。得到如图 17-16 所示的指定月份下各个产品销售额排名分析报告。

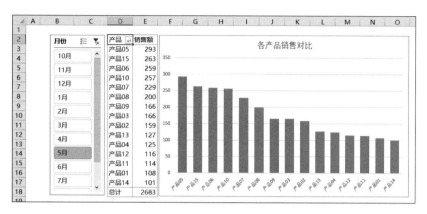

图 17-16　指定月份下各个产品销售排名

17.3　一维表格的透视分析

一维表格数据的分析，要关注的维度就更多了，此时，如果创建数据透视表，并使用切片器控制报表筛选和透视图显示，就会让分析更加灵活。

案例 17-3

图 17-17 是从系统导出的销售明细，现在要求对这些销售数据进行多维度分析，并将分析结果可视化。

	客户简称	业务员	月份	存货编码	存货名称	销量	销售额
2	客户03	业务员01	1月	CP001	产品1	15185	691,975.68
3	客户05	业务员14	1月	CP002	产品2	26131	315,263.81
4	客户05	业务员18	1月	CP003	产品3	6137	232,354.58
5	客户07	业务员02	1月	CP002	产品2	13920	65,818.58
6	客户07	业务员27	1月	CP003	产品3	759	21,852.55
7	客户07	业务员20	1月	CP004	产品4	4492	91,258.86
8	客户09	业务员21	1月	CP002	产品2	1392	11,350.28
9	客户69	业务员20	1月	CP002	产品2	4239	31,441.58
10	客户69	业务员29	1月	CP001	产品1	4556	546,248.53
11	客户69	业务员11	1月	CP003	产品3	1898	54,794.45
12	客户69	业务员13	1月	CP004	产品4	16957	452,184.71
13	客户15	业务员30	1月	CP002	产品2	12971	98,630.02

图 17-17　系统导出的原始销售数据

17.3.1　创建普通的数据透视表

首先对数据区域创建普通的数据透视表，如图 17-18 所示。

	存货名称	求和项:销售额
4	产品1	29108641
5	产品2	34759384
6	产品3	4330424
7	产品4	7852632
8	产品5	4263896
9	总计	80314977

图 17-18　创建基本数据透视表

237

17.3.2 分析指定产品的客户销售额

将透视表复制一份，用客户做分类，插入筛选产品的切片器，并创建排名柱形图，得到如图 17-19 所示的指定产品的销售额前 10 大客户分析报告。

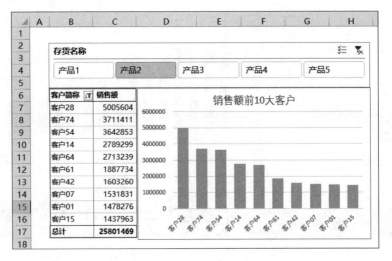

图 17-19　分析指定产品的销售额前 10 大客户

17.3.3 分析指定客户的产品销售情况

将透视表复制一份，用产品做分类，插入筛选客户的切片器，并创建饼图，得到如图 17-20 所示的指定客户的产品销售结构分析报告。

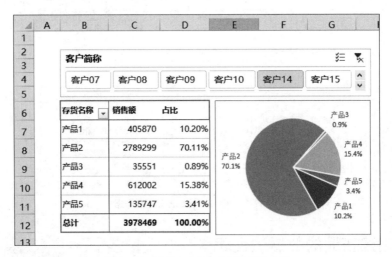

图 17-20　指定客户的产品销售结构分析

17.3.4 分析客户销售排名

我们可以制作两个报告，一个是销售量前 10 大客户，一个是销售额前 10 大客户，并使用切片器来筛选查看指定的产品，报告如图 17-21 所示。这里，一个切片器控制两个透视表。

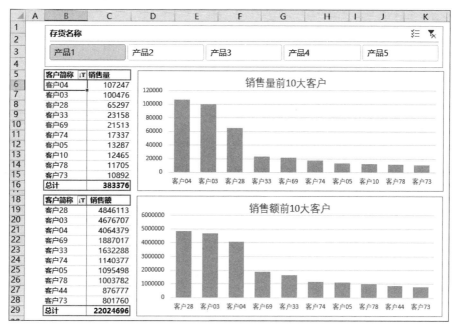

图 17-21　销售量和销售额前 10 大客户

第18章 ~ Power View 报表，更加灵活的可视化

Power View 是 Excel 的一个加载项，是一个非常强大的可视化报告工具。Power View 的数据源同样也是数据模型，如果不建立数据模型，那么 Power View 会自动为数据表格建立数据模型。加载 Power View 的方法与加载 Power Pivot 是一样的，但是 Power View 要求系统安装 Silverlight。在 Power View 中，仅仅使用鼠标即可快速完成复杂数据的可视化呈现，而且数据的筛选展示非常灵活。

18.1 创建报表

案例 18-1

图 18-1 是店铺销售月报，现在要制作一份能够反映本月销售的分析报告，比如自营店和加盟店的占比、各个地区的销售排名、各个店铺的销售排名。

为了方便使用 Power View，可以将其显示到功能区，如图 18-2 所示。

将这个表格数据加载为数据模型，然后单击 "Power View" 选项卡中的 "插入" → "Power View 报表" 按钮，创建一个默认名字为 Power View1 的工作表，如图 18-3 所示。

▲	A	B	C	D	E	F
1	地区	省份	城市	性质	店名	销售额
2	东北	辽宁	大连	自营	AAAA-001	57062
3	东北	辽宁	大连	加盟	AAAA-002	130192.5
4	东北	辽宁	大连	自营	AAAA-003	86772
5	东北	辽宁	沈阳	自营	AAAA-004	103890
6	东北	辽宁	沈阳	加盟	AAAA-005	107766
7	东北	辽宁	沈阳	自营	AAAA-006	57502
8	东北	辽宁	沈阳	自营	AAAA-007	116300
9	东北	辽宁	沈阳	自营	AAAA-008	63287
10	东北	辽宁	沈阳	自营	AAAA-009	112345
11	东北	辽宁	沈阳	自营	AAAA-010	80036
12	东北	辽宁	沈阳	自营	AAAA-011	73686.5
13	东北	黑龙江	齐齐哈尔	加盟	AAAA-012	47394.5
14	东北	黑龙江	哈尔滨	自营	AAAA-013	485874
15	华北	北京	北京	加盟	AAAA-014	57255.6
16	华北	天津	天津	加盟	AAAA-015	51085.5

销售月报

图 18-1　店铺月报数据

图 18-2　在功能区显示 Power View 选项卡

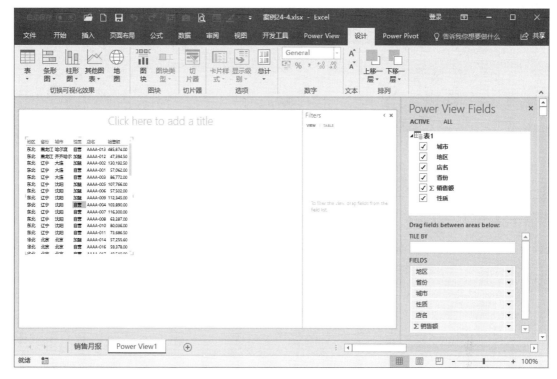

图 18-3　Power View 界面

在默认情况下，报表的左侧自动显示了原始数据，而右侧是类似于透视表的布局窗格。将字段的所有选择都取消，然后重新布局报表。

单击左侧空白区域，分别布局 4 个报表，如图 18-4 所示。说明：先布局第一个报表，完毕后再单击空白区域布局第二个报表。布局完毕后，点击报表销售额标题，就对销售额进行降序或升序排序。

图 18-4　创建的 4 个报表

18.2　报表的可视化

选择右侧的店铺性质结构报表，单击"设计"功能区，然后选择"饼图"，如图 18-5 所示，那么就把右侧的报表转换为了饼图，如图 18-6 所示。

图 18-5 准备将右侧的报表可视化

图 18-6 报表转换为饼图

采用相同的方法，将右侧下面的地区报表转换为柱形图，然后调整界面的字体，调整报表和图表的位置和大小，输入标题文字，选择一个好看的主题，就得到如图 18-7 所示的可视化报告。

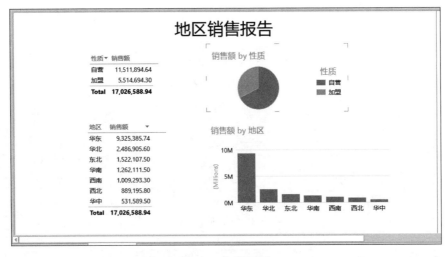

图 18-7 完成的报告

在 Power View 中，我们可以单击图表上的某个部分，那么快速筛选数据，并显示更深入的分析。比如，单击上面饼图中的"自营"饼块，那么下面的柱形图就显示为自营店占全部的比例情况，如图 18-8 所示。

图 18-8　通过单击图表的某部分，显示更深入的分析结果

如果单击下面的某根柱形，那么饼图就显示为下面的情形，就是显示指定地区的销售总额占全国的比，以及该地区中自营店和加盟店的比例，如图 18-9 所示。

图 18-9　查看指定地区的销售情况

如果要恢复原始的图表，就单击图表的空白区域。

除了利用图表筛选数据外，还可以使用"图块"来建立层次感非常清晰的分析报告，图 18-10 就是这样的一份报告，通过单击顶部的某个地区，可以查看该地区的销售情况，以及该地区下各个省份的销售情况。

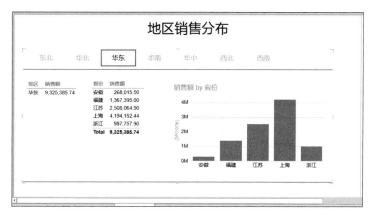

图 18-10　使用图块制作分析报告

还可以使用表、矩阵和卡来建立可视化分析报告，图 18-11 就是左侧制作了一个矩阵（类似于普通透视表的布局），右侧显示自营店和加盟店的动态图表。

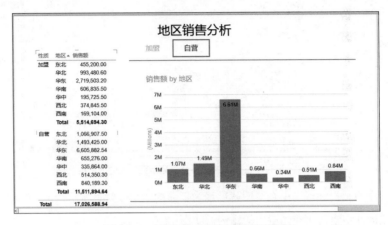

图 18-11　使用矩阵报表和图表显示数据

05

第5部分

实战案例精讲

Excel各种技能的学习，是系统而又有重点的，但是，学习这些技能的目的，不仅是提升日常数据处理效率，更重要的是，建立自动化数据分析模板，让数据分析高效化，为领导提交一份有说服力的分析报告。

　　本篇我们用两个例子来介绍如何综合运用 Excel，实现数据的高效管理和高效分析。

第 19 章 精选案例讲解：手工台账数据管理与分析模板——日常考勤管理

在实际工作中，有些数据需要我们手工做表来管理数据和统计分析，此时，我们首先需要设计好基础表单，然后设计自动化统计分析报告，实现两个表格的自动链接和自动更新，随时给领导提交数据分析报告。

日常请假考勤管理，是每个企业每天都要管理和处理的数据。这样的表格，设计起来五花八门，但很多企业设计的表格以及统计汇总，大部分是手工处理，费时费力。我们可以利用 Excel 来设计科学的基础表单，并实现数据的自动汇总计算。

下面结合一个动态考勤表，对员工的请假进行管理和统计分析。本案例是“案例 19-1”。

19.1 设计考勤表母版

考勤表母版的结构设计如图 19-1 所示。

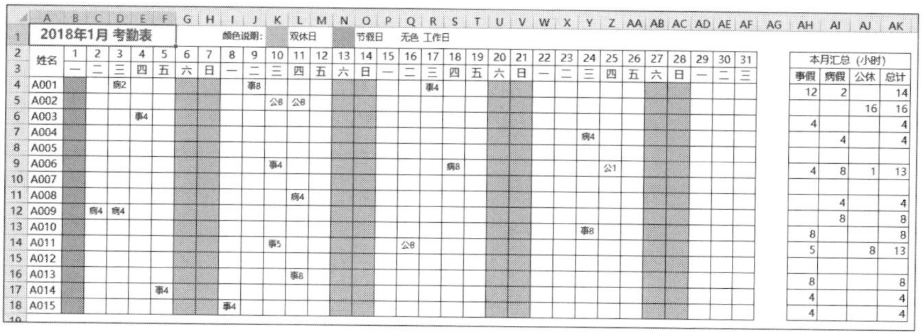

2018年1月 考勤表　颜色说明： 双休日 节假日 无色 工作日

本月汇总（小时）

姓名	1	2	3	4	5	6	7	8	9	10	11	12	13	14	15	16	17	18	19	20	21	22	23	24	25	26	27	28	29	30	31	事假	病假	公休	总计
	一	二	三	四	五	六	日	一	二	三	四	五	六	日	一	二	三	四	五	六	日	一	二	三	四	五	六	日	一	二	三				
A001			病2						事8								事4															12	2		14
A002										公8	公8																							16	16
A003				事4																												4			4
A004																								病4									4		4
A005																																			
A006										事4								病8							公1							4	8	1	13
A007																																			
A008											病4																						4		4
A009		病4	病4																														8		8
A010																								事8								8			8
A011										事5						公8																5		8	13
A012																																			
A013											事8																					8			8
A014					事4																											4			4
A015								事4																								4			4

图 19-1　考勤表母版

主要特点及设计提示如下。

单元格 A1 输入某个月第一天的日期。

利用条件格式，自动标注工作日（无颜色）、周末双休日（橙色）、法定节假日（绿色），条件格式设置（见图 19-2）如下。

（1）条件 1：

```
=B$2<=EOMONTH($A$1,0)
```

判断是否为某个月的日期，如果是，就自动加边框。

（2）条件 2：

```
=B$2>EOMONTH($A$1,0)
```

判断是否超出某个月的日期：如果超出了，就不显示边框，同时把字体显示为白色。

（3）条件 3：

```
=AND(B$2<=EOMONTH($A$1,0),ISNUMBER(MATCH(B$2,节假日!$B$2:$B$30,0)))
```

判断该月某天是否法定节假日，如果是，就标识为绿色。

（4）条件 4：

=AND(B$2<=EOMONTH($A$1,0),WEEKDAY(B$2,2)>=6,WEEKDAY(B$2,2)<=7,ISERROR(MATCH(B$2,节假日!$C$2:$C$30,0)))

判断该月某天是否为除法定节假日外的工作日（包括调休上班），如果是，就标识为橙色。

利用数据验证来快速规范输入请假类型，这里简单做了 3 种情况：病假、事假、公休，病 1 表示请病假 1 小时，病 2 表示请病假 2 小时，事 1 表示请事假 1 小时，以此类推。

本月汇总结果保存在 AH 列和 AK 列，单元格 AH4 公式如下（数组公式），往右往下复制即可：

图 19-2　设置条件格式

=SUM(IFERROR((LEFT($B4:$AF4,1)=LEFT(AH$3,1))*RIGHT($B4:$AF4,1),0))

19.2　各月考勤记录表

将母版复制，工作表名称分别命名为 1 月、2 月、3 月……，并将各自工作表的 A1 单元格设置为该月的 1 号，然后分别记录各个员工的请假情况。

如果有新入职的员工，就将某员工复制到最下面一行，修改员工名称，清除数据，重新输入即可。

图 19-3 是 2018 年 1 月和 2018 年 2 月的模拟记录数据。

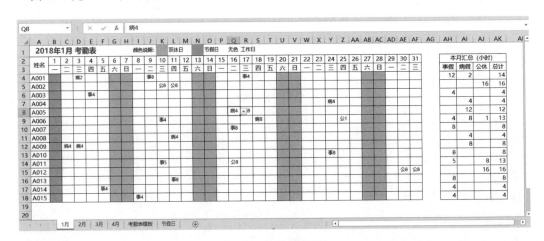

图 19-3　各月考勤记录

19.3　统计分析

设计一个滚动的统计分析报表，汇总每个人每个月的请假情况。为了便于后面的分析，将这 3 个请假情况做成 3 个汇总表，如图 19-4 所示。

单元格 B3 的公式如下，其他项目的汇总以此类推：

```
=IFERROR(VLOOKUP($A3,INDIRECT(B$2&"!A:AK"),34,0),0)
```

病假

姓名	1月	2月	3月	4月	5月	6月	7月	8月	9月	10月	11月	12月	全年
A001	12			12	12								36
A002		8	3	8									19
A003			4		6	6							16
A004					7								7
A005													
A006		4		10	4								18
A007	8	4	4										16
A008		6	2										8
A009					5								5
A010	8		4	8									20
A011	5	4	7	6									22
A012													
A013		8	8	8	6								30
A014		4		7	4								15
A015	4		3	4									11
A016			2										2
A017					5								5

事假

姓名	1月	2月	3月	4月	5月	6月	7月	8月	9月	10月	11月	12月	全年
A001	2				5								7
A002													
A003			8										
A004	4	16	4	4									28
A005	12												12
A006	8	8											24
A007			4										4
A008	4		8	4									16
A009	8												8
A010			4										4
A011	2												2
A012			8	16									24
A013	16												16
A014													
A015		4		8									12
A016			2										2
A017			2										2

公休

姓名	1月	2月	3月
A001			
A002		16	
A003			
A004			
A005			
A006		1	
A007			
A008			
A009			
A010			8
A011		8	
A012		16	
A013			
A014			
A015			
A016			
A017			

工作表标签：1月　2月　3月　4月　分析报告　透视表　统计汇总　考勤表模板　节假日

图 19-4　滚动汇总每个人每个月的考勤数据

再设计一个合计表，将这 3 个表格数据进行求和。

利用 OFFSET 函数分别定义 4 个动态名称"病假"、"事假"、"公休"、"合计"。

病假：=OFFSET(统计汇总 !$A$2,,,COUNTA(统计汇总 !$A$2: $A$1000),14)

事假：=OFFSET(统计汇总 !$P$2,,,COUNTA(统计汇总 !$P$2: $P$1000),14)

公休：=OFFSET(统计汇总 !$AE$2,,,COUNTA(统计汇总 !$AE$2: $AE$1000),14)

合计：=OFFSET(统计汇总 !$AT$2,,,COUNTA(统计汇总 !$AT$2: $AT$1000),14)

利用多重合并计算数据区域，对这 4 个二维表进行汇总，制作透视表，如图 19-5 所示，效果如图 19-6 所示。

图 19-5　制作多重合并计算数据区域透视表

时数	月	类																				
		1月				2月				3月				4月				5月				
姓名		事假	病假	公休	合计	事假	病假	公休	合计	事假	病假	公休	合计	事假	病假	公休	合计	事假	病假	公休	合计	
A001		2	12		14						12		12	5	12		17					
A002			16		16		8		8		3		3		8		8					
A003			4		4	16			16		6		6		6		6					
A004		4			4	16			16	4			4	4	7		11					
A005		12			12																	
A006		8	4	1	13	8			8	10	4		14	8	4	1	13					
A007			8		8		4		4	4			4	4			4					
A008		4			4		6		6	8	2		10	4			4					
A009		8			8					4			4	5			5					
A010			8		8		8		8	4			4		8		8					
A011			5	8	13	2	4		6	7	8		15	6			6					
A012			16		16					8			8	16			16					
A013			8		8	16	8		24	4	7	8	19	8			8					
A014			4		4					4	7	8	19	4			4					
A015		4			4	4			4		3		3	8	4		12					
A016										8			8	2			2					

工作表标签：1月　2月　3月　4月　分析报告　透视表　统计汇总　考勤表模板　…

图 19-6　请假汇总透视表

下面我们就可以以这个透视表为基础，进行各种分析了。

图 19-7 是对员工请假时数排名，使用了切片器来选择月份和请假类别。

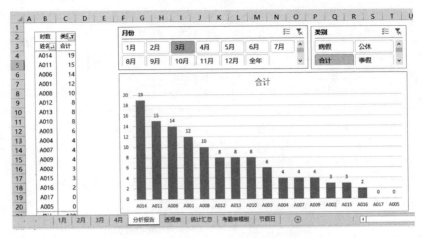

图 19-7 分析报告 1：员工请假时数排名

图 19-8 是对某个员工的请假类型的时数分析，使用了切片器来选择月份。

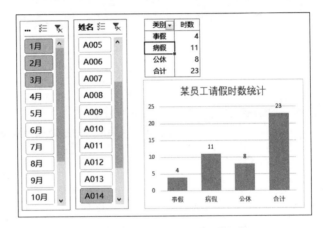

图 19-8 分析报告 2：指定员工请假情况

第 20 章

精选案例讲解：基于系统导出数据的分析模板——两年销售同比分析

前面介绍的是基于手工设计的表格对数据进行分析的例子，从基础表单设计，到数据的日常维护，到最后的数据分析报告。

在实际工作中，我们会遇到更多的问题，比如从系统导出数据，然后在此数据基础上，对数据进行各种分析。

图 20-1 是我们从 ERP 里导出的两年销售明细，在此基础上建立一个销售数据分析模型。本案例文件是"案例 20-1"。

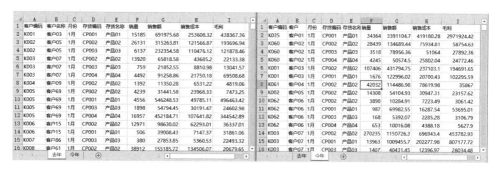

图 20-1　两年销售明细数据

20.1　制作分析底稿

两年销售数据表格结构是一样的，因此可以使用 Power Query 来构建一个两年汇总数据模型，以便于进一步分析。具体创建数据查询模型的方法和步骤，请参阅第 5 章和第 8 章的介绍。由于本案例的两年数据不多，为了以后分析数据方便，我们把两年销售数据汇总后，保存到一个新工作表，如图 20-2 所示。

年份	客户编码	客户名称	月份	存货编码	存货名称	销量	销售额	销售成本	毛利
去年	K001	客户05	1月	CP001	产品01	15185	691975.68	253608.32	438367.36
去年	K002	客户05	1月	CP002	产品02	26131	315263.81	121566.87	193696.94
去年	K002	客户05	1月	CP003	产品03	6137	232354.58	110476.12	121878.46
去年	K003	客户07	1月	CP002	产品02	13920	65818.58	43685.2	22133.38
去年	K003	客户07	1月	CP003	产品03	759	21852.55	8810.98	13041.57
去年	K003	客户07	1月	CP004	产品04	4492	91258.86	21750.18	69508.68
去年	K004	客户09	1月	CP002	产品02	1392	11350.28	6531.22	4819.06
去年	K005	客户69	1月	CP002	产品02	4239	31441.58	23968.33	7473.25
去年	K005	客户69	1月	CP001	产品01	4556	546248.53	49785.11	496463.42
去年	K005	客户69	1月	CP003	产品03	1898	54794.45	30191.47	24602.98
去年	K005	客户69	1月	CP004	产品04	16957	452184.71	107641.82	344542.89
去年	K006	客户15	1月	CP002	产品02	12971	98630.02	62293.01	36337.01
去年	K006	客户15	1月	CP001	产品01	506	39008.43	7147.37	31861.06
去年	K007	客户86	1月	CP003	产品03	380	27853.85	5360.53	22493.32
去年	K008	客户61	1月	CP002	产品02	38912	155185.72	134506.07	20679.65
去年	K008	客户61	1月	CP001	产品01	759	81539.37	15218.96	66320.41
去年	K008	客户61	1月	CP004	产品04	823	18721.44	3142.38	15579.06
去年	K009	客户26	1月	CP005	产品05	127	25114.12	616.15	24497.97

图 20-2　分析底稿

20.2　两年销售额、销售成本和毛利整体分析

以分析底稿数据创建数据透视表，进行布局，为字段"年份"添加两个计算项"同比增加"和"同比增长率"，美化数据透视表，将金额缩小 1 万倍显示，得到整体数据透视表，如图 20-3 所示。

由于"销售额＝毛利＋销售成本"，因此可以绘制一个清晰的两轴堆积柱形图，直观看出它们的同比增长情况。

这个图表制作稍微啰嗦些，下面是主要步骤。

步骤 01　在工作表中插入一个空白堆积柱形图，然后手工为图表添加数据系列，如图 20-4 所示。注意，这里不能插入透视图，因为本分析图表是一个特殊的图表，并且透视表里还有两个"同比增加"和"同比增长率"项目。

图 20-3　两年销售额、销售成本和毛利整体分析

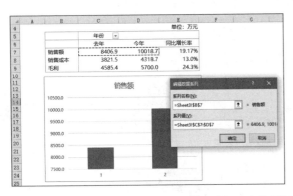
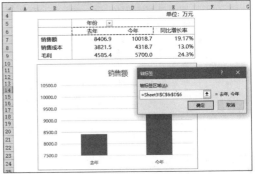

图 20-4　插入空白堆积柱形图，手工添加系列

将 3 个数据添加到图表后的图表如图 20-5 所示。

步骤 02　分别选择系列"销售成本"和"毛利"，将它们绘制在次坐标轴上。

步骤 03　选择系列"销售额"，再将其图表类型设置为簇状柱形图。

步骤 04　分别调整系列"销售额"和系列"销售成本"（或"毛利"）的分类间距，让它们嵌套显示。这样，图表就变为如图 20-6 所示的情形。

步骤 05　删除右侧的次数值轴，让图表的 3 个系列正常显示，如图 20-7 所示。

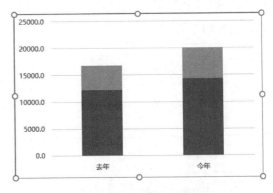

图 20-5　初步完成的图表

步骤 06　分别设置 3 个柱形的填充颜色，添加数据标签（同时勾选"系列名称"和"值"，其中系列"销售额"的数据标签位置是"数据标签外"，

系列"销售成本"和"毛利"的数据标签位置是"居中"），并为图表添加系列线，就得到了前面所示的分析图表。

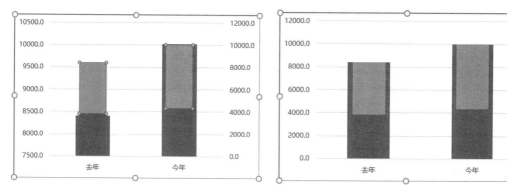

图 20-6　设置数据系列的分类间距和坐标轴　　　　图 20-7　删除次数值轴，系列正常显示

20.3　两年销售额、销售成本和毛利的月度同比分析

将透视表复制一份，重新布局，以月份为分类字段，然后对销售额、销售成本和毛利分别绘制两轴柱 - 线图（金额绘制柱形图，同比增长率绘制折线图且绘制在次轴上），就得到如图 20-8 所示的分析报告。

这 3 个图表的绘制，仍需要手工添加数据系列，绘制起来并不难，请读者自己练习。

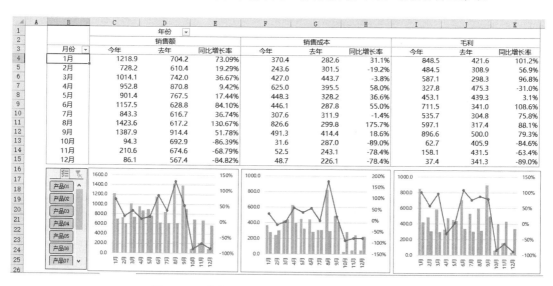

图 20-8　两年销售额、销售成本和毛利的月度同比分析

20.4　分析企业销售额同比增长原因：产品影响

领导会问，今年销售额同比增长了 19.17%，增加额为 1611.8 万元，那么哪个产品影响最大？哪些产品同比增加，哪些产品同比减少？这就是分析每个产品销售额增减对总销售额的影响程度，因此可以制作如图 20-9 所示的分析报告。

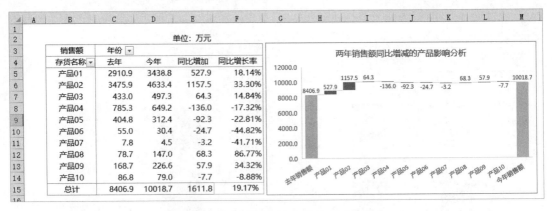

图 20-9　两年销售额增减的产品影响分析

将数据透视表复制一份，重新布局，以产品为分类字段，仅仅保留销售额。

注意： 最后一列"同比增长率"的总计数是错误的，它是各个产品增长率的合计数，这个数字没有任何意义，这里我们可以使用一个巧妙的方法来显示正确的增长率，即在该单元格插入一个文本框，在此文本框显示总体分析透视表里的增长率。

设计一个辅助区域，数据引自左侧透视表的数据，如图 20-10 所示，然后以此数据区域绘制瀑布图，就得到各个产品销售额增减幅度的大小。

销售额	年份						项目	金额
存货名称	去年	今年	同比增加	同比增长率			去年销售额	8406.9
产品01	2910.9	3438.8	527.9	18.14%			产品01	527.9
产品02	3475.9	4633.4	1157.5	33.30%			产品02	1157.5
产品03	433.0	497.3	64.3	14.84%			产品03	64.3
产品04	785.3	649.2	-136.0	-17.32%			产品04	-136.0
产品05	404.8	312.4	-92.3	-22.81%			产品05	-92.3
产品06	55.0	30.4	-24.7	-44.82%			产品06	-24.7
产品07	7.8	4.5	-3.2	-41.71%			产品07	-3.2
产品08	78.7	147.0	68.3	86.77%			产品08	68.3
产品09	168.7	226.6	57.9	34.32%			产品09	57.9
产品10	86.8	79.0	-7.7	-8.88%			产品10	-7.7
总计	8406.9	10018.7	1611.8	19.17%			今年销售额	10018.7

单位: 万元

图 20-10　H 列和 I 列的辅助绘图数据区域

20.5　分析指定产品销售额同比增长原因：量价分析

从上面的报告可以看出，产品 02 销售额同比大幅增长了 1157.5 万元，那么是销量增加引起的，还是单价上升引起的？产品 04 销售额同比下降了 136 万元，是销量下降还是单价下降造成的？此时，我们需要制作产品销售额的量价影响分析报告。

对于产品销售额的量价分析，使用透视表就不太方便了，可以使用函数直接从两年工作表中取数进行计算。

分析报告如图 20-11 所示，通过一个列表框选择某个产品，来分析其销售同比增减情况及其量价影响程度。

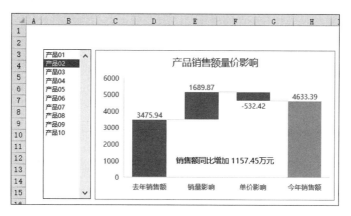

图 20-11　分析指定产品销售额两年增减的量价影响

设计如图 20-12 所示的分析数据表格，列表框的数据源区域是 $H$5:$H$14，单元格链接是 $H$4，各个单元格公式如下。

单元格 D5：=SUMIF(去年!E:E,INDEX($H$5:$H$14,$H$4), 去年 !G:G)/10000

单元格 D6：=SUMIF(去年!E:E,INDEX($H$5:$H$14,$H$4), 去年 !F:F)

单元格 D7：=D5/D6*10000

单元格 E5：=SUMIF(今年 !E:E,INDEX($H$5:$H$14,$H$4), 今年 !G:G)/10000

单元格 E6：=SUMIF(今年 !E:E,INDEX($H$5:$H$14,$H$4), 今年 !F:F)

单元格 E7：=E5/E6*10000

单元格 F5：=E5-D5，然后往下复制到单元格 F7。

单元格 C8："销售额同比 "&IF(F5>=0,"增加","减少")&TEXT(ABS(F5),"0.00 万元")

单元格 D10：=D5

单元格 D11：=(E6-D6)*D7/10000

单元格 D12：=E6*(E7-D7)/10000

单元格 D13：=E5

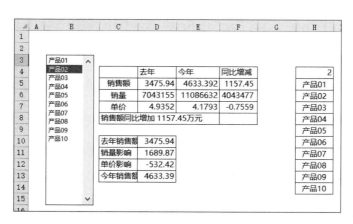

图 20-12　辅助计算数据区域及绘图数据区域

以数据区域 C10:D13 绘制瀑布图，并美化图表，然后在图标上插入一个文本框，将该文本框与单元格 C8 连接起来，让文本框显示单元格 C8 的文字。

255

最后做整体布局，不显示工作表的网格线，就完成了各个产品销售额的量价分析报告，如图 20-13 所示。这样，我们可以分析任意指定产品销售额的量价因素。

例如，在上节中，发现产品 02 销售额同比大幅增长了 1157.5 万元，在列表框中选择该产品，就可以看到，销售额的增加主要是销量大幅增加引起的，但由于单价下降，带来了 838 万元的销售额下降。

又如，产品 04 销售额同比下降了 136 万元，主要原因是该产品价格出现了下滑。

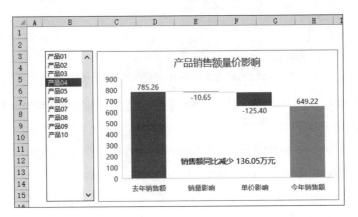

图 20-13   分析指定产品销售额的量价因素

上述的分析，仅仅是全年的合计数，那么，该产品每个月的销售额同比增减如何？销量的同比增减又如何？产品价格又出现什么样的波动？此时，需要从全年的各个月角度出发，分析这些问题。

图 20-14 是分析指定产品各月销售额的同比变化情况，用面积图来表示各月数据。这里仅仅是做了一个示例，实际上，我们可以做 3 个图表来同时观察销量、单价和销售额的各月情况，或者做一个动态图来查看。

单元格公式如下。

单元格 K4：=SUMIFS(去年 !G:G, 去年 !E:E,INDEX($H$5:$H$14,$H$4), 去年 !C:C,J4)/10000

单元格 L4：=SUMIFS(今年 !G:G, 去年 !E:E,INDEX($H$5:$H$14,$H$4), 今年 !C:C,J4)/10000

单元格 M4：=IFERROR(L4/K4-1,"")

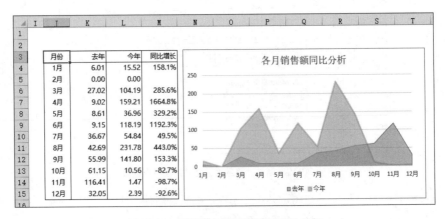

图 20-14   指定产品各月销售额的同比分析

20.6 分析企业毛利同比增长原因：产品影响

企业毛利同比增加了 1114.7 万元，增长 24.3%，那么，每个产品毛利的同比增减程度如何？这就需要分析毛利同比增长的产品影响，分析报告如图 20-15 所示。

单位：万元

毛利	年份			
存货名称	去年	今年	同比增加	同比增长率
产品01	2149.8	2757.1	607.3	28.2%
产品02	863.2	1573.5	710.3	82.3%
产品03	297.3	301.3	4.0	1.3%
产品04	543.1	342.5	-200.6	-36.9%
产品05	380.0	294.7	-85.3	-22.4%
产品06	37.1	25.2	-11.9	-32.1%
产品07	7.5	4.4	-3.1	-41.3%
产品08	66.1	116.4	50.3	76.1%
产品09	158.2	211.5	53.3	33.7%
产品10	83.0	73.4	-9.6	-11.6%
总计	4585.4	5700.0	1114.7	24.3%

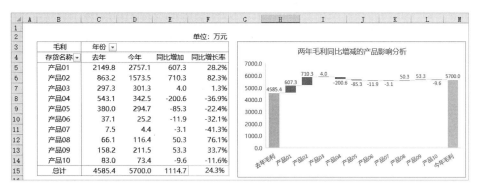

图 20-15　两年毛利增减的产品影响分析

将透视表复制一份，并进行布局，然后设计辅助区域，如图 20-16 所示，再绘制瀑布图即可。

单位：万元

毛利	年份			
存货名称	去年	今年	同比增加	同比增长率
产品01	2149.8	2757.1	607.3	28.2%
产品02	863.2	1573.5	710.3	82.3%
产品03	297.3	301.3	4.0	1.3%
产品04	543.1	342.5	-200.6	-36.9%
产品05	380.0	294.7	-85.3	-22.4%
产品06	37.1	25.2	-11.9	-32.1%
产品07	7.5	4.4	-3.1	-41.3%
产品08	66.1	116.4	50.3	76.1%
产品09	158.2	211.5	53.3	33.7%
产品10	83.0	73.4	-9.6	-11.6%
总计	4585.4	5700.0	1114.7	24.3%

项目	金额
去年毛利	4585.4
产品01	607.3
产品02	710.3
产品03	4.0
产品04	-200.6
产品05	-85.3
产品06	-11.9
产品07	-3.1
产品08	50.3
产品09	53.3
产品10	-9.6
今年毛利	5700.0

图 20-16　毛利同比分析的产品影响：分析主表（透视表）和瀑布图数据区域

20.7 分析指定产品毛利同比增长原因：销量 - 单价 - 成本分析

那么，问题来了：产品 02 毛利同比增加了 710.3 万元，增长率高达 82.3%，是销量同比大幅增加引起的，还是单价大幅上涨引起的，还是成本大幅下降引起的？产品 04 毛利同比下降了 200 万元，是销量下滑引起的，还是单价下降引起的，还是成本上升引起的？这就需要我们分析产品毛利的影响因素：销量、单价和成本。

分析报告如图 20-17 所示，列表框选择要分析的产品，得到该产品毛利的量 - 价 - 本分析图。

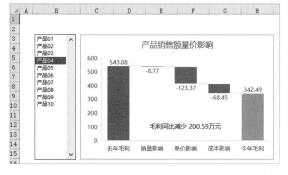

图 20-17　分析指定产品的毛利同比增减的量价影响分析

这个瀑布图的辅助数据区域如图 20-18 所示，各单元格公式如下。

单元格 D5：=SUMIF(去年 !E:E,INDEX($H$5:$H$14,$H$4), 去年 !I:I)/10000

单元格 D6：=SUMIF(去年 !E:E,INDEX($H$5:$H$14,$H$4), 去年 !F:F)

单元格 D7：=SUMIF(去年 !E:E,INDEX($H$5:$H$14,$H$4), 去年 !G:G)/D6

单元格 D8：=SUMIF(去年 !E:E,INDEX($H$5:$H$14,$H$4), 去年 !H:H)/D6

单元格 E5：=SUMIF(今年 !E:E,INDEX($H$5:$H$14,$H$4), 今年 !I:I)/10000

单元格 E6：=SUMIF(今年 !E:E,INDEX($H$5:$H$14,$H$4), 今年 !F:F)

单元格 E7：=SUMIF(今年 !E:E,INDEX($H$5:$H$14,$H$4), 今年 !G:G)/E6

单元格 E8：=SUMIF(今年 !E:E,INDEX($H$5:$H$14,$H$4), 今年 !H:H)/E6

单元格 F5：=E5-D5，然后往下复制到单元格 F8

单元格 C8：="毛利同比"&IF(F5>=0,"增加","减少")&TEXT(ABS(F5),"0.00 万元")

单元格 D11：=D5

单元格 D12：=(E6-D6)*(D7-D8)/10000

单元格 D13：=E6*(E7-D7)/10000

单元格 D14：=E6*(D8-E8)/10000

单元格 D15：=E5

以辅助数据区域 C11:D15 绘制瀑布图，然后进行美化，插入文本框，显示毛利同比增减额说明文字，就得到指定产品毛利的影响因素分析图。

产品01 产品02 产品03 产品04 产品05 产品06 产品07 产品08 产品09 产品10

	去年	今年	同比增减
毛利	543.08	342.4939	-200.59
销量	397036	390628	-6408
单价	19.78	16.62	-3.16
单位成本	6.10	7.85	1.75
毛利同比减少 200.59万元			

去年毛利	543.08
销量影响	-8.77
单价影响	-123.37
成本影响	-68.45
今年毛利	342.49

图 20-18　指定产品毛利的销量 - 单价 - 成本分析的数据区域

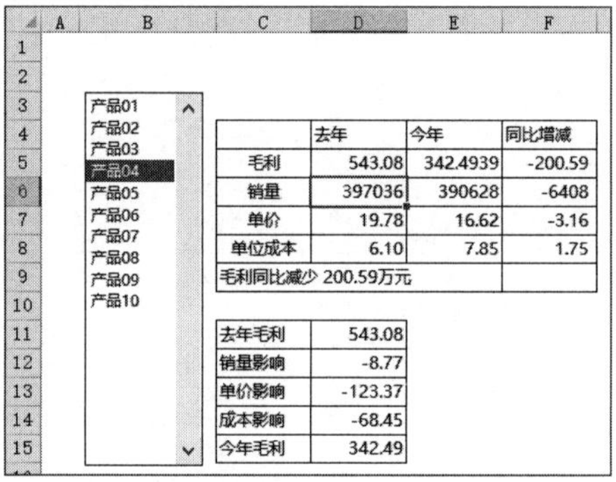

为了更加清楚地观察该产品每个月的毛利同比增减情况，用一个面积图来绘制表达各月数据，如图 20-19 所示。单元格公式如下。

单元格 K4：=SUMIFS(去年 !I:I, 去年 !E:E,INDEX ($H$5: $H$14, $H$4), 去年 !C:C,J4)/10000

单元格 L4：=SUMIFS(今年 !I:I, 去年 !E:E,INDEX ($H$5: $H$14,$H$4), 今年 !C:C,J4)/10000

单元格 M4：=IFERROR(L4/K4-1,"")

月份	去年	今年	同比增长
1月	79.46	62.13	-21.8%
2月	59.64	108.76	82.4%
3月	54.06	115.50	113.7%
4月	55.30	27.04	-51.1%
5月	29.39	72.75	147.5%
6月	41.42	136.86	230.4%
7月	62.23	188.84	203.5%
8月	30.60	47.73	56.0%
9月	73.64	179.63	143.9%
10月	28.88	0.45	-98.5%
11月	18.16	71.20	292.0%
12月	10.30	7.11	-31.0%

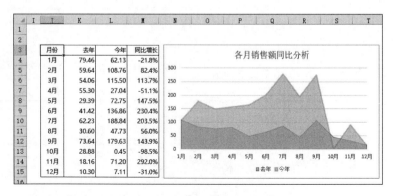

图 20-19　指定产品各月毛利的同比分析

20.8　客户排名分析

今年销售中，销量排名前 10 大客户是谁？销售额前 10 大客户是谁？毛利前 10 大客户是谁？销量最少的后 5 个客户是谁？这些分析，就是客户排名分析。

这种排名分析，我们可以使用函数做，也可以使用"透视表＋普通图表"。最方便的方法是利用分析底稿制作透视表和普通图表来分析。

图 20-20 和图 20-21 是销售额和毛利前 10 大客户排名，左侧是透视表（已经对今年的数据进行了降序排序，并筛选前 10 大客户），右侧是手工绘制的普通图表

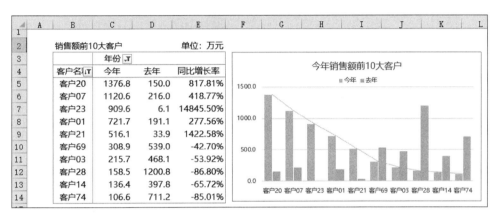

图 20-20　销售额前 10 大客户排名

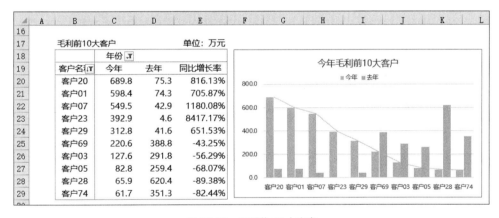

图 20-21　毛利前 10 大客户

这个图表有一个特殊的地方：为了让今年的数据看得更清楚（因为还同时绘制了今年前 10 大客户的去年数据），对今年数据绘制了两个系列，一个系列是柱形图，与去年相对比，另一个系列是折线图，反映出从大到小的变化。

20.9　分析客户流动：新增客户

领导可能问了，今年新增客户有哪些？这些客户的销售额占今年总销售额的比例是多少？这就需要做新增客户分析。

首先利用 Power Query 查询新增客户，按客户分组汇总销售额，并从大到小排序，然后将查询结果保存到新工作表"新增客户分析"中，如图 20-22 所示，具体方法和步骤请参阅第 5 章的介绍。

图 20-22　新增客户销售额统计分析

这个报告的左侧 B 列和 C 列是查询结果，D 列是手工做的公式，单元格 D3 公式如下：

=[@ 新增客户销售额]/SUM(今年 !G:G)

然后将这个智能表格区域扩展到 D 列，为智能表格添加汇总行（计数），将计数数字自定义格式，显示"新增 8 家"的字样。最后以 B 列和 C 列数据绘制柱形图。

20.10　分析客户流动：流失客户

用相同的方法，制作流失客户分析报告，如图 20-23 所示，从这个报告中查看哪些客户流失了、去年销售情况如何。

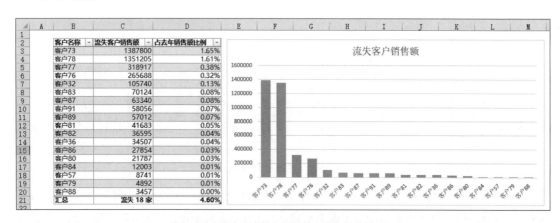

图 20-23　流失客户销售额及其占去年销售额比例

20.11　分析客户流动：存量客户

分析了新增客户和流失客户的情况，那么哪些客户是存量客户？两年销售情况如何？存量客户中，今年销售额前 10 大客户是谁？与去年相比有什么变化？

用 Power Query 查询存量客户两年情况（详细方法和步骤请参阅第 5 章的介绍），图 20-24 是销售额前 10 大存量客户的两年销售额对比情况。

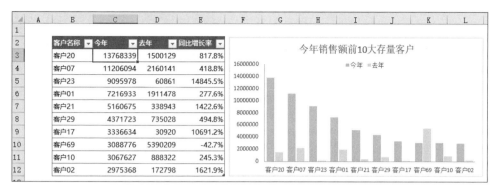

图 20-24　销售额前 10 大存量客户的两年销售对比

读 者 意 见 反 馈 表

亲爱的读者：

感谢您对中国铁道出版社有限公司的支持，您的建议是我们不断改进工作的信息来源，您的需求是我们不断开拓创新的基础。为了更好地服务读者，出版更多的精品图书，希望您能在百忙之中抽出时间填写这份意见反馈表发给我们。随书纸制表格请在填好后剪下寄到：北京市西城区右安门西街8号中国铁道出版社有限公司大众出版中心 王佩 收（邮编：100054）。或者采用传真（010-63549458）方式发送。此外，读者也可以直接通过电子邮件把意见反馈给我们，E-mail地址是：1958793918@qq.com。我们将选出意见中肯的热心读者，赠送本社的其他图书作为奖励。同时，我们将充分考虑您的意见和建议，并尽可能地给您满意的答复。谢谢！

- -

所购书名： _____

个人资料：

姓名： _____ 性别： _____ 年龄： _____ 文化程度： _____

职业： _____ 电话： _____ E-mail： _____

通信地址： _____ 邮编： _____

- -

您是如何得知本书的：

□书店宣传 □网络宣传 □展会促销 □出版社图书目录 □老师指定 □杂志、报纸等的介绍 □别人推荐
□其他（请指明） _____

您从何处得到本书的：

□书店 □邮购 □商场、超市等卖场 □图书销售的网站 □培训学校 □其他

影响您购买本书的因素（可多选）：

□内容实用 □价格合理 □装帧设计精美 □带多媒体教学光盘 □优惠促销 □书评广告 □出版社知名度
□作者名气 □工作、生活和学习的需要 □其他

您对本书封面设计的满意程度：

□很满意 □比较满意 □一般 □不满意 □改进建议

您对本书的总体满意程度：

从文字的角度 □很满意 □比较满意 □一般 □不满意
从技术的角度 □很满意 □比较满意 □一般 □不满意

您希望书中图的比例是多少：

□少量的图片辅以大量的文字 □图文比例相当 □大量的图片辅以少量的文字

您希望本书的定价是多少：

本书最令您满意的是：

1.
2.

您在使用本书时遇到哪些困难：

1.
2.

您希望本书在哪些方面进行改进：

1.
2.

您需要购买哪些方面的图书？对我社现有图书有什么好的建议？

您更喜欢阅读哪些类型和层次的书籍（可多选）？

□入门类 □精通类 □综合类 □问答类 □图解类 □查询手册类

您在学习计算机的过程中有什么困难？

您的其他要求：